园林古亭渲染效果图

苏州拙政园与谁同坐轩

苏州拙政园小飞虹

苏州环秀山庄大假山

南京瞻园大假山与水景

苏州留园冠云峰

苏州网师园书斋别院"殿春簃"

无锡寄畅园八音涧

上海松江方塔—方向对比

扬州瘦西湖五亭桥

避暑山庄鸟瞰

日本园林建筑和枯山水艺术

无锡寄畅园远借锡山塔影

上海松江醉白池入口照壁障景

法国博览会公园(自艾菲尔铁塔鸟瞰)——草坪设计

法国规则式园林

美国纽约中央公园的绝色之美

英国自然风景式园林

秋色

花境

春色

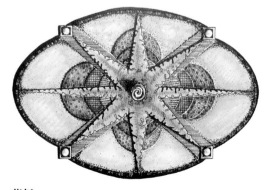

玛萨·舒瓦兹的拼合园

花坛

乔灌木植物配置

园林要素配置立面效果

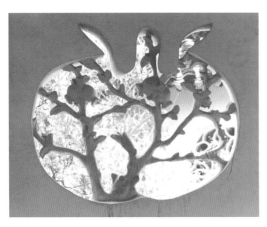

花窗

广场植物配置

道路植物配置

上海长寿绿地水景雕塑小品

居住小区绿化植物配置

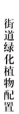街道绿化植物配置

别墅庭院绿化效果图

生产绿地植物配置

上海松江区英式特色的泰晤士小镇居住小区模型

某大学校园绿地规划鸟瞰效果

某体育公园效果图

某公园平面图

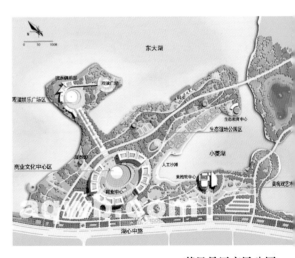

某风景区市民公园

园林规划设计

（第三版）

主　编　曹洪虎

副主编　刘承珊

上海交通大学出版社

内 容 提 要

本书共分三篇,上篇"园林规划设计基础"包括绪论和园林规划设计基本理论;中篇"园林规划设计技能"包括园林绿地形式与指标的确定、园林规划设计的程序、园林组成要素的规划设计;下篇"各类园林绿地规划设计",介绍城市街道公共绿地规划设计、居住区绿地规划设计、单位附属绿地规划设计和公园规划设计。

本书可作为高等院校园林等专业的教学用书,也可供有关园林工作者使用。

图书在版编目(CIP)数据

园林规划设计/曹洪虎主编. —3 版. —上海:上海交通大学出版社,2016

教育部职业教育与成人教育司推荐教材

ISBN 978-7-313-04851-6

Ⅰ. 园... Ⅱ. 曹... Ⅲ. ① 园林—规划—成人教育:高等教育—教材 ② 园林设计—成人教育:高等教育—教材 Ⅳ. TU986

中国版本图书馆 CIP 数据核字(2011)第 012807 号

园林规划设计

(第三版)

曹洪虎 主编

上海交通大学出版社出版发行

(上海市番禺路 951 号 邮政编码 200030)

电话:64071208 出版人:韩建民

常熟市梅李印刷有限公司 印刷 全国新华书店经销

开本:787mm×1092mm 1/16 印张:15.75 插页:8 字数:398 千字

2007 年 8 月第 1 版 2016 年 3 月第 3 版 2016 年 3 月第 3 次印刷

ISBN 978-7-313-04851-6/TU 定价:45.00 元

前　言

园林是在一定的地域运用工程技术和艺术手段,通过改造地形或进一步筑山、叠石、理水,种植树木、花草、营造建筑和布置园路、园林小品等途径,创作的自然环境和游憩环境。园林规划设计是一门应用科学规律、艺术和工程技术手段,综合处理自然与人工环境以及人类活动规律的复杂关系,以此维护城市生态平衡、创造优美舒适的自然环境的学科。它是一门科学技术与艺术高度综合的应用学科,实践性强,动手操作较多,同时还是研究园林绿地设计理论与方法的学科。

高等职业教育的主要任务是培养高技能人才。这本《园林规划设计》教材是根据教育部《关于制定五年制高等职业教育教学计划的原则意见》、《五年制高职专门课程教材编写的原则意见与要求》和农林类高职高专人才培养目标与规格的要求编写的。在选材和编写中力求依据社会岗位需求目标,突出职业教育教材的特色,做到基本概念解释清楚,基本理论简明扼要,以"必需、够用"为度,注意联系实践,构建全新的理论知识结构,强化培养学生的应用能力。

本教材共分为三大部分,即上篇、中篇和下篇。上篇"园林规划设计基础"包括绪论和园林规划设计基本理论;中篇"园林规划设计技能"包括园林绿地形式与指标的确定、园林规划设计的程序、园林组成要素的规划设计;下篇"各类园林绿地规划设计"为综合应用,介绍城市街道公共绿地规划设计、居住区绿地规划设计、单位附属绿地规划设计和公园规划设计。章节安排由基础到技能,再提高到综合应用,从易到难,循序渐进,符合教与学的客观规律。

同时,教材注重知识的先进性,书中阐述的设计理念和采用的大量设计方案都是当今社会最时尚和先进的,代表了园林设计的发展趋势。全书内容信息量大,学习指导性强,书中采用的图、文、照片以及实例的介绍均力求简明扼要、便于掌握,每章结束配有复习思考题及实训提纲,为老师教学和学生自学提供参考。

本书由曹洪虎担任主编,刘承珊担任副主编,陈取英、孙强参与编写,具体分工为:曹洪虎编写第1～4章、第7章;刘承珊编写第5章5.1～5.3、第6章和第8章8.1节;陈取英编写第5章5.4节、第9章;孙强编写第8章8.2和8.3节。全书由曹洪虎统稿,刘承珊负责图片编绘和文字录入。

本教材在编写过程中,参阅了一些相关的教材和著作,借鉴或引用了部分国内外专著、科技期刊的相关信息资料和图片,谨在此表示感谢!

限于编者的业务水平和实践经验,书中有论述不妥、征引疏漏错误之处,敬请广大读者、同行及前辈给予批评指正,不吝赐教。

编　者
2010 年 12 月

目　　录

园林规划设计

2

上　篇

园林规划设计基础

园林绿化收益市政通

1　园林规划设计概念

园林是人类社会发展到一定历史阶段的产物。中国园林从崇尚自然的思想出发,发展形成了以山水为骨架的自然式园林;西方古典园林以意大利台地园和法国园林为代表,把园林看作是建筑的附属和延伸,强调轴线、对称,发展形成了具有几何图案的规则式园林。到了近、现代,东西方文化交流增多,园林风格互相融合渗透。

现代城市的自然生态环境基础十分脆弱,若没有清洁的空气、充足的淡水、肥沃的土壤和生物等生命维系网络,人类既不能繁衍,也不能生存,更不要说工作与娱乐了。绿色植物是构造人类生存环境的基本要素,园林规划设计是人类生存环境建设的指导性规划设计,目的是为了保护自然、利用自然、再现自然,把自然引到人们身边。园林规划与建设是改善城市生态环境的重要手段,也是人类对生存环境的基本需求。

1.1　园林的发展

1.1.1　园林的起源

园林是人类社会发展到一定历史阶段的产物。世界园林的起源与发展总的说来有三大系统,即西亚系统、欧洲系统和中国系统(图1.1)。

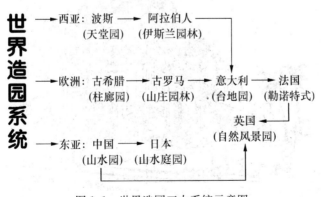

图 1.1　世界造园三大系统示意图

园林最早起源于公元前3000多年的埃及和两河流域的美索不达米亚地区,该地区温热干燥,居住问题虽然解决,但缺乏水泉树荫作为调剂,人们为了适应生产生活的需要,建造庭园以提供果、药、菜以及狩猎、祭神、运动、公共活动的场所等,从而满足心理欲望,达到感情安宁和观赏要求。公元前3700年埃及就有金字塔墓园,公元前3500～前500年,尼罗河谷园艺发达,划建周垣,培育植物,如树木园、葡萄园、蔬菜园等。尼罗河每年泛滥,退水之后需要丈量土地,因而发明了几何学。于是,古埃及人也把几何的概念用于园林设计(图1.2)。水池和水渠的形状方整规则,房屋和树木都按几何形状加以安排,成为世界上最早的规整式园林设计。

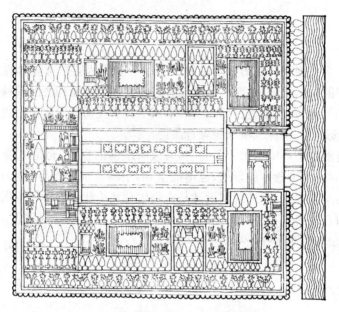

图1.2 古埃及园林

公元前9世纪希腊盲诗人荷马歌咏在他出生前400年时期的希腊园庭。周边围篱,生产菜蔬,还有终年叶绿花开,结实累累的植物,配以喷泉。传说公元前7世纪巴比伦悬空园,是历史上第一名园,被列为世界七奇之一(图1.3)。

图1.3 巴比伦悬空园

波斯于公元前538年灭新巴比伦,公元前525年征服埃及后,波斯园林发展起来。巴比伦、波斯气候干旱,重视水的利用。波斯庭园的布局多以位于十字形道路交叉点上的水池为中心。这一手法被阿拉伯人继承下来,成为伊斯兰园林的传统,流行于北非、印度(图1.4)、西班牙,传入意大利后,演变成各种水法,成为欧洲园林的重要内容。

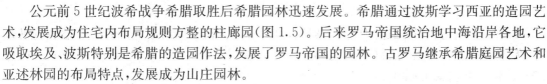

图 1.4　古印度泰姬陵

公元前 5 世纪波希战争希腊取胜后希腊园林迅速发展。希腊通过波斯学习西亚的造园艺术,发展成为住宅内布局规则方整的柱廊园(图 1.5)。后来罗马帝国统治地中海沿岸各地,它吸取埃及、波斯特别是希腊的造园作法,发展了罗马帝国的园林。古罗马继承希腊庭园艺术和亚述林园的布局特点,发展成为山庄园林。

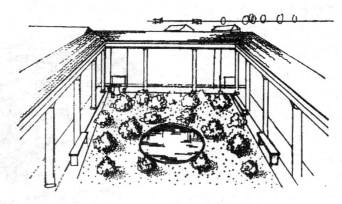

图 1.5　希腊柱廊园

我国有关园林的最早记载,始见于殷、周之际的"囿"和《诗经》所咏的"园",都在 3 000 年前。中国园林是东方园林的代表,经历了数千年的发展历史,有着优秀的造园艺术传统和造园文化传统,被誉为"世界园林之母"。园林在我国古代还有许多种名称,如苑、囿、园、圃、园亭、园池、别业、庭园、山庄等。

1.1.2　中外园林发展概况

1.1.2.1　中国园林发展概况

中国古代园林,或称中国传统园林或古典园林。它历史悠久,文化含量丰富,个性特征鲜明,而又多彩多姿,极具艺术魅力,为世界三大园林体系之最(图 1.6)。

图 1.6　中国古典园林分布

据有关典籍记载,我国造园应始于殷周,其时称之为囿。商纣王"好酒淫乐,益收狗马奇物,充牣宫室,益广沙丘苑台(今河北邢台广宗一带),多取野兽(飞)鸟置其中……"。(《史记·殷本纪》)

周文王建灵囿,"方七十里,其间草木茂盛,鸟兽繁衍"(图 1.7)。最初的"囿",就是把自然景色优美的地方圈起来,放养禽兽,供帝王狩猎,所以也叫游囿。天子、诸侯都有囿,只是范围和规格等级上的差别,"天子百里,诸侯四十"。

汉起称苑。汉朝在秦朝的基础上把早期的游囿,发展到以园林为主的帝王苑囿行宫,除布置园景供皇帝游憩之外,还举行朝贺,处理朝政。汉高祖的"未央宫"、汉文帝的"思贤园"、汉武帝的"上林苑"、梁孝王的"东苑"(又称梁园、菟园、睢园)、宣帝的"乐游园"等,都是这一时期的著名苑囿。从敦煌莫高窟壁画中的苑囿亭阁、元人李容瑾的汉苑图轴中,可

图 1.7　周文王灵囿

以看出汉时的造园已经有很高水平,而且规模很大。枚乘的《菟园赋》、司马相如的《上林赋》、班固的《西都赋》、司马迁的《史记》,以及《西京杂记》、典籍录《三辅黄图》等文学作品和文献,对于上述的囿苑,都有比较详细的记载。

上林苑是汉武帝在秦时旧苑基础上扩建的,离宫别院数十所广布苑中,其中太液池运用山池结合手法,造蓬莱、方丈、瀛洲三岛,岛上建宫室亭台,植奇花异草,自然成趣(图 1.8)。这种池中建岛、山石点缀手法,称为"一池三山"法,被后人称为秦汉典范。

魏晋南北朝时期士大夫阶层追求自然环境美,游历名山大川成为社会上层普遍风尚。刘勰的《文心雕龙》、钟嵘的《诗品》、陶渊明的《桃花源记》等许多名篇,都是这一时期问世的。这

园林规划设计

6

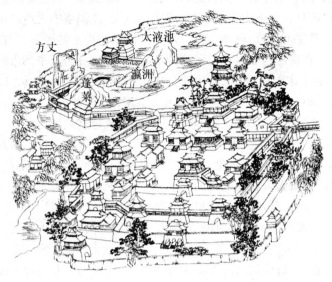

方丈　太液池　瀛洲　蓬莱

图1.8　上林苑内建章宫中的"一池三山"造园手法

一时期文人、画家参与造园,进一步发展了"秦汉典范"。北魏张伦府苑,吴郡顾辟疆的"辟疆园",司马炎的"琼圃园"、"灵芝园",吴王孙皓在南京修建的宫苑"华林园"等,是这一时期有代表性的园苑。"华林园"(即芳林园),规模宏大,建筑华丽。时隔许久,晋简文帝游乐时还赞扬说:会心处不心在远,翛然林木,便有濠濮闲趣。

　　真正大批文人、画家参与造园,还是在隋唐之后。造园家与文人、画家相结合,运用诗画传统表现手法,把诗画作品所描绘的意境情趣引用到园景创作上,甚至直接用绘画作品为底稿,寓画意于景,寄山水为情,逐渐把我国造园艺术从自然山水园阶段,推进到写意山水园阶段。唐朝王维是当时备受推崇的一位,他辞官隐居到蓝田县辋川,相地造园,园内山风溪流、堂前小桥亭台,都依照他所画的图布局筑建,如诗如画的园景,正表达出他的诗作与画作的风格(图1.9)。苏轼称赞说:"味摩诘之诗,诗中有画;观摩诘之画,画中有诗。"而他创作的园林艺术,也正是这样。

栾家濑　柳浪　临湖亭　北垞　鹿柴　宫槐陌　茱萸沜　木兰柴　斤竹岭　文杏馆

图1.9　王维辋川别业园图

隋朝结束了魏晋南北朝分裂割据状态,社会经济一度繁荣,加上统治者的荒淫奢靡,造园之风大兴。隋炀帝"亲自看天下山水图,求胜地造宫苑"。迁都洛阳之后,"征发大江以南、五岭以北的奇材异石,以及嘉木异草、珍禽奇兽",都运到洛阳去充实各园苑,"芳华神都苑"、"西苑"等宫苑都穷极豪华。在城市与乡村日益隔离的情况下,那些身居繁华都市的帝王和达官贵人,为了逍遥玩赏大自然山水景色,便就近仿效自然山水建造园苑,不出家门,却能享"主入山门绿,水隐湖中花"的乐趣。因而作为政治、经济中心的都市,也就成了皇家宫苑和王府宅第花园聚集的地方。隋炀帝除了在首都兴建园苑外,还到处建筑行宫别院。

唐朝在经济、文化上达到了我国封建社会的顶峰。宫廷御苑设计也愈发精致,特别是由于石雕工艺已经娴熟,宫殿建筑雕栏玉砌,格外显得华丽。"禁殿苑"、"东都苑"、"神都苑"、"翠微宫"等等,都旖旎空前。唐太宗在西安骊山所建的"汤泉宫",后来被唐玄宗改作"华清宫"。这里的宫室殿宇楼阁,"连接成城",唐王在里面"缓歌慢舞凝丝竹,尽日君王看不足"。

宋朝、元朝造园也都有一个兴盛时期,特别是在用石方面,有较大发展。宋徽宗在"丰亨豫大"的口号下大兴土木。宋徽宗在书法绘画上有很深的造诣,尤其喜欢把石头作为欣赏对象。他先在苏州、杭州设置了"造作局",后来又在苏州添设"应奉局",专司搜集民间奇花异石,舟船相接地运往京都开封建造宫苑。"寿山艮岳"的万寿山是一座具有相当规模的御苑(图1.10)。此外,还有"琼华苑"、"宜春苑"、"芳林苑"等一些名园。现今开封相国寺里展出的几块湖石,确实奇异不凡。苏州、扬州、北京等地也都有"花石纲"遗物,均甚奇观。这期间,大批文人、画家参与造园,进一步加强了写意山水园的创作意境。苏州名园狮子林,是元朝天如和尚与大画家倪瓒合作建造的。倪瓒在我国绘画史上是有名的山水画大师,出于他手的造园艺术品自然不同凡响,清乾隆南巡到苏州时,看了也称赞不已。

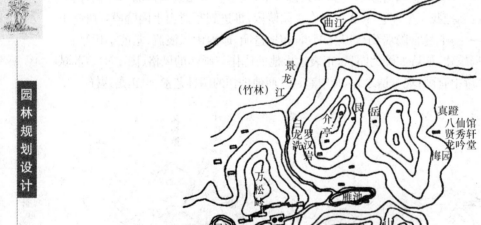

图1.10 寿山艮岳(想象图)

明、清是中国园林创作的高峰期。皇家园林创建以清代康熙、乾隆时期最为活跃,如"圆明园"、"避暑山庄"(图1.11)、"畅春园"等等。当时社会稳定、经济繁荣给建造大规模写意自然园林提供了有利条件。私家园林是以明代建造的江南园林为主要成就,如"沧浪亭"、"网师园"(图 1.12)、"拙政园"(图 1.13)、"寄畅园"等等。明末江苏吴江人计成所写的造园理论《园冶》。它们在创作思想上，仍然沿袭唐宋时期的创作源泉，从审美观到园林意境的创造都是以"小中见大"、"须弥芥子"、"壶中天地"等为创造手法。自然观、写意、诗情画意成为创作的主导地位，园林中的建筑起了最重要的作用，成为造景的主要手段。园林从游赏向可游可居方面逐渐发展。大型园林不但摹仿自然山水，而且还集仿各地名胜于一园，形成园中有园、大园套小园的风格。

图 1.11　避暑山庄鸟瞰

图 1.12　网师园鸟瞰

图 1.13　拙政园鸟瞰（局部）

　　自然风景以山、水地貌为基础，植被做装点。中国古典园林绝非简单地摹仿这些构景的要素，而是有意识地加以改造、调整、加工、提炼，从而表现一个精练概括浓缩的自然。它既有"静观"又有"动观"，从总体到局部包含着浓郁的诗情画意。这种空间组合形式多使用某些建筑如亭、榭等来配景，使风景与建筑巧妙地融合到一起。优秀园林作品虽然处处有建筑，却处处洋溢着大自然的盎然生机。明、清时期正是因为这一特点和创造手法的丰富而成为中国古典园林集大成时期。

　　到了清末，造园理论探索停滞不前，加之西方资本主义国家在经济、文化上的侵略，中国传统文化受到的冲击，国民经济的崩溃等等原因，使园林创作由全盛到衰落。但中国园林的成就却达到了它历史的峰巅，造园手法被西方国家所推崇和摹仿，在西方国家掀起了一股"中国园林热"。中国园林艺术从东方到西方，成了被全世界所公认的园林之母，世界艺术之奇观。

　　中国造园艺术，是以追求自然精神境界为最终和最高目的，从而达到"虽由人作，宛自天开"的目的。它深藏着中国文化的内蕴，是中国五千年文化史造就的艺术珍品，是一个民族内在精神品格的写照，是我们今天需要继承与发展的瑰丽事业。

1.1.2.2　外国园林发展概况

　　经过 3 000 多年的造园实践，中国园林形成了一个完整独立的体系，有着完善的艺术创造理论和工程技术经验，在世界园林史上独树一帜，具有鲜明的民族特色与浓厚的东方情趣，它深深地影响着与中国毗邻的一些国家园林艺术的发展，尤其是对日本造园艺术影响最大。日本造园在系统接受中国园林艺术的同时，融以浓厚的日本民族文化和民族气质，形成了日本园林的独特风格。

欧洲传统的园林到了 17 世纪下半叶已经形成为系统的古典主义园林形式。18 世纪时受到中国园林艺术的启发和影响,在英国产生了风靡一时的自然风景园。

下面就一些具有代表性的外国园林简介如下:

1. 日本园林

日本庭园的形成受其地理环境的影响,因为它是岛国,多山、溪流及瀑布,其园林主要是瀑布、溪流及置石的艺术再现。日本庭园深受我国园林的影响,特别是唐宋山水园的影响,同时又与日本民族的生活方式、艺术趣味及宗教信仰相融合,经几世纪的发展形成日本民族特色的山水庭园,十分精致、细巧,表现了日本人民的艺术风格。日本庭园布局的一般形式是:庭园中

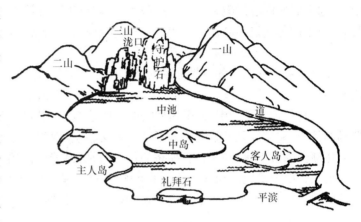

图 1.14　日本传统庭园布局

心为池,池中设有中岛,池的左右设有主人岛和客人岛,岛与陆地以桥连接,池后有假山、守护石,有瀑布等各式理水,一湾溪水中置河石表示河流,上游筑有土山栽植的盆景式乔木和灌木来模拟林地,各式石组细致地散设在造景地点,池前有礼拜石,此外石灯笼、洗手钵别具风格,成为其特有的园林小品(图 1.14)。

日本传统庭园主要有三种形式,即筑山庭、平庭、茶庭。

(1) 筑山庭　筑山庭主要是山和池,规模较大,表现山岭;湖池开阔,还有海岸、河流的景观。特别值得一提的是另外一种筑山庭形式——"枯山水",它是受禅宗思想影响,以我国北宋山水画为借鉴的写意庭园,到了室町时代(1333~1568 年,日本园林最盛时期),发展为有日本艺术气质的独立石庭,即所谓"枯山水",又称涸山水、唐山水。它是用白沙象征水,水中置石,

图 1.15　日本京都龙安寺石庭

用以模写大海、岛屿、山峦以及河流、瀑布。这种以纯粹观赏为特点的庭园形式,力求在一个很小的空间内表现出广阔而浩瀚的自然景观,其写意手法与禅宗僧徒面壁参悟、凝观内省的修炼方式是十分吻合的。日本枯山石庭中最为典型的是京都龙安寺石庭(图 1.15)。这个石庭又叫"七五三庭",30×10 m² 大小,只有一片梳理得很整齐的细白沙,由左向右点缀了 15 块布满青苔的石头,看似漫不经心,实则精心布置,按照 5—2—3—2—3 排列,布局非常奇特,不管从哪个角度看,总有一块石头隐身不见。

（2）平庭　平庭一般是在平坦的庭地上，堆些土山或设置一些石组，布置石灯笼、植物和溪流，再现原野的景致。

（3）茶庭　茶庭是一小块庭地，单设或与庭园其他部分隔开，四周有竹篱围合，由庭门和小径延伸到主体建筑即茶汤仪式的茶屋。品茶在日本已成为一门艺术，并形成了一套严谨的饮茶礼仪。茶庭以典雅、简朴、恬淡的环境，与强调"和、静、清、寂"的茶道礼仪来陶冶人们的性情，启迪人们的内心意趣。茶庭面积很小，但着重于写意手法，用草地代替白砂，茶庭内还有石灯笼、石水钵等建筑小品作为点缀，使茶庭更具有日本民族的艺术气质。

2. 文艺复兴时期的意大利园林

意大利地处欧洲南部风景秀丽的阿尔卑斯山南麓，是一个半岛国家，山岭起伏，植被丰富，山泉颇多。

意大利是古罗马的中心，受古罗马时期的建筑、雕塑艺术影响深远。意大利园林继承了古罗马的传统，文艺复兴又给它注入了新的人文主义，取得了很高的艺术成就。文艺复兴之后，人们逐渐厌倦城市狭窄的街道、拥挤的住房，开始追求个性的解放，贵族就迁居到郊外或海滨的山坡上。由于受地形和气候特点的影响，把庄园建在山坡上，视域开阔，眺望远景，可感受到自然的伟大胸襟，于是形成了意大利独特风格的园林形式——台地园（图1.16）。

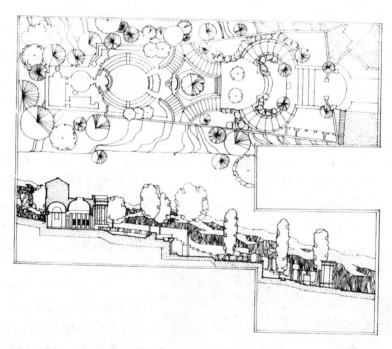

图1.16　意大利台地园

意大利台地园依山就势，辟出台地，邸宅建筑安排在台地的中层或最高层，低下层台地为绿丛植坛，多设计为规则式图案。园林的特点是中轴线突出，采用几何对称式平面布局。布局整齐的园地与周围自然风景环境过渡的处理手法是，从建筑部分周围至自然环境之间逐步减弱其规则式风格，如从整形修剪的绿篱到不修剪的树丛，然后过渡到大片园外的天然树林。

意大利多山泉，故水在园林中是重要的造园素材，为园林主景之一。理水的方法很多，如喷泉、壁泉、水池、瀑布、溢流等，使格局整齐的台地园园景富有变化，而雕塑往往成为水池或喷泉的中心，常常是留世的艺术珍品。

在植物的运用上,意大利园林充分利用国土特产的丝杉、石松、黄杨、冬青等常绿树种,修剪成整形的树墙、绿篱等,以供俯视观赏图案美。到了文艺复兴后期,对于整形修剪的植物题材运用更丰富,把植物修剪成各种建筑体形作为装饰点缀,很少采用色彩鲜艳的花卉,保持绿篱的基调,与人们追求舒适、悦目、静爽的情调相统一。在植物选择上,注意色彩深浅的不同,以使园景植物层次有所变化。由于阳光强烈,故对园路非常注意遮荫,"处处绿荫"成为意大利台地园组织上一个极其重要的布置。

3. 17 至 18 世纪法国园林

16 世纪末期,法国在和意大利的频繁战争中,接触到了意大利文艺复兴的新文化,在建筑和园林艺术方面开始受到影响,使法国园林发生了巨大变化。在继承法国传统园林形式的同时,根据法国地形平坦和自然条件的特点,吸收意大利等国园林艺术成就,创造出具有法国民族特色的精致开朗的规则式园林艺术风格,其代表作是法国最杰出的造园艺术家勒诺特为路易十四设计和主持营造的凡尔赛宫苑(图 1.17)。这在西方园林史上写下了光辉灿烂的一页。

在理水方面,运用水池、运河、喷泉等形式,水边有植物、建筑、雕塑等,丽景映池,增加园景的变化。在植物处理上,充分利用乡土树种阔叶落叶树,构成天幕式丛林背景;应用修剪整形的常绿植物作图案树坛;用花卉构成图案花坛,色彩较为丰富;并且常采用大面积草坪等作为衬托,行道树多为悬铃木。

勒诺特园林形式的产生,开创了西方园林史的新纪元。正如意大利文艺复兴所产生的影响一样,法国规则式园林风行全欧洲。可以说,当时整个欧洲都在模仿这种建园形式。

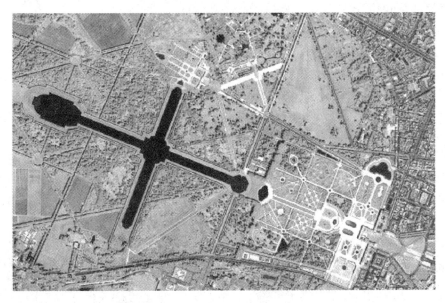

图 1.17 凡尔赛宫苑

4. 18 世纪的英国风景园林

英国在 15 世纪前,其园林风格较朴素,主要是草原牧地风光的风景园林。17 世纪由于受到意大利和法国园林的影响,曾一度醉心于建造规则式园林。18 世纪,欧洲浪漫主义思潮兴起,对英国园林产生了很大的影响,主要表现在欣赏自然美,反对刻意雕琢的规则式园林布局,使英国传统的风景园林得以复兴和发展。特别是中国的园林被介绍到英国后,立刻受到了赞赏和接纳。18 世纪以后,这种自然风景园林进一步发展,明显地融进中国园林艺术的特点、经常出现一些中国式造园题材和手法，如辟湖、叠山及建造中国式的亭、桥等（图1.18）。到了19世纪，发展到自然风景园的成熟阶段。

英国风景园林特点是表现自然美，追求田野情趣，园路采用自然圆滑的曲线；园中有大片草地及自然水池，并有小型建筑点缀，有所变化，植物设计采用自然式种植，树种繁多，色彩丰富，加之对花卉的利用，使植物素材成为园林中的主要景观。

此外，英国造园家善于利用地貌特点及温湿气候所带来种类丰富的植物，营造出某一风景甚至以某一种植物为主题的专类园，如岩石园、高山植物园、水景园、蔷薇园、杜鹃园、芍药园等。

5. 美国园林和国家公园

美国独立较晚，国史不长，民众来自世界许多国家，其园林基本上是拿来主义结合美国国情加以发展，主要是模仿英国等欧洲国家以及日本、中国的园林。

由于美国的地理环境及气候条件较好，森林与植物资源丰富，具有发展天然公园的良好自然基础，所以美国的现代公园和庭园比较注重自然风景。园林中的

图1.18 英国邱园的中国式塔

园路和水池形状为自然曲线形，植物设计采取自然式种植，建筑物周围逐步用规则式绿篱或半自然的花径作为过渡，园林中较注意草坪的铺设，以防止尘土飞扬和改善小气候。在私人庭园中，对花卉运用较多，以点缀草坪和庭园，有时也常用枯树、雕塑、喷泉、水池等来增加园林景观。美国第一个国家公园是"黄石国家公园"。它位于美国西部俄怀俄明州的北落基山，占地面积89万hm²，崇山峻岭，风光绮丽，广布温泉，数百个间歇泉中，有的喷出几十米高的水柱，有的水温高达85℃，为美国之最，也是世界上第一个国家公园。美国其他类型的公园游览地，如国家名胜、国家海岸、历史名胜、花园路等多种形式，其园林景观都极为优美，有瀑布、温泉、火山、原始森林、草原、珍奇的野生动植物等。这些形式的园林游览地，组成了美国的国家公园系统。同时，对于自然风景资源的保护，国家公园经营与管理机构以及立法等工作比较完善。

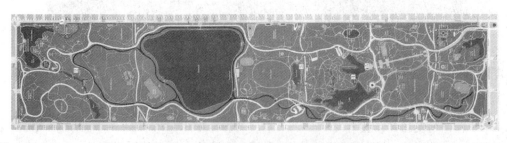

图1.19 美国纽约中央公园平面

时至今日，美国仍在努力开辟更多的城市公园绿地，以改善生活环境（图1.19）。在建设过程中，不断吸收他国园林艺术的优点。同时，美国园林利用本国的自然特色和在营造技术及材料上的优势，不断创新，使其园林在表现手法上趋于多样化，并注重天然风景与人文建筑的有机结合；在规模上趋于宏大。这些主要特点正逐步形成美国园林艺术的风格。

园林规划设计

1.1.3　园林发展趋势

　　21世纪园林发展的方向是要从全球环境生态平衡出发,走向自然,特别要重视发展为大多数人服务的园林。所谓走向自然,就是要重视发展自然的国家公园、自然保护区、风景名胜区以及热带雨林、温寒带森林等。在城市内要发展顺应自然的园林绿地,系统及其各个组成部分。大地景观规划是发展中课题,就是把大地自然景观和人文景观当作资源,从生态、社会、经济和审美价值等方面进行评价和环境敏感性分析,最大限度地保存典型生态系统和珍贵濒危物种的繁衍栖息地,保护生物的多样性,保存自然景观和文化遗产,最合理地使用土地资源。

　　随着科学技术的迅猛发展,文化艺术的不断进步,国际交流及旅游交通的日益方便,人们的审美观念也发生了很大的变化,审美的情趣、品位也越来越高。综观世界园林的发展总趋势,大体有以下几个方面:

　　① 各国既保持自己优秀的传统园林艺术和特色,又不断地相互学习、借鉴。

　　② 综合运用各种新技术、新材料、新工艺、新艺术、新手段,对园林进行科学规划、科学施工,创造出丰富多样的新型园林。

　　③ 园林绿化的生态效益与社会效益、经济效益的相互结合、相互作用将更加紧密,向更高程度发展,在物质与精神文明建设中发挥更大、更广的作用。

　　④ 在园林绿化的科学研究与理论建设上,将园林学与生态学、美学、建筑学、心理学、社会学、行为学、电子学等多种学科有机结合起来,并不断有新的突破与发展。

　　⑤ 在公园的规划布局上,普遍以植物造景为主,建筑比例逐渐缩小,追求真实、朴素的自然美。

　　⑥ 在园林规划设计和园容的养护管理上广泛采用先进的技术设备和科学的管理方法,植物的园艺养护、操作一般都实现了机械化,广泛运用计算机进行监控、统计和辅助设计。

　　⑦ 园林界世界性的交流越来越多。各国纷纷举办各种性质的园林、园艺博览会、艺术节等活动,极大地促进了园林绿化事业的发展。

1.2　园林规划设计的基本概念

1.2.1　园林绿地系统

1.2.1.1　园林的含义

　　"人类同自然环境和人工环境是相互联系、相互作用的。园林学是研究如何合理运用自然因素(特别是生态因素)、社会因素来创建优美的、生态平衡的人类生活境域的学科"。[①] 因此,园林学是环境景观艺术设计的基础和基本内容。

　　中国园林历史悠久,但是作为一门学科它又很年轻。在汉文化圈内的国家和地区中,韩国

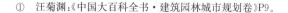

　　① 汪菊渊:《中国大百科全书·建筑园林城市规划卷》P9。

1

园
林
规
划
设
计
概
念

称之为"造景",日本称之为"造园",台湾称之为"景园";名称虽略有不同,但是其所研究的内容是一致的。因此,我们仍然沿用中国传统的"园林"一词,作为学科的名称。

园林学最初研究的是传统园林,其中包括园林工程、园林史、园林建筑学等,学的主要是园林方面一些基本的园林艺术和园林技巧,再后来是城市绿地系统,到现在的大地景观规划,即主要是对绿地的自然资源和人文资源的规划,其内容是越来越多,范围也越来越广,尤其是生态方面的研究已引起必要的重视。

那么,究竟何谓园林?

园林,是在一定的地理境域中以工程技术和艺术手段,通过筑山、叠石、理水、绿化、建筑、置路、雕塑来创造美的环境。由此可见园林的环境系统是由山石、水体、植物、建筑等四种基本要素构成的。

下面我们就从"园"字(图1.20)说起,来理解园林。

"園"为"园"字的繁体写法,其中:

"土"表示地形变化,引申为山石;

"O"是井口,引申为水体;

"Y"表示树木的枝杈,引申为植物;

"口"表示围墙、范围,引申为建筑。

图1.20 园林的"园"字

在这四大要素中前三种属于自然环境的范畴,在经过了人为的处理后,形成了造园的专门技艺,从而使其转化为人工环境;而后一种要素——建筑,本身就是人工环境的主体。园林规划设计的任务就是在一定的地域范围内,运用园林艺术和工程技术手段,通过改造地形、种植树木、花草,营造建筑和布置园路等途径创作建成景色如画、环境舒适、健康文明的游憩境域。

1.2.1.2 绿化的含义

绿化,就是栽种花草树木等植物,以达到净化空气、美化环境等改善环境目的的活动。其含义有广义和狭义之分。从广义上来讲,绿化是指全国乃至大地绿化,包括城乡、山河的绿色自然环境的保护以及人工种植的大片树木和花草。就狭义而言,绿化特指城市或某些特定区域,如园林内外的绿化,它是与城市建筑、园林建筑等相统一的人文绿化。

绿化与园林的关系密切。"绿化"一词源于前苏联,是"城市居民区绿化"的简称,在我国有50余年的历史。"园林"一词为中国传统用语,在我国已有1 700多年历史。绿化单指植物因素,而植物是园林的重要组成要素之一,因此,绿化是园林的基础。园林包括综合因素,园林是对其各组成要素的有机整合,是各个组成要素的最高级表现形式。绿化注重植物栽植和实现生态效益的物质功能,同时也含有一定的"美化"意思;园林则更加注重精神功能,在实现生态效益的同时特别强调艺术效果和综合功能。因此:

① 在国土范围内,一般将普遍的植树造林称为"绿化";将具有更高审美质量的风景名胜区等优美环境称为"园林"。

② 在城市范围内,一般将郊区的郊野植树和农田林网建设称为"绿化";将市区的绿色空间称为"园林"。

③ 在市区范围内,将普通的植物种植和美学质量一般的绿色空间建设称为"绿化";将经过精心规划、设计和施工管理的公园、花园称为"园林"。

园林与绿化在改善生态环境方面的作用是一致的,但在审美价值和功能的多样性方面是不同的。"园林绿化"有时作为一个名词使用,即用行业中最高层次的和最基础的两个方面来

园林规划设计

描述整个行业,其意思与"园林"的内涵相同。园林可以包含绿化,但绿化不能代表园林。

园林绿化,不仅是指园林内的绿化,还包括园林外的绿化,只有如此才能使园林处于以绿为主的生态环境之中。它既表明人类与绿色大自然密不可分的相互依存的关系,体现人类向往自然而且投身自然的愿望;又表明人类对大自然的认识与改造、美化自然、再创自然的主观能动性。

1.2.1.3 园林绿地系统的含义

1. 城市园林绿地的含义

城市园林绿地是指用于改善城市生态,保护环境、为居民提供游憩场地,和美化景观的城市绿化用地称之为园林绿地。

广义的城市园林绿地,指城市规划区范围内的各种绿地,包括:公园绿地、生产绿地、防护绿地、附属绿地和其他绿地。但不包括:

① 屋顶绿化、垂直绿化、阳台绿化和室内绿化;

② 以物质生产为主的林地、耕地、牧草地、果园和竹园等地;

③ 城市规划中不列入"绿地"的水域。

狭义的城市园林绿地,指面积较小、设施较少或没有设施的绿化地段,区别于面积较大、设施较为完善的"公园"。

2. 城市园林绿地系统

在城市范围内,由各种类型、各种规模的园林绿地组成的生态系统,用以改善城市环境,为城市居民提供游憩场所,这样的绿地群称为城市绿地系统。城市绿地系统包括各种类型和规模的城市绿化用地,其整体应当是一个结构完整的系统,并承担城市的以下职能:改善城市生态环境、满足居民休闲娱乐要求、组织城市景观、美化环境和防灾避灾等。

现在的绿地系统往往与城市开放空间(open space)的概念相结合,将城市的绿化用地、广场、道路系统、文物古迹、娱乐设施、风景名胜区和自然保护区等因素统一考虑。不同的系统结构会产生不同的系统功效,绿地系统的整体功效应当大于各个绿地功效之和,合理的城市绿地系统结构应该是相对稳定而长久的。

1.2.2 规划设计

1.2.2.1 规划的含义

规划泛指全面考虑长远发展计划的过程。园林规划指综合确定、安排园林建设项目的性质、规模、发展方向、主要内容、基础设施、空间综合布局、建设分期和投资估算的活动。

在工程建设初期,综合考虑工程间的相互联系、平衡和远近期发展、控制远景等原则性问题,不考虑具体的施工方案。如某风景区总体规划、某公园总体规划等,主要解决功能分区、导游线组织、景点分级等大问题。

园林规划包括城市绿地系统规划、风景名胜区规划和公园规划。面积较大和复杂区域的规划,按照工作阶段一般可以分为规划大纲、总体规划和详细规划。

园林规划的重点是:分析建设条件,研究存在问题,确定园林主要职能和建设规模,控制开发的方式和强度,确定用地和用地之间、用地与项目之间、项目与经济的可行性之间合理的时间和空间关系。

1.2.2.2 设计的含义

设计指在做某项工作之前,根据一定的目的、要求,预先制定方案、图样等。园林中指具体实现规划中某一项工程的实施方案,是具体而细致的施工计划,以使园林的空间造型满足游人对其功能和审美要求的相关活动。如某公园植物种植设计、某公园土方工程竖向设计等。

园林设计指对组成园林整体的山形、水系、植物、建筑、基础设施等要素进行的综合设计,而不是指针对园林组成要素进行的专项设计。

园林设计包括总体设计(方案设计)和施工图设计两个阶段。方案设计指对园林整体的立意构思、风格造型和建设投资估算;施工图设计则要提供满足施工要求的设计图纸、说明书、材料标准和施工概(预)算。

规划与设计的关系。从工作程序上看,一般是规划控制设计,设计指导施工,即总体规划、详细规划、总体设计(方案设计)、施工图设计。从工作深度上看,一般图纸的比例小于 1/500 为园林规划,比例大于 1/500 为园林设计。规划偏重宏观的综合部署和理性分析;园林设计偏重感性的艺术思维,主要通过造型来满足园林的功能和审美要求。规划所涉及的空间一般比较大,时间比较长;设计所涉及的空间一般比较小,时间就是建设的当时。规划是基础,设计是表现。规划和设计在中间层次有可能产生一定的工作交叉。

1.2.3 生态设计

1.2.3.1 生态园林

一直以来,我国城市园林绿地系统规划设计方面主要沿用 20 世纪 50 年代初前苏联城市游憩绿地规划方法和相应的定额指标概念。通常所运用的基本规划原则可概括为:

① 城市绿地布局要贯彻"点、线、面"相结合的原则;

② 重点发展城市公共绿地以满足市民日常游憩生活的需要;

③ 城市园林绿地按规模大小分级管理,就近服务,并依规划时序分期建设;

④ 尽量满足有关城市规划编制的绿地系统规划的定额指标。

现行城市园林绿地系统规划及园林城市评比标准存在着许多局限,园林设计与建设在全国范围内普遍存在诸如节日摆花、将公园当花园、不良草坪热及以草代木等现象,园林建设在某种程度上进入了一个误区。

国际上,19 世纪末西方就有了从保护原野的自然景观出发而建造的生态园林,而后先后出现了自然式设计、乡土化设计、保护性设计和恢复性设计等倾向。

现代社会的高度机械化,人们意识到必须尽快改变正在继续恶化的城市生态环境。而改善城市生态环境的最好办法就是运用生态学的理论来进行城市园林绿化建设,充分发挥绿色植物的功能。

园林绿化与生态学的联系是十分广泛的。近几十年来,城市生态、景观生态、森林生态、人类生态学的理论和方法逐渐渗透到城市规划和城市绿地系统规划设计中。生态园林的概念在学术界的争论和社会实践的检验中逐渐发展、成熟起来。

生态园林主要是指以生态学原理(如互惠共生、生态位、物种多样性、竞争、化学互感作用等)为指导所建设的园林绿地系统。它以生态学为基础,融汇景观学、景观生态学、植物生态学和有关城市生态系统理论,研究风景园林和城市绿地可能影响的范围内各生态系统之间的关系。

生态园林的功能、特性、效益是综合的、多属性的、多效益的，是对自然环境的保护利用和再改造，尤其当生态学渗入到各个学科和人类各个领域的今天，为避免大自然的报复，必须用生态学基础理论研究和指导城市园林绿地建设。生态园林的宗旨是人与自然的协调关系，追求和谐，谋求可持续发展，解决人类不断增长的需求与自然有限供给能力之间的矛盾，恢复生态系统的良性循环，保证社会经济的持续高效发展和人民生活稳步提高，从而促进城市生态的建设和发展。

1.2.3.2　生态设计

"设计"是有意识地塑造物质、能量和过程，来满足预想的需要或欲望，设计是通过物质循环、能量流动及土地使用来联系自然与文化的纽带。

任何与生态过程相协调，尽量使其对环境影响达到最小的设计形式都称为生态设计，这种协调意味着设计要尊重物种多样性，减少对资源的剥夺，保持营养和水循环，维持植物生境和动物栖息地的质量，以有助于改善人类居住环境及生态系统的健康。

生态园林规划设计的方法与思路应是：坚持以生态平衡为指导思想，以生物多样性为基础，地带性植被为特征，适地适树，常绿树种与落叶树种合理搭配，速生树种与慢生树种相结合，提倡科技兴绿，最终实现以乔木为主体、乔灌草合理配植的、能发挥最大生态效益和景观效益的城市绿地生态系统。

1.2.4　园林规划设计的内容与性质

根据中华人民共和国建设部 2002 年 6 月 3 日发布的《城市绿地分类标准》的要求，城市绿地应按主要功能进行分类，同时要求与城市用地分类相对应。《城市绿地分类标准》以反映绿地的实际情况以及绿地与城市其他各类用地之间的层次关系，以满足绿地的规划设计、建设管理、科学研究和统计等工作使用的需要为出发点，将绿地分为大类、中类、小类三个层次，共 5 大类、13 中类、11 小类，采用英文字母与阿拉伯数字混合型代码表示。5 大类分别是：公园绿地、生产绿地、防护绿地、附属绿地和其他绿地。这就是园林规划设计的工作对象和主要内容。

园林绿化是现代化城市建设的重要组成部分，也是必不可少的一项基础设施。园林绿地建设和其他建设项目一样，应当有计划、有步骤地进行。每一块绿地的建设都要根据城市或小区总体规划，制订一个比较周密完整的设计方案，它不仅应该符合总体规划所规定的功能要求，贯彻"以人为本"的基本方针，而且应该体现"适用、经济、美观"的原则。园林规划设计是园林绿地建设施工的前提和指导，又是施工的依据，同时规划设计也是上级主管部门批准园林绿地建设费用的依据。凡是新建和扩建的园林绿化建设项目，必须进行正规设计，没有设计不得施工。

▶▶ **思考题**

1. 名词解释：

园林　绿化　园林规划　园林设计

2. 试述我国园林发展经历的几个历史阶段及其园林成就。

3. 试述外国各园林的艺术特点。

4. 如何继承中国的造园传统，为现在的设计工作服务？

2 园林规划设计基本理论

园林规划设计的基本理论,概括地讲包括了园林艺术、园林布局、园林空间构图形式美法则及园林景观创造方法等知识。要求了解园林的基本知识,掌握园林造景艺术和技巧、园林空间构图艺术在各类园林绿地中的实际运用和表现,具备一定的园林景观的设计能力和鉴赏能力;同时注意培养对园林空间意境的创造能力、园林审美能力,提高对园林艺术的鉴赏能力和创作水平。

2.1 园林艺术

人类同自然环境和人工环境之间是相互联系、相互作用的。园林学是研究如何合理运用自然因素(特别是生态因素)、社会因素来创建优美的、生态平衡的人类生活境域的学科。园林艺术是园林学研究的主要内容,是指导园林规划、创作的艺术理论,是美学、艺术、绘画、文学等多学科理论的综合运用,尤其是美学的运用。

2.1.1 园林美及其特征

美是人类的一种特殊思维活动,它属于情感思维范畴(即审美思维和审美活动)所产生的意识形态或观念形态。这种审美意识或审美观,对于不同时代、不同环境、不同经济状况、不同民族传统、不同宗教信仰、不同经历、不同社会地位以及不同文化水平的人,都会有所不同。

美,有自然美、生活美和艺术美之分。自然美是人类面对自然与自然现象如天象、地貌、风景、山岳、河川、植物、动物等所产生的审美意识;生活美是人类面对人类自身的活动或社会现象如生老病死、喜怒哀乐、悲欢离合、家庭、事业、社会关系、命运、经济状况、贡献、成就等所产生的审美意识;艺术美是人类面对人类自身所创作的艺术作品如绘画、雕塑、建筑艺术、园林、音乐、歌曲、诗词、小说、戏剧、电影等所产生的审美意识。

2.1.1.1 园林美

园林美源于自然,又高于自然,是大自然造化的典型概括,是自然美的再现。它随着文学、绘画艺术和宗教活动的发展而发展,是自然景观和人文景观的高度统一。

园林美具有多元性,表现在构成园林的多元要素之中和各要素的不同组合形式之中。园林美也具有多样性,主要表现在其历史性、民族性、地域性的多样统一之中。风景园林具有绝对与相对性差异,这是因为它包含着自然美和社会美的缘故。

园林美是形式美与内容美的高度统一,它的主要内容有以下几个方面:

1. 山水地形美

山水地形美包括地形改造、引水造景、地貌利用、土石假山等,形成园林的骨架和脉络,为园林植物的种植、游览建筑的设置和视景点的控制创造条件(图2.1)。

图2.1　英国詹克斯花园的地形美

2. 借用天象美

借用天象即借日月雨雪造景。如观云海霞光,看日出日落,设朝阳洞、夕照亭、月到风来亭、烟雨楼,听雨打芭蕉、泉瀑松涛,造断桥残雪、踏雪寻梅意境等(图2.2)。

图2.2　颐和园借用天象美的景观

3. 再现生境美

效仿自然,创造人工植物群落和良性循环的生态环境,创造空气清新、温度适中的小气候环境。花草树木永远是生境的主题。

4. 建筑艺术美

风景园林中由于游览景点、服务管理、维护等功能的要求和造景需要,要求修建一些园林建筑。建筑不可多,也不可无,古为今用,洋为中用,简洁实用,画龙点睛,建筑艺术往往是民族文化和时代潮流的结晶。

例如扬州瘦西湖的"吹台"，相传乾隆曾在此垂钓，故亦称"钓鱼台"，在绿荫馆西，建于长渚之端。亭为四方，重檐斗角黄墙，面东装木刻镂空落地罩阁门，濒湖三面各开圆洞门。亭内悬挂沙孟海题"吹台"匾，亭外悬挂刘海粟题"钓鱼台"匾。面对"吹台"偏北而立，视西侧圆门，景收五亭桥；看南侧洞门，映白塔高耸。以门借景，昔有"三星拱照"之称，为我国造园技艺中运用框景、借景的杰出范例(图2.3)。

图2.3　扬州瘦西湖"吹台"的建筑艺术美

5. 工程设施美

园林中，游道廊桥、假山水景、电照光影、给水排水、挡土护坡等各项设施，必须配套，要注意艺术处理，使其区别于一般的市政设施(图2.4)。

图2.4　美国纽约中央公园弓形桥的工程设施美

6. 文化景观美

风景园林常为宗教圣地或历史古迹所在地，其中的景名景序、门槛对联、摩崖石刻、字画雕塑等无不浸透着人类文化的精华。

7. 色彩音响美

风景园林是一幅五彩缤纷的天然图画，蓝天白云、花红叶绿、粉墙灰瓦、雕梁画栋、风声雨声、欢声笑语、百籁争鸣。

8. 造型艺术美

园林中常运用艺术造型来表达某种精神、象征、礼仪、标志、纪念意义,以及某种体形、线条美。如图腾、华表、标牌、喷泉及各种植物造型等(图 2.5)。

图 2.5　美国纽约中央公园喷泉水池的造型艺术美

9. 旅游生活美

园林是一个可游、可憩、可赏、可居、可学、可食的综合活动空间,满意的生活服务,健康的文化娱乐,清洁卫生的环境,便利的交通与良好的治安保证,都将怡悦人们的性情,带来生活的美感(图 2.6)。

图 2.6　美国纽约中央公园温室花园坐憩空间体现的旅游生活美

10. 联想意境美

联想和意境是我国造园艺术的特征之一。丰富的景物,通过人们的接近联想和对比联想,达到见景生情,体会弦外之音的效果。意境就是通过意向的深化而构成心境应合、神形兼备的艺术境界,也就是主客观情景交融的艺术境界。

2.1.1.2　自然美

自然景物和动物的美称为自然美。自然美的特点偏重于形式,往往以其色彩、形状、质感、声音等感性特征直接引起人的美感,它所积淀的社会内涵往往是曲折、隐晦、间接的。人们对自然美的欣赏往往注重它形式的新奇、雄浑、雅致,而不注重它所包含的社会功利内容。

图 2.7　云南独具魅力的石林景观

许多自然事物,因其具有与人类社会相似的一些特征,而可以成为人类社会生活的一种寓意和象征,成为生活美的一种特殊形式的表现;另一些自然事物因符合形式美法则,其所具有的条件及诸因素的组合,当人们直观时,给人以身心和谐、精神提升的独特美感,并能够寄寓人的气质、情感和理想,表现出人的本质力量(图2.7)。园林的自然美有以下共性:

1. 变化性

随着时间、空间和人的文化心理结构的不同,自然美常常发生明显的或微妙的变化,处于不稳定的状态。时间上的朝夕、四时,空间上的旷、奥,人的文化素质与情绪,都直接影响自然美的发挥。

2. 多面性

园林中的同一自然景物,可以因人的主观意识与处境而向相互对立的方向转化;或园林中完全不同的景物,可以产生同样的效应。

3. 综合性

园林作为一种综合艺术,其自然美常常表现在动、静结合中,如山静水动、树静风动、物静人动、石静影移、水静鱼游;在动、静结合中,又往往寓静于动或寓动于静。·

2.1.1.3　生活美

园林作为一个现实的物质生活环境,是一个可游、可憩、可赏、可学、可居、可食的综合活动空间,必须使其布局能保证游人在游园时感到非常舒适。

首先应保证园林环境的清洁卫生,空气清新,无烟尘污染,水体清透。

其次要有适于人们生活的小气候,使气温、湿度、风的综合作用达到理想的要求。冬季要防风,提高局部气温;夏季能保证通风、纳凉,有一定的水面、空旷的草地及大面积的庇荫树林。

园林的生活美,还应该有方便的交通,良好的治安保证和完善的服务设施。有广阔的户外活动场地,有安静的休息散步、垂钓、阅读、休息的场所;在积极休息方面,有划船、游泳、溜冰等体育活动的设施;在文化生活方面有各种展览、舞台艺术、音乐演奏等场地。这些都可怡悦人们的性情,带来生活的美感享受。

2.1.1.4　艺术美

自然美和生活美属于现实美,是美的客观存在的形态,而艺术美则是现实美的升华。园林

园林规划设计

艺术运用特定的园林语言,来表达时代精神和社会物质文化风貌,因此园林艺术美是蕴涵于园林中一种更高层次的美。

现实生活虽然生动、丰富,却代替不了艺术美。从生活到艺术是一个创造过程。艺术家是按照客观美的规律和自己的审美理想去创造作品的。艺术有其独特的反映方式,即艺术是通过创造艺术形象具体地反映社会生活,表现作者思想感情的一种社会意识形态(图2.8)。艺术美属于意识形态的美。

图2.8　昆明世博园中的"明珠苑"艺术地再现了上海东方明珠的时代精神

艺术美的具体特征是:

1. 形象性

形象性是艺术的基本特征,用具体的形象反映社会生活。

2. 典型性

作为一种艺术形象,它虽来源于生活,但又高于普通的实际生活,它比普通的实际生活更高、更强烈,更有集中性,更典型、更理想,因此就更带普遍性。

3. 审美性

审美性即艺术形象要具有一定的审美价值,能引起人们的美感,使人得到美的享受,培养和提高人的审美情趣,提高人的审美素质,而进一步提高人们对美的追求和对美的创造能力。

园林美是一种时空综合的艺术美。在体现时间艺术美方面它具有诗歌与音乐般的节奏与旋律,能通过想象与联想,使人将一系列的感受,转化为艺术形象。在体现空间艺术美方面,它具有比一般造型艺术更为完备的三维空间,既可使人能感受和触摸,又可使人深入其内,身历其境,观赏和体验到它的序列、层次、高低、大小、宽窄、深浅和色彩等。中国传统园林,是以山水画的艺术构图为形式,以山水诗的艺术境界为内涵的典型的时空综合艺术,其艺术美是融诗画为一体的、内容与形式协调统一的美。

2.1.2　园林审美及其特点

园林审美是一个复杂的过程,是一种综合的知觉完形。这是由园林的特殊结构决定的,园林的多层结构需要各知觉功能(视、听、嗅、味、触等)的综合运用及心理通感才能被充分感知和领悟。

正确地进行园林审美，应从园林艺术背后的思想文化内涵、构成园林艺术的不同要素、园林景观的不同欣赏方式，以及园林创作中追求的意境这四个方面去欣赏园林艺术。

1. 园林艺术中的"天人合一"思想

中国自古以来就有崇尚自然、喜爱自然的传统，"天人合一"的思想占有极大的优势，不论儒家还是道家，都把人和天地万物紧密地联系在一起，视为不可分割的共同体，从而形成一种动力，促使人们去探求自然、亲近自然、开发自然。

中国园林艺术滋生于博大精深的中国传统文化，以"天人合一"的哲学思想为基础，汇集了自然山水之美，也汇集了各种艺术美和人工巧思，营造出一个又一个"虽由人作，宛自天开"、具有丰富文化内涵的园林精品。中国园林集中国诸多艺术之大成，务求达到美不胜收的效果。中国传统的诗、书、画、建筑、装修、家具陈设、叠山理水、花木栽培等艺术及技术，参照"因地制宜，人工与自然相结合，统一之中又有变化"的艺术理论，融合在一方园林之中，令人叹为观止。

另一方面，中国各地的美好景色，又启发人们热爱自然、讴歌自然的无限激情。这些观念渗透到中国园林的发展过程中，孕育出独特的自然山水式园林。

2. 园林组成要素

中国古典园林内的美丽景色，都是由一些基本的造园景物组合而成的。

（1）水渊和山石之美　人们喜爱自然，所以想方设法把自然界中活泼的水、高耸的山引入园林之中。园林中的水，最常见的形式是一片水池，努力创造出汪洋之感。它宁静地映照着天上的云彩、池畔的柳树和凌空的小桥，水里还开放着清香的荷花、游动着逍遥的鱼儿。除了水池，水的处理还有其他形式，如开阔的湖面（杭州西湖）、曲折的河流（扬州瘦西湖）、山间奔流的小溪（黄山翡翠谷），还有高处叠流而下的山泉（无锡寄畅园八音涧）。

园林中的山，不在乎规模的大小，重在形态的千变万化。苏州环秀山庄的假山不大，但气势磅礴，变幻万千。苏州狮子林的假山，因为形态像众多狮子而得名，其洞穴处处通连，趣味盎然。几块或一块的山石，称为石峰，就如大自然创作的抽象雕刻，让你细细品味那玲珑的体态。如上海豫园的"玉玲珑"，体态婀娜，相传是宋代进贡给宋徽宗的花石纲的遗物（图 2.9）。

（2）植物之美　园林中的花草树木，配合着山水和建筑物，形成一幅美丽的画面。不同季节开放的花卉，更能突显园林中四季景致的变化。种植在假山旁郁郁葱葱的松树，增添了一种山间的野趣；水畔有轻柔的杨柳，水色便可爱多了；轩窗外的几丛蕉叶，带来了碧绿、摇曳的蕉影；粉墙前苍翠的竹丛，也是一幅情趣盎然的粉墙花影。

植物具有象征意义。园林中的植物，不单点缀了景色，还往往由于各自的生态习性和造型特点，被赋予不同的品

图 2.9　上海豫园"玉玲珑"

格和象征意义，尤其是寄寓着古代文人的理想情操。松、竹、梅被誉为"岁寒三友"，象征高洁的品格；牡丹、芍药艳丽高贵，自然代表富贵；梧桐树是神话中凤凰鸟栖息的大树，是清高脱俗的象征；火红灿烂的石榴花，则象征着喜庆吉祥……这些，在游览园林时，可以多多体味。

（3）建筑之美　中国园林的一大特色，就是自然美与建筑美的融合。在园林中，大自然的

园林规划设计

山水景色才是主角,建筑物相对次要,作用是引导游人去欣赏景色,因此园林建筑必须与自然风景相协调。而中国园林建筑的非轴线、非对称布局,则是它们能与自然相融的重要原因之一。即使皇家园林建筑,也不像西方宫殿建筑那样严格对称,而是整齐之中有错落的变化(图2.10)。中国古代私家园林中的建筑更是根据地形而自由布局,以取得灵动变化的效果。

图2.10 皇家园林承德避暑山庄的建筑群

此外,园林建筑有着丰富多样的形式,园林建筑中的装修、陈设,也刻意与园林风格相协调,往往色彩淡雅、风格朴素,其采用的式样图纹也常富有象征意义,与园林意境相呼应。

(4)题咏之美 中国古典园林中题咏极多,可以说有景必有题。这些题咏以典雅字句形容景色、点化意境,是园林最好的"说明书"。欣赏园林时,最好能了解其题咏中蕴含的深意,才能感受园林中的诗情画意。

园名,往往反映了园林景物的特色、造园主人的志趣,甚至园林的营建目的等等。扬州个园取"竹"字的一半,既表明了主人爱竹之志,又形象地写出了园中茂竹之景,超然之趣,未入先得。上海豫园,是明代潘允端为奉养父母而建,其园名有"豫悦老亲"的意思。

园中各种匾额、楹联,犹如绘画的题跋,不可或缺。苏州网师园的"濯缨水阁",取自孟子语"沧浪之水清兮,可以濯我缨;沧浪之水浊兮,可以濯我足",于阁中玩赏清波,吟沧浪之句,幽雅情趣顿生。苏州拙政园的"远香堂"取宋代理学家周敦颐《爱莲说》中"香远益清"句意,因其临水为月台,夏天荷花满池,清香远溢;同时出淤泥而不染的荷花,象征高洁的人品,寄托了园主的人格追求。

3. 园林意境

中国园林跟世界上其他园林的最大分别,在于它不单以创造一个具体的园林形象为最终目的,并且着重对意境的追求、创造和欣赏。

这些园林意境的体现,有写意自然、空灵气质、诗情画意、淡泊心性、小中见大等诸多方面;又因园林所属种类的不同,有皇家园林的皇家雍容和私家园林的私家雅趣的不同体现。

意境,是指艺术作品借助形象传达出的意蕴和境界,也就是园主所向往的一种理想境界。园主在造园之时,会将某种精神寄托于园林中的景物,使观赏者在游览时,能够触景生情,产生共鸣。因此,要了解中国园林的意境美,必须了解其中蕴涵的人生态度和哲理。在园中,一山一水,一草一木,一联一咏,都有着一种超脱物外的象征意义,凝聚着一种心情境界。

(1) 写意自然　中国园林的意境美,表现为写意化的自然美。"写意"是相对于"写实"而言的。"写实"就是还自然的原来面貌,不着重渗入人的主观感受。所谓"写意",是描述中国水墨画中一种类型,只用宣纸上浓淡不同的墨色来表现各种自然事物,抽象和提炼了绘画对象。国画大师齐白石曾解释写意是一种"似又不似"的境界,即它虽然顾及到自然的原来面貌,但却注入了人的主观感受。与写实相比,它虽不追求自然的原貌,但却能传自然之神韵,因而具有更强的艺术感染力。

(2) 空灵美　园林是一个立体的空间领域,跟文学、绘画有相异之处,因此园林拥有一种独特的空间美。园林在有限的空间范围内,利用山池、花木、亭台楼阁等元素,通过借景、对景、障景等手法,创造出既现实又空灵的空间,表达出耐人寻味的意趣。要在园林有限的空间内创造出空灵美,可以有多种方法。

中国园林往往把全园划分为若干空间,各个空间都有风景的主题和环境,或大或小,或明或暗,或封闭或开敞,或横阔或纵长,相互配合又相互穿插,形成了有对比、有节奏、交替变化的一个艺术整体,让人顾盼有景,游之不厌。比如苏州的留园,在游廊相通、粉墙回环处,大大小小的庭院、天井共多达 12 个,"处处虚邻,方方胜境",可谓行止扑朔迷离,景观变化无穷。

(3) 诗情画意　中国的园林艺术可以说是与山水画、山水诗同步发展的,彼此之间有很紧密的结合。因此,中国古典园林的种种美景,往往与诗画艺术相联系,能够激发出游园者的心灵感悟,营造出悠悠之情。鸟语花香,月到风来,在这里不仅是自然界的景象,同时也与一种悠游自在的诗意相呼应。

园林中每一处景点的营造,无不融山水之色和诗情画意于一体,这里面有造园者的慧心,也有游园者的心领神会。苏州拙政园西部临水而建的扇面形小亭,名为"与谁同坐轩",取宋代文学家苏轼《点绛唇》中的名句"与谁同坐?明月、清风、我"的意境,也源出李白的诗《月下独酌》:"举杯邀明月,对影成三人。"亭中小憩,月印波心,风拂水面,一种飘逸洒脱的韵致油然而生(图 2.11)。

图 2.11　拙政园的"与谁同坐轩"

（4）淡泊心性　置身于园林中，往往有一种超脱旷达、闲静悠远的精神体验。而立足于这种宁静洒脱的心灵状态上的，是一种理想化的人生境界——隐逸淡泊。

苏州的网师园，原名为"渔隐"，后称"网师"。网师即渔翁，仍含渔隐的本意，园的主题便是隐逸清高。园中有"月到风来亭"、"看松读画轩"，绿波池上，听风啸月，看松读画，这是一种何等高雅、闲适的人生意境。

（5）小中见大　中国古典园林，尤其是江南的私家园林，虽然占地小，规模有限，造园家们却能够将园林中的景致作出巧妙安排，使人从有限的景观中体味出无限隽永的境界，创造出"小中见大"的意境。这种妙处，有引发游人心灵发挥畅想和共鸣的能力，达到"一峰则太华千寻，一勺则江湖万里"的效果。

2.2　园林布局形式

2.2.1　园林布局的原则

园林是由一个个、一组组不同的景观组成的，这些景观不是以独立的形式出现的，是由设计者把各种景物按照一定的要求有机地组织起来的。在园林中把这些景物按照一定的艺术规则有机地组织起来，创造一个和谐完美的整体，这个过程称为园林布局。

人们在游览园林时，在审美要求上是欣赏各种风景，并从中得到美的享受。这些景物有自然的，如山、水、动植物；也有人工的，如亭、廊、榭等各种园林建筑。如何把这些自然景物与人工景观有机地结合起来，创造出一个既完整又开放的园林景观，这是设计者在设计中必须注意的问题。好的布局必须遵循一定的原则。

2.2.1.1　布局的综合性与统一性

1. 园林的功能决定其布局的综合性

园林的形式是由园林的内容决定的，园林的功能是为人们创造一个优美的休息娱乐场所，同时在改善生态环境上起重要的作用，但如果只从这一方面考虑其布局的方法，不从经济与艺术方面的条件考虑，这种功能也是不能实现的。园林设计必须以经济条件为基础，以园林艺术、园林美学原理为依据，以园林的使用功能为目的。只考虑功能，没有经济条件作保证，再好的设计也是无法实现的。同样在设计中只考虑经济条件，脱离其实用功能，这种园林也不会为人们所接受。因此，经济、艺术和功能这三方面的条件必须综合考虑，只有把园林的环境保护、文化娱乐等功能与园林的经济要求及艺术要求作为一个整体加以综合解决，才能实现创造者的最终目标。

2. 园林构成要素的布局具有统一性

园林构图的素材主要包括地形、地貌、水体和动植物等自然景观及建筑、构筑物和广场等人文景观。这些要素中植物是园林中的主体，地形、地貌是植物生长的载体，这两者在园林中以自然形式存在。不经过人为干预的自然要素往往是最原始的产物，其艺术性往往达不到人们所期望的效果。建筑在园林中是人们根据其使用的功能要求出发而创造的人文景观，这些景物必须与天然的山水、植物有机地结合起来并融合于自然中才能实现其功能要求。

以上三方面的要素在布局中必须统一考虑，不能分割开来。地形、地貌经过利用和改造可以丰富园林的景观；而建筑、道路是实现园林功能的重要组成部分；植物将生命赋予自然，将绿色赋予大地,没有植物就不能成为园林;没有丰富的、富于变化的地形、地貌和水体就不会满足园林的艺术要求。好的园林布局是将这三者统一起来,既有分工又要结合。

3. 起开结合,多样统一

对于园林中多样变化的景物,必须有一定的格局,否则会杂乱无章,既要使景物多样化,有曲折变化,又要使这些曲折变化有条有理,使多样的景物各有风趣,能互相联系起来,形成统一和谐的整体。

在我国的传统园林布局中使用"起开结合"四个字来实现这种多样统一。什么是"起开结合"呢?清朝的沈宗骞在《芥舟学画编》中指出:布局"全在于势。势者,往来顺逆之间,则开合之所寓也。生发处是开,一面生发,即思一面收拾,则处处有结构而无散漫之弊。收拾处是合,一面收拾一面又思生发,则时时留有余意而有不尽之神……如遇绵衍抱拽之处,不应一味平塌,宜思另起波澜。盖本处不好收拾,当从他处开来,庶免平塌矣,或以山石,或以林木,或以烟云,或以屋宇,相其宜而用之。必于理于势两无妨而后可得。总之,行笔布局,一刻不得离开合"。这里就要求我们在布局时必须考虑曲折变化无穷,一开一合之中,一面展开景物,一面又考虑如何收合。

2.2.1.2 因地制宜,巧于因借

园林布局除了从内容出发外,还要结合当地的自然条件。我国明代著名的造园家计成在《园冶》中提出"园林巧于因借"的观点。他在《园冶》中指出:"因者虽其基势高下,体形之端正……""因"就是因势,"借者,园虽别内外,得景则无拘远近","园地惟山林最胜,有高有凹,有曲有深,有峻有悬,有平而坦,自成天然之趣,不烦人事之工,入奥疏源,就低蓄水,高方欲就亭台,低凹可开池沼"。这种观点实际就是充分利用自然条件、因地制宜的最好典范。

1. 地形、地貌和水体

在园林中,地形、地貌和水体占有很大比例。地形可以分为平地、丘陵地、山地、凹地等。在建园时,应该最大限度地利用自然条件。对于低凹地区,应以布局水景为主;而丘陵地区,布局应以山景为主,要结合其地形地貌的特点来决定,不能只从设计者的想象来决定。例如北京陶然亭公园,在新中国成立前为城南有名的臭水坑,电影《城南旧事》中讲的就是这一地区的故事。新中国成立后,政府为了改善该地区的环境,采用挖湖蓄水的方法,把挖出的土方在北部堆积成山,在湖内布置水景,为人们提供一个水上活动场所,这样不仅改造了环境,同时也创造出一个景观秀丽、环境优美的园林景点。如果不是采用这种方法,而是从远处运土把坑填平,虽可以达到整治环境的目的,但不会有今天这样景观丰富的园林。

在工程建筑设施方面应就地取材,同时考虑经济、技术方面的条件。园林在布局的内容与规模上,不能脱离现有的经济条件。在选材上以就地取材为主。例如假山置石,在园林中的确具有较高的景观效果,但不能一味追求其效果而不管经济条件是否允许,否则必然造成很大的经济损失。宋徽宗在汴京所造万寿山就是一例:据史料记载,"公元1106年,宋徽宗为建万寿山,于太湖取石,高广数丈,载以大舟,挽以千夫,凿河断桥,毁堰折墙,数月乃至",最终造成人力、物力和财力的巨大浪费。北京颐和园中的"败家石"(青芝岫)的来历也是如此。

建园所用材料的不同,对园林构图会产生一定的作用,这是相对的,但并非绝对的。太湖石可谓置石中的上品,并非必不可少。例如北京北海静心斋的假山所用石材为北京房山所产,广州园林的假山为当地所产的英德石等均属就地取材的成功之例。

2. 植物及气候条件

中国园林的布局受气候条件影响很大。我国南方气候炎热,在树种选择上应以遮阳目的为主,而北方地区,夏季炎热,需要遮荫,冬季寒冷,需要阳光,在树种选择上就应考虑以落叶树

种为主。

在植物选择上还必须结合当地气候条件，以乡土树种为主。如果只从景观上考虑，大量种植引进的树种，不管其是否能适应当地的气候条件，其结果必是以失败而告终。

另外，植物对立地条件的适应性也必须考虑，特别是植物的阳性和阴性、抗干旱性与耐水湿性等。如果把喜水湿的树种种在山坡上，或把阳性树种种在庇荫环境内，树木就不会正常生长，不能正常生长也就达不到预期的目的。园林布局的艺术效果必须建立在适地适树的基础之上。

园林布局还应注意对原有树木和植被的利用上。一般在准备建造园林绿地的地界内，常有一些树木和植被，这些树木或植被在布局时，要根据其可利用程度和观赏价值，最大限度地组织到构图中去。正如《园冶》中所讲的那样："多年树木，碍筑檐垣，让一步可以立基，砍数丫不妨封顶，斯谓雕栋飞楹构易，荫槐挺玉难成。"其中心思想就是要对原有植被充分利用。关于

图 2.12 北京朝阳公园

这一点,在我国现代园林建设中得到了肯定。例如北京朝阳公园中有很多大树为原居住区内搬迁后保留下来的。公园于1999年建成,这些大树在改善环境方面起到了很好的效果(图2.12),它们多数以"孤赏树"的形式存在,如果全部伐去重新栽植新的树木,不但浪费人力、物力、财力,而且也不会很快达到理想的效果。

除此之外,在植物的布局中,还必须考虑植物的生长速度。一般新建的园林,由于种植的树木在短期内不可能达到理想的效果,所以在布局中应首先选择速生树种为主,慢生树种为辅。在短期内,速生树种可以很快形成园林风景效果,在远期规划上又必须合理安排一些慢生树种。关于这一点在居住区绿地规划中已有前车之鉴。一般居住区在建成后,要求很快实现绿化效果,在植物配植上,大面积种植草坪。同时为构图需要,配以一些针叶树。这样,绿化效果是达到了,但没有注意居民对绿地的使用要求。每到夏季烈日炎炎,居民很难找到纳凉之处,这样的绿地是不会受欢迎的。因此,在园林植物的布局中,要了解植物的生物学特性,既考虑远期效果,又要兼顾当前的使用功能。

2.2.1.3 主题鲜明,主景突出

任何园林都有固定的主题,主题是通过内容表现出来的。植物园的主题是研究植物的生长发育规律,对植物进行鉴定、引种、驯化,同时向游人展示植物界的客观自然规律及人类利用植物和改造植物的知识。因此,在布局中必须始终围绕这个中心,使主题能够鲜明地反映出来。

在整个园林绿化工作中,绿化固然重要,但必须有重点,美化才能实现其艺术要求。园林是由许多景区组成,这些景区在布局中要有主次之分,主要景区在园林中以主景的形式出现。

在整个园林布局中要做到主景突出,其他景观(配景)必须服从于主景的安排,同时又要对主景起到"烘云托月"的作用。配景的存在能够"相得而益彰"时,才能对构图有积极意义。例如北京颐和园有许多景区,如佛香阁景区、苏州河景区、龙王庙景区等,但以佛香阁景区为主体,其他景区为次;在佛香阁景区中,以佛香阁建筑为主景,其他建筑为配景。

配景对突出主景的作用有两方面:一是从对比方面来烘托主景,例如,平静的昆明湖水面以对比的方式来烘托、丰富的万寿山立面;另一方面是从类似方式来陪衬主景,例如西山的山形、玉泉山的宝塔等则是以类似的形式来陪衬万寿山的。

突出主景常用的方法有:主景升高、中轴对称、对比与调和、动势集中、重心处理及抑景等,具体内容见本章第4节。

2.2.1.4 园林布局在时间与空间上的规定性

园林是存在于我们现实生活中的环境之一,在空间与时间上具有规定性。园林必须有一定的面积指标作保证才能发挥其作用。同时园林存在于一定的地域范围内,与周边环境必然存在着某些联系,这些环境将对园林的功能产生重要的影响。例如北京颐和园的风景效果受西山、玉泉山的影响很大,在空间上不是采用封闭式,而是把园外的风景引入到园内,这种做法称之为借景,正如《园冶》所讲"晴峦耸秀,绀宇凌空,极目所至,俗则屏之,嘉则收之,不分町疃,尽为烟景……"。这种做法超越了有限的园林空间。但有些园林景观在布局中是采用闭锁空间,例如颐和园内谐趣园,四周被建筑环抱,园内风景是封闭式的,这种闭锁空间的景物同样给人秀美之感。

园林布局在时间上的规定性,一是指园林功能的内容在不同时间内是有变化的,例如园林

植物在夏季以为游人提供庇荫场所为主,在冬季则需要有充足的阳光。园林布局还必须对一年四季植物的季相变化作出规定,在植物选择上应是春季以绿草鲜花为主,夏季以绿树浓荫为主,秋季则以丰富的叶色和累累的硕果为主,冬季则应考虑人们对阳光的需求;另一方面是指植物随时间的推移而生长变化,直至衰老死亡,在形态上和色彩上也在发生变化,因此,必须了解植物的生长特性。植物有春荣冬枯、衰老死亡,而园林应该日新月异。

2.2.2 园林静态空间布局

静态风景是指游人在相对固定的空间内所感受到的景观。这种风景是在相对固定的范围内观赏到的,因此,其观赏位置和效果之间有着内在的影响。

2.2.2.1 静态空间的视觉规律

1. 景物的最佳视距

一般正常人的明视距离为 25~30 cm,对景物细部能够看清的距离为 40 m 左右,能分清景物类型的视距在 250~300 m 左右,当视距在 500 m 左右时只能辨认景物的轮廓。因此,不同的景物应有不同的视距。

2. 视域

正常的眼睛在观赏静物时,其垂直视角为 130°,水平视角为 160°;但看清景物的水平视角在 45°以内,垂直视角在 30°以内,在这个范围内视距为景宽的 1.2 倍。在此位置观赏景物效果最佳。但这个位置毕竟是有限的范围,还要使游人在不同的位置观景,因此,在一定范围内需预留较大一个空间,安排亭榭、花架等以供游人逗留及徘徊观赏。

园林中的景物在安排其高度与宽度方面必须考虑其观赏视距的问题。一般对于具有华丽外形的建筑,如楼、阁、亭、榭等,应该在建筑高度 1 倍至 4 倍的地方布置一定的场地,以供游人在此范围内以不同的视角来观赏。而在花坛设计中,独立性花坛一般位于视线之下,当游人远离花坛时,所看到的花坛面积变小。不同的视角范围内其观赏效果是不同的,当花坛的直径在 9~10 m 时,其最佳观赏点的位置距花坛 2~3 m 左右;如果花坛直径超过 10 m 时,平面形的花坛就应该改成斜面的,其倾斜角度可根据花坛的尺寸来调整,但一般在 30°~60°时效果最佳。例如北京天安门广场 1997 年以"万众一心"为主题的花坛,直径近百米,且为平面布置,所以这种花坛从空中俯视的效果远比在广场上看到的效果好得多。在纪念性园林中,一般要求其垂直视角相对大些,特别是一些纪念碑、纪念雕像等,为增加其雄伟高大的效果,要求视距小些,且把景物安排在较高的台地上,这样就更增加其感染力。

2.2.2.2 不同视角的风景效果

在园林中,景物是多种多样的,不同的景物要在不同的位置来观赏才能取得最佳效果。一般根据人们在观赏景物时垂直视角的差异划分为平视风景、仰视风景和俯视风景三类。

1. 平视风景

平视风景是指游人头部不必上仰下俯,就可以观赏的风景。这种风景的垂直视角在以视平线为中心的 30°范围内。观赏这种风景没有紧张感,给人一种广阔宁静的感觉,空间的感染力特别强。这种风景一般用在安静的休息处、休息亭廊、休疗场所。在园林中常把要创造的宽阔水面、平缓的草坪、开辟的视野和远望的空间以平视的观赏方式来安排(图 2.13)。

2. 仰视风景

一般认为当游人在观赏景物,其仰角大于 45°时,由于视线的消失,景物对游人的视觉产生

图 2.13　平视观赏风景效果

强烈的高度感染力,在效果上可以给人一种雄伟、高大和威严感。这种风景在我国皇家园林中经常出现。例如北京颐和园佛香阁建筑群体中,在德辉殿后面,仰视佛香阁时,仰角为 62°,使人感到佛香阁特别高大,给人一种高耸入云之感,同时也感到自我的渺小。

仰景的造景方法一般在纪念性园林中常使用(图2.14)。纪念碑、纪念雕塑等建筑,在布置其位置时,经常采用把游人的视距安排在主景高度的 1 倍以内的方法,不让游人有后退的余地,这是一种运用错觉的方法,使对象显得雄伟。

我国在造景中使用的假山也常采用这种方法。为使假山给人一种高耸雄伟的效果,并非从假山的高度上着手,而是从安排视点位置着眼,也就是把视距安排很小,使视点不能后退,因而突出了仰视风景的感染力。因此,假山一般不宜布置在空旷草地的中央。

3. 俯视风景

当游人居高临下,俯视周围景观时,其视角在人的视平线以下,这种风景给人以"登泰山而小天下"之感。这种风景一般布置在园林中的最高点位置,居高临下,创造俯视景观。

另外,在创造这种风景时,要求视线必须通透,能够俯视周围的美好风景(图 2.15)。如果通视条件不好,

图 2.14　上海宝山塔仰视观赏风景效果

或者所看到的景物并不理想,这种俯视的效果也不会达到预期的目的。北京某公园原设计一个俯视风景,在园内的最高点安排一方亭,但由于周边树木过于高大,从亭内所看到的风景均为绿色树冠所遮挡,无法观赏到园内美好的景观,因此,没有达到预期的目的。

以上三种风景在园林布局中要很好地结合自然条件,充分利用平地、山地、河湖等地形变化,创造成仰视、俯视和平视的风景,使富于变化的风景为游人创造欣赏不同风景效果的条件。杭州著名的"三潭印月"为平视效果,"灵隐韬光"为仰视风景,而华山、泰山等为著名的俯视风景。

园林规划设计

图2.15　站在塔上俯视观赏风景效果

2.2.3　园林动态空间布局

园林对游人来说是一个流动的空间,在这个空间中,既有静态景观又有动态景观。当游人在园林中某位置休息时,所看到的景观为静态风景;而在园内游动时所看到的景观为动态的。动态景观是满足游人"游"的需要,而静态景观是满足游人"憩"时观赏,所以园林的功能就是从为游人提供一个"游憩"的场所来考虑的。动态景观是由一个个序列丰富的连续风景形成的。

2.2.3.1　园林空间的展示程序

当游人进入一个园林内,其所见到的景观是按照一定程序由设计者安排的,这种安排的方法主要有三种:

1. 一般程序

对于一些简单的园林,如纪念性公园,用两段式或三段式的程序。所谓两段式就是从雕塑开始,经过广场,进入纪念馆达到高潮而结束。而三段式的程序是可以分为起景——高潮——结景三个段式。在此期间可以有多次转折,例如颐和园的佛香阁建筑群中,以排云殿主体建筑为"起景",经石阶向上,以佛香阁为"高潮",再以智慧海为"结景",其中主景是在高潮的位置,是布局的中心。

2. 循环程序

对于一些现代园林,为了适应现代生活节奏,而采用多个入口、循环道路系统、多景区划分、分散式游览线路的布局方法。各景区以循环的道路系统相连,主景区为构图中心,次景区起到辅佐的作用。例如北京朝阳公园,其主景区为喷泉广场及相协调的欧式建筑,次景区为原公园内的湖面和一些娱乐设施。

3. 专类序列

以专类活动为主的专类园林,其布局有自身的特点。如植物园可以以植物进化史为组景序列,从低等到高等,从裸子植物到被子植物,从单子叶植物到双子叶植物;还可以按植物的地理分布组织,如热带到温带再到寒温带等。

2.2.3.2 风景序列创造手法

1. 风景序列的断续起伏

利用地形起伏变化而创造风景序列是风景序列创造中常用的手法。园林中连续的土山、连续的建筑、连续的林带等,常常用起伏变化来产生园林的节奏。通过山水的起伏,将多种景点分散布置,在游览线路的引导下,形成景序的断续发展,游人视野中的风景,是时隐时现,时远时近,从而达到步移景异、引人入胜的境界(图2.16)。

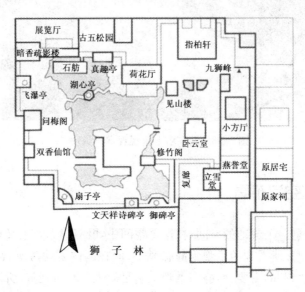

图 2.16　苏州狮子林

2. 风景序列的开与合

任何风景都有头有尾,有收有放,有开有合。这是创造风景序列常用的方法,展现在人们面前的风景包含了开朗风景和闭锁风景。北京颐和园的苏州河就是这种开与合,为游人创造了丰富的景观。图2.17展示了南京瞻园水面的开与合。

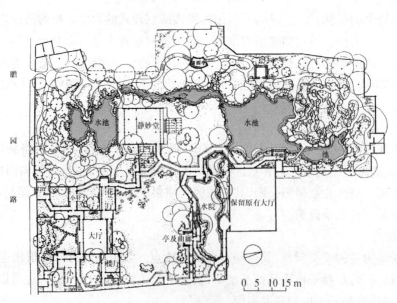

图 2.17　南京瞻园水面

3. 风景序列的主调、基调、配调和转调

任何风景,如果只有起伏、断续与开合,是难以形成美丽的风景的。景观一般都包含主景、配景和背景。背景是从烘托角度方面烘托主景,配景则从调和方面来陪衬主景。主景是主调,配景是配调,背景则是基调。

在园林布局中,主调必须突出,配调和基调在布局中起到烘云托月、相得益彰的作用。例如北京颐和园苏州河两岸,春季的主调为粉红色的海棠花,油松为基调,而丁香花及一些树木叶的嫩红色及其黄绿色为配调;秋季则以槭树的红叶为主调,油松为基调,其他树木为配调。

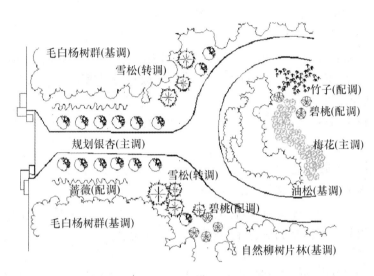

图 2.18　主调、配调、基调和转调

任何一个连续布局不可能是无休止的。因此处于空间转折区的过渡树种为转调。转调方式有两种:一种是缓转,主调发生变化,而配调和基调逐渐发生变化,主调在数量上逐渐减少;另一种是急转,主调发生变化,变化为另一树种,而配调和基调之一逐渐减少,最后变为另一树种。一般规则式园林适合用急转,而自然式园林适合用缓转(图 2.18)。

2.2.3.3　园林植物的景观序列与季节变化

园林植物是风景园林景观的主体。植物的景观受当地水土条件与气候的综合作用,在一年中有不同的外形与色彩变化。因此,要求设计者必须对植物的物候期有全面的了解,以便在设计中作出多样统一的安排。

从一般落叶树种的叶色来看,春季为黄绿色,夏季为浓绿色,而秋季多为黄色或红色。而一些花灌木的开花时间也是不同的,以北京地区为例,3月下旬迎春、连翘开始开花,4月初开始开花的有桃花、杏花、玉兰等,以后直至6月中旬,开花植物逐渐减少,而紫薇、珍珠梅等正是开花之始,到9月下旬以后就少有开花的植物了,但这时树木的果实、叶色也是最好的观赏期。因此,在种植构图中要注意这种变化,要求做到既有春季的满园春色,夏季绿树成荫,又有秋季硕果累累、霜叶如火的景象。吴自牧在《梦粱录》中是这样描写西湖风景的:"春则花柳争妍,夏则荷柳竞放,秋则桂子飘香,冬则梅花破玉。四时之景不同,而赏心乐事者与之无穷也。"这正是对西湖的季相景观作出的评价。

2.2.4　园林色彩布局

2.2.4.1　色彩的概念

1. 色相

色相是指一种颜色区别于另一种颜色的相貌特征,简单地讲就是颜色的名称。不同波长的光具有不同的颜色,波长(单位:nm)与色相的关系如下。

波长:400—450—500—570—590—610—700

色相:　红　橙　黄　绿　蓝　紫

2. 明度

明度是指色彩明暗和深浅的程度,也称为亮度、明暗度。同一色相的光,由于植物体吸收或被其他颜色的光中和时,会产生不同的明度,一般可以分为明色调、暗色调和灰色调。

3. 纯度(色度、饱和度)

纯度是指颜色本身的明净程度。如果某一色相的光没有被其他色相的光中和或物体吸收,便是纯色。

2.2.4.2　色彩的分类与感觉

色彩的产生和人们对它的感受,是物理学、生理学和心理学的复杂过程。人们对色彩的感觉是极为复杂的。园林色彩千变万化,仔细分辨,各有差别,有些差别是明显的,如色相之间的差别,有些差别是很轻微的,如同一色相不同纯度之间的差别。

1. 色彩的分类

我们看到的物体的颜色,是由物体表面色素将照射到它上面的光线反射到我们眼睛而产生的视觉。太阳光线是由红、橙、黄、绿、青、蓝、紫7种颜色光组成的。当物体被阳光照射时,由于物体本身的反射与吸收光线的特性不同而产生不同的颜色。在夜晚或光照很弱的条件下,花草树木的颜色无从辨认,因此,在一些夜晚使用的园林内,光照就显得特别重要。

红、黄、蓝3种颜色称为三原色。由这3种颜色经过调和可以产生其他颜色,任何两种颜色等量(1:1)调和后,可以产生另外3种颜色,即红+黄=橙、红+蓝=青,黄+蓝=绿,这3种颜色称为三原减色。这6种颜色称为标准色。

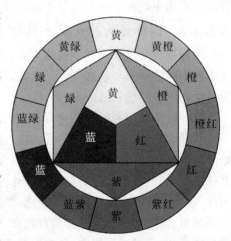

图2.19　十二色相环

如果把三原色中的任意两种颜色按照2:1的比例调和,又可以产生另外6种颜色,如2红+1黄=红橙,1红+2黄=黄橙。把这12种颜色用圆周排列起来就形成了12种色相,每种色相在圆环上占据30°(1/12)圆弧,这就是我们常说的十二色相环(图2.19)。在色相环上,两个距离互为180°的颜色称为补色,距离相差120°以上的两种颜色称为对比色。其中互为补色的两种颜色对比性最强烈,如红与绿为补色,红与黄为对比色。而距离小于120°的两种颜色称为类似色,如红与橙为类似色。

园林规划设计

2. 色彩的感觉

园林的色彩对园林的构图关系密切。了解色彩对人的心理效应——感觉是十分重要的，这些感觉主要包括以下几个方面：

（1）色彩的温度感　在标准色中，红、橙、黄三种颜色能使人们联想起火光、阳光的颜色，因此具有温暖的感觉，称之为暖色系。而蓝色和青色是冷色系，特别是对夜色、阴影的联想更增加了其冷的感觉。而绿色是介于冷、暖之间的一种颜色，故其温度感适中，是中性色。人们用"绿杨烟外晓寒轻"的诗句来形容绿色是十分确切的。

在园林中运用色彩的温度感时，春、秋宜采用暖色花卉，寒冷地区就应该多用；而夏季宜采用冷色花卉，可以引起人们的凉爽的联想。但由于植物本身花卉的生长特性的限制，冷色花的种类相对少，这时可用中性花来代替，例如白色、绿色均属中性色，因此，在夏季应以绿树浓荫为主。

（2）色彩的距离感　一般暖色系的色相在色彩距离上有向前接近的感觉，而冷色系的色相有后退及远离的感觉。6种标准色的距离感由远至近的顺序是紫、青、绿、红、橙、黄。

在实际园林应用中，作为背景的景观色彩为了加强其景深效果，应选用冷色系色相的植物。

（3）色彩的重量感　不同色相的重量感与色相间亮度差异有关，亮度强的色相重量感轻，反之则重。例如青色较黄色重，而白色的重量感较灰色轻；同一色相中，明色重量感轻，暗色重量感重。

色彩的重量感在园林建筑中关系较大，一般要求建筑的基础部分采用重量感强的暗色，而上部采用较基础部分轻的色相，这样可以给人一种稳定感；另外，在植物栽植方面，要求建筑的基础部分种植色彩浓重的植物种类。

（4）色彩的面积感　一般橙色系色相主观上给人一种扩大的面积感，青色系的色相则给人一种收缩的面积感；另外，亮度高的色相面积感大，而亮度弱的色相面积感小；同一色相，饱和的较不饱和的面积感大；如果将两种互为补色的色相放在一起，双方的面积感均可加强。

色彩的面积感在园林中应用较多，在相同面积的前提下，水面的面积感最大，草地的面积感次之，而裸地的面积感最小。因此，在较小面积园林中，设置水面比设置草地可以取得扩大面积的效果。在色彩构图中，多运用白色和亮色，同样可以产生扩大面积的错觉。

（5）色彩的运动感　橙色系色相可以给人一种较强烈的运动感，而青色系色相可以使人产生宁静的感觉；同一色相的明色运动感强，暗色调运动感弱；而同一色相饱和的运动感强，不饱和的运动感弱；互为补色的2个色相组合在一起时，运动感最强。

在园林中，可以运用色彩的运动感创造安静与运动的环境。例如休息场所和疗养地段可以多采用运动感弱的植物色彩，为人们创造一种宁静的气氛；而在运动性场所，如体育活动区、儿童活动区等，应多选用具有强烈运动感色相的植物和花卉，创造一种活泼、欢快的气氛。

3. 色彩的感情

色彩容易引起人们的思想感情的变化。色彩的感情是通过其美的形式表现的，色彩的美，可以通过它引起人们的思想变化。色彩的感情是一个复杂、微妙的问题，对不同的国家、不同的民族、不同的条件和时间，同一色相可以产生许多种不同的感情。

（1）红色　给人以兴奋、热情、喜庆、温暖、扩大、活动及危险、恐怖之感。

（2）橙色　给人以明亮、高贵、华丽、焦躁之感。

（3）黄色　给人以温和、光明、纯净、轻巧及憔悴、干燥之感。

（4）绿色　给人以青春、朝气、和平、兴旺之感。

（5）紫色　给人以华贵、典雅、忧郁、专横、压抑之感。

（6）白色　给人以纯洁、神圣、高雅、寒冷、轻盈及哀伤之感。

（7）黑色　给人以肃穆、安静、坚实、神秘及恐怖、忧伤之感。

以上只是简单介绍几种色彩的感情，这些感情不是固定不变的。同一色相用在不同的事物上会产生不同的感觉，不同民族对同一色相所引起的感情也是不一样的，这点要特别注意。

2.2.4.3　色彩在园林中的应用

1. 天然山水和天空的色彩

在园林设计中，天然山水和天空的色彩不是人们能够左右的，因此一般只能作背景使用。天空的色彩在早晚间及阴晴天是不同的，一般早晨和傍晚天空的色彩比较丰富，可以利用朝霞和晚霞作为园林中的借景对象。在园林中常用天空作一些高大主景的背景来增加其景观效果，如青铜塑像、白色的建筑等。

园林中的水面颜色与水的深度、水的纯净程度、水边植物、建筑的色彩等关系密切，特别是受天空颜色影响较大。通过水面映射周围建筑及植物的倒影，往往可以产生奇特的艺术效果。在以水面为背景或前景布置主景时，应着重处理主景与四周环境和天空的色彩关系，另外要注意水的清洁，否则会大大降低风景效果。

2. 园林建筑、道路和广场的色彩

这些园林要素虽然在园林中所占比例不大，但它直接与游人关系密切，它们的色彩在园林构图中起着重要的作用。由于都是人为建造的，所以其色彩可以人为控制。建筑的色彩一般要求注意以下几点。

① 结合气候条件设置色彩，南方地区以冷色为主，北方地区以暖色为主。

② 考虑群众爱好与民族特点，例如南方的一些少数民族喜好白色，而北方地区的群众喜欢暖色。

③ 与园林环境的关系既有协调，又有对比，布置在园林植物附近的建筑应以对比为主，在水边和其他建筑边的色彩以协调为主。

④ 与建筑的功能相统一，休息性的以具有宁静感觉的色彩为主，观赏性的以醒目色彩为主。

道路及广场的色彩多为灰色及暗色的，其色彩是由建筑材料本身的特性决定的。但近些年来，由人工制造的地砖、广场砖等色彩多样，如红色、黄色、绿色等，将这些铺装材料用在园林道路及广场上，丰富了园林的色彩构图。一般来说，道路的色彩应结合环境设置，其色彩不宜过于突出刺目，在草坪中的道路可以选择亮一些的色彩，而在其他地方的道路应以温和、暗淡为主。

3. 园林植物的色彩

在园林色彩构图中，植物是主要的成分。植物的确可以将世界点缀得很美，但植物在园林中要发挥其丰富的色彩作用，还必须与周围其他建筑与环境取得良好的关系。因此，把众多的植物种类合理地安排于园林中，创造秀丽的园林景观效果，是设计者必须注意的问题。园林植物色彩构图的处理方法有：

（1）单色处理　以一种色相布置于园林中，但必须通过个体的大小、姿态上取得对比。例如绿草地中的孤立树，虽然均为绿色，但在形体上是对比，因而取得较好的效果。

另外，园林中的块状林地，虽然树木本身均为绿色，但有深绿、淡绿及浅绿等之分，同样可以创造出单纯、大方的气氛。

（2）多种色相的配合　其特点是植物群落给人一种生动、欢快、活泼的感觉。如在花坛设计中，常用多种颜色的花配在一起，创造出一种欢快的节日气氛。

（3）两种色彩配置在一起　如红与绿，这种配合给人一种特别醒目、刺眼的感觉。在大面积草坪中，配置少量红色的花卉更具有良好的景观效果。

（4）类似色的配合　这种配合常用在从一个空间向另一空间过渡的阶段，给人一种柔和安静的感觉。

4. 观赏植物配色

园林植物中，绿色是最多的一种颜色。绿色的乔木、灌木、草坪组合在一起，可以产生清新宜人的感觉，但如果只有绿色，又会使人感到单调乏味。因此，在实际的园林绿地中，经常以少量的花卉布置于绿树和草坪中，丰富园林的色彩。

（1）观赏植物补色对比应用　在绿色中，浅绿色受光落叶树前，宜栽植大红的花灌木或花卉，可以得到鲜明的对比，例如红色的碧桃、红花的美人蕉、红花紫薇等。草本花卉中，常见的同时开花的品种配合有玉簪花与萱草、桔梗与黄波斯菊、郁金香中黄色与紫色、三色堇的金黄色与紫色等。

具体可以使用哪些花卉，必须熟悉各种花的开花习性及色彩，才能在实际应用中得心应手。

（2）邻补色对比　用邻补色对比可以得到活跃的色彩效果。凡是金黄色与大红色、青色与大红、橙色与紫色、金黄色与大红色美人蕉的配合等均属此类型。

（3）冷色花与暖色花　暖色花在植物中较常见，而冷色花则相对较少，特别是在夏季，而一般要求夏季炎热地区要多用冷色花卉，这给园林植物的配置带来了困难。常见的夏季开花的冷色花卉有矮牵牛、桔梗、蝴蝶豆等。在这种情况下可以用一些中性的白色花来代替冷色花，效果也是十分明显的。

（4）类似色的植物应用　园林中常用片植方法栽植一种植物，如果是同一种花卉且颜色相同，势必没有对比和节奏的变化。因此常用同一种花卉不同色彩的花种植在一起，这就是类似色。如金盏菊中的橙色与金黄色品种配植、月季的深红与浅红色配植等，这样可以使色彩显得活跃。

在木本植物中，阔叶树叶色一般较针叶树要浅，而阔叶树在不同的季节，落叶树的叶色也有很大的变化，特别是秋季。因此，在园林植物的配植中，就要充分利用富于变化的叶色，从简单的组合到复杂的组合，创造丰富的植物色彩景观。

2.3　园林构图形式美法则

2.3.1　形式美的表现形式

任何成功的艺术作品都是形式与内容的完美结合，园林景观设计艺术也是如此。

在建筑雕塑艺术中，所谓的形式美即是各种几何体的艺术构图。园林的形式美是植物及其"景"的形式，即景物的材料、质地、体态、线条、光泽、色彩和声响等因素，一定条件下在人的心理上产生的愉悦感反应。它由环境、物理特性、生理的感应三要素构成。一座园林给人以美或不美的感受，在人们心理上、情绪上产生某种反应，存在着某种规律。形成三要素的辩证统一规律即植物景观形式美的基本规律，同样也遵循统一、对称、均衡、比例、尺度、对比、调和、节奏、韵律等规范化的形式艺术规律。

形式美是人类社会在长期的社会生产实践中发现和积累起来的，它具有一定的普遍性、规定性和共同性。但是人类社会的生产实践和意识形态在不断改变，并且还存在着民族性、地域性等差别，因此，形式美又带有变异性、相对性和差异性。但是，形式美发展的总趋势是不断提炼和升华的，表现出人类健康、向上、创新和进步的愿望。

另外，从形式美的直观感受方面加以描述，其表现形态主要有线条美、图形美、体形美、光影色彩美、朦胧美等几个方面。

2.3.2 形式美法则的内容与应用

2.3.2.1 统一与变化

这是形式美的基本法则，其主要意义是要求在艺术形式的多样变化中，要有内在的和谐与统一关系，既显示形式美的独特性，又具有艺术的整体性。多样而不统一，必然杂乱无章；统一而无变化，则呆板单调。多样统一还包括形式与内容的变化与统一。风景园林是多种要素组成的空间艺术，要创造多样统一的艺术效果，可通过许多途径来达到，如形体的变化与统一、风格流派的变化与统一、图形线条的变化与统一、动势动态的变化与统一、形式内容的变化与统一、材料质地的变化与统一、线形纹理的变化与统一、尺度比例的变化与统一、局部与整体的变化与统一等。在主从比较中发现重点，在变化关系中寻求统一是艺术设计中的绝对法则（图2.20）。

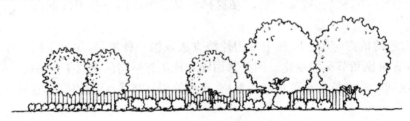

图2.20 植物配置高度的统一与变化

2.3.2.2 对比与调和

对比与调和是艺术构图的一个重要手法，它是运用布局中的某一因素（如体量、色彩）等程度不同的差异，取得不同艺术效果的表现形式；或者是利用人的错觉来互相衬托的表现手法。差异程度显著的称对比。在园林绿地中采用对比处理，能彼此对照，互相衬托，使景色生动活泼，更加鲜明地突出各自的特点。差异程度较小的称为调和，使彼此和谐，互相联系，产生完整的效果。园林景色要在对比中求调和，在调和中求对比，使景色既丰富多采，又要突出主题，风格协调。如颐和园中的谐趣园，这里每一建筑的大小、高矮、形式无一雷同，但是看来，觉得"总有一气贯注之势"。主要是各个建筑所用材料一致（如都为砖木结构、筒瓦屋顶），色彩一致，彩画、栏杆、装饰一致，建筑的艺术风格也一致，这就有了协调，因而能达到多样统一的境界。

对比的手法很多，在空间程序安排上有欲扬先抑、欲高先低、欲大先小、以暗求明、以隐求显、以素求艳等。现就静态构图中的对比与调和分述如下：

1. 形象的对比

园林布局中构成园林景物的线、面、体和空间常具有各种不同的形状,如长宽、高低、大小等的不同形象的对比。

图 2.21　低矮的植物配置衬托出硬质景观

以短衬长、长者更长;以低衬高,高者更高;以小衬大,大者更大,造成人们视觉上的变幻。如在广场中立一旗杆,草坪中种一高树,水面上置一灯塔,即可取得高与低、水平与垂直的对比效果,又可显出旗杆、高树、灯塔的挺拔。在布局中只采用一种或类似的形状时易取得协调统一的效果。如在圆形的广场中央布置圆形的花坛,因形状一致显得协调。在园林景物中应用形状的对比与调和常常是多方面的,如建筑与植物之间的布置,建筑是人工形象,植物是自然形象,将建筑与植物配合在一起,以树木的自然曲线与建筑的直线形成对比,来丰富立面景观(图 2.21)。对比存在了,还应考虑两者间的协调关系,所以在对称严谨的建筑周围,常种植一些整形的树木,并做规则式布置以求协调。

2. 体量的对比

体量相同的东西,在不同的环境中,给人的感觉是不同的。如放在空旷广场中,会感觉其小;放在小室内,会感觉其大,这是大中见小、小中见大的道理。在园林绿地中,常用小中见大的手法,在小面积用地内创造出自然山水之胜。为了突出主体,强调重点,在园林布局中常常用若干较小体量的物体来衬托一个较大体量的物体,如颐和园的"佛香阁"与周围的廊,廊的体量都较小,显得"佛香阁"更高大、更突出。

3. 方向的对比

在园林的形体、空间和立面的处理中,常常运用垂直和水平方向的对比,以丰富园林景物的形象(图 2.22)。如园林中常把山水互相配合在一起,使垂直方向高耸的山体与横向平阔的水面相互衬托,避免了只有山或只有水的单调;还常采用挺拔高直的乔木形成竖向线条,低矮丛生的灌木绿篱形成水平线条,两者组合形成对比。在空间布置上,

图 2.22　上海松江方塔园垂直和水平方向的对比

忽而横向,忽而纵向,忽而深远,忽而开阔,造成方向上的对比,增加空间在方向上变化的效果。

4. 空间的对比

在空间处理上,开敞的空间与闭锁空间也可形成对比。在园林绿地中利用空间的收放开合,形成敞景与聚景的对比。开朗风景与闭锁风景两者共存于同一园林中,相互对比,彼此烘托,视线忽远忽近,忽放忽收,可增加空间的对比感、层次感,达到引人入胜的效果。

5. 明暗的对比

由于光线的强弱,造成景物、环境的明暗,环境的明暗给人以不同的感受。明,给人开朗活泼的感觉;暗,给人以幽静柔和的感觉。明暗对比强的景物令人有轻快振奋的感觉,明暗对比弱的景物令人有柔和沉郁的感觉。在园林绿地中,布置明朗的广场空地供人活动,布置幽暗的疏林、密林供游人散步休息。在密林中留块空地,叫林间隙地,是典型的明暗对比(图2.23)。

图2.23 林间隙地带来草坪光影的变化

6. 虚实的对比

园林绿地中的虚实常常是指园林中的实墙与空间、密林与疏林草地、山与水的对比等。在园林布局中要做到虚中有实、实中有虚是很重要的。虚给人轻松,实给人厚重(图2.24)。水面中有个小岛,水体是虚,小岛是实,因而形成了虚实对比,能产生统一中有变化的艺术效果。园林中的围墙,常做成透花墙或铁栅栏,就打破实墙的沉重闭塞感觉,产生虚实对比效果,隔而不断,求变化于统一,与园林气氛协调。

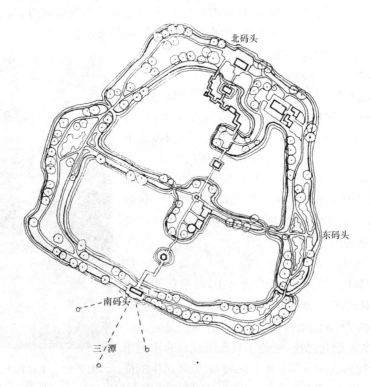

图2.24 杭州西湖三潭印月景区平面图

园林规划设计

7. 色彩的对比

色彩的对比与调和包括色相和色度的对比与调和。色相的对比是指相对的两个补色产生对比效果,如红与绿,黄与紫;色相的调和是指在色相环中相邻的色,如红与橙,橙与黄等。颜色的深浅叫色度,黑是深,白是浅,深浅变化即是黑到白之间的变化。一种色相中色度的变化是调和的效果。园林中色彩的对比与调和是指在色相与色度上,只要差异明显就可产生对比效果,差异近似就产生调和的效果。利用色彩的对比关系可引人注目,以便更加突出主景。如"万绿丛中一点红",这一点红就是主景。建筑的背景如为深绿色的树木,则建筑可用明亮的浅色调,加强对比,突出建筑。植物的色彩,一般是比较调和的,因此在种植上,多用对比,产生层次。秋季在艳红的枫林、黄色的银杏树之后,应有深绿色的树林作为背景来衬托。湖堤上种桃植柳,宜桃树在前,柳树在后。阳春三月,柳绿桃红,以红依绿,以绿衬红,水上水下,兼有虚实之趣。"牡丹虽好,还需绿叶扶持",这是红绿互为补色对比,以绿衬红,红就更醒目。

8. 质感的对比

在园林绿地中,可利用植物、建筑、道路、广场、山石、水体等不同的材料质感,造成对比,增强效果。即使是植物之间,也因树种不同,有粗糙与光洁、厚实与透明的不同。建筑上仅以墙面而论,也有砖墙、石墙、大理石墙面以及加工打磨情况的不同,而使材料质感上有差异。不同材料质地给人不同的感觉,如粗面的石材、混凝土、粗木等给人稳重感,而细致光滑的石材、细木等给人轻松感(图2.25)。

图2.25　日本庭院的置石、步石与细沙的质感对比

2.3.2.3　韵律与节奏

自然界中有许多现象,常是有规律重复出现的,例如海潮,一浪一浪向前,颇有节奏感。有规律的再现称为节奏;在节奏的基础上深化而形成的既富于情调又有规律、可以把握的属性称为韵律。在园林绿地中,也常有这种现象。如道旁种树,种一种树好,还是两种树间种好;带状花坛是设计一个长花坛好,还是设计成几个同形短花坛好,这都牵涉到构图中的韵律与节奏问题。只有简单的重复而缺乏有规律的变化,就令人感到单调、枯燥。所以韵律与节奏是艺术设计的必要条件,艺术构图多样统一的重要手法之一。

韵律包括简单韵律、交替韵律、渐变韵律、起伏韵律、拟态韵律、交错韵律等。一排排行道树就是简单韵律,而"间株垂柳间株桃"则道出了交替韵律运用之绝妙。渐变的韵律是以不同元素的重复为基础,而形式上更复杂一些(图2.26)。如西方古典园林中的卷草纹式柱头和模纹花坛也属此类。交错韵律是利用特定要素的穿插而产生的韵律感。

造型艺术是由形状、色彩、质感等多种要素在同一空间内展开的,其韵律较之音乐更为复杂,因为它需要游赏者能从空间的节奏与韵律的变化中体会到设计者的"心声",即"音外之意、弦外之音"。

园林植物景观设计中,可以利用植物的单体或形态、色彩、质地等景观要素进行节奏与韵律的搭配。常用节奏与韵律表现景观的有行道树、高速公路中央隔离带等适合人心理快节奏感受的绿化。

图 2.26 种植池的大小变化形成了渐变韵律

2.3.2.4 比例与尺度

比例与尺度是园林绿地构图的基本概念,它直接影响园林绿地的布局和造景。

园林绿地是由植物、建筑、道路和广场、水体、山石等组成,它们之间都有一定的比例与尺度关系。

某些抽象的几何体本身,有时会形成良好的比例,具有肯定的外形,易于吸引人的注意力。所谓肯定的外形,就是形状的周边的"比率"和位置不能做任何改变,只能按比例地放大或缩小,不然就会丧失此种形状的特性。例如正方形、圆形、等边三角形等都具有肯定的外形。而长方形就不这样,它的周长,可以有种种不同的比例,但仍不失为长方形,所以长方形是一种不肯定的形状,但是经过人们长期的实践和观察,探索出最理想的长方形应是符合"黄金分割"的比率,称"黄金比"。其长宽比值大约是 1.618……(图 2.27)

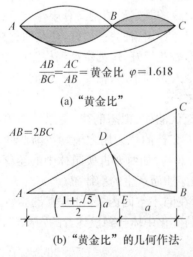

$$\frac{AB}{BC} = \frac{AC}{AB} = 黄金比 \quad \varphi = 1.618$$

(a)"黄金比"

(b)"黄金比"的几何作法

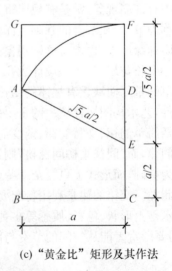

(c)"黄金比"矩形及其作法

图 2.27 "黄金比"的构成方法

园林绿地构图的比例是指园景和景物各组成要素之间空间形体体量的关系,不是单纯的

园林规划设计

平面比例关系。园林绿地构图的尺度是景物与人的身高、使用活动空间的度量关系。这是因为人们习惯用人的身高和使用活动所需要的空间作为视觉感知的度量标准。如台阶的宽度不小于30 cm(人脚长)、高度为12～19 cm为宜,栏杆、窗台高1 m左右。又如人的肩宽决定路宽,一般园路的宽度能容两人并行,以1.2～1.5 m较合适。在园林里如果人工造景的尺度超越人们习惯的尺度,可使人感到雄伟壮观。如颐和园从"佛香阁"至智慧海的假山蹬道,处理成一级高差30～40 cm,走不了几步,人就感到很累,产生比实际高的感受。如果尺度符合一般习惯要求或者较小,则会使人感到小巧紧凑,自然亲切。

比例与尺度受多种因素的变化影响,典型的例子如苏州古典园林。它是明清时期江南私家山水园,园林各部分造景都是效法自然山水,把自然山水经提炼后缩小在园林之中,园林道路曲折有致,尺度也较小,所以整个园林的建筑、山、水、树、道路等比例是相称的,就当时少数人起居游赏来说,其尺度也是合适的。但是现在,随着旅游事业的发展,国内外游客大量增加,游廊显得矮而窄,假山显得低而小,庭院不敷回旋,其尺度就不符现代功能的需要。所以不同的功能,要求不同的空间尺度。另外不同的功能也要求不同的比例,如颐和园是皇家宫苑,气势雄伟,殿堂、山水比例均比苏州私家园林要大。

园林绿地构图除考虑组成要素,如建筑、山水等本身的比例尺度外,还要考虑它们互相间的比例尺度,使安排得宜、大小合适、主次分明、相辅相成、浑然成为整体。苏州的一些古典园林中,无论整体或局部,如一个小亭、几株树木、几块湖石,或聚山头,或临水滨,都很注意它们相互之间以及与环境的比例尺度关系。

2.3.2.5 均衡与稳定

人们从自然现象中意识到一切物体要想保持均衡与稳定,就必须具备一定的条件,例如像山那样,下部大,上部小;像树那样下部粗,上部细,并沿四周对应地分枝出叉;像人那样具有左右对称的体形等。除自然的启示外,也通过人类的生产实践证实了均衡与稳定的原则,并认为凡是符合这样的原则,不仅在实际上是安全的,而且在感觉上也是舒服的。这里所说的稳定是指园林布局在整体上轻重的关系而言;均衡是指园林布局中左与右、前与后的轻重关系等。

1. 均衡

自然界静止的物体要遵循力学原则,以平衡的状态存在,不平衡的物体或造景使人产生不稳定和运动的感觉。在园林布局中要求园林景物的体量关系符合人们在日常生活中形成的平衡安定的概念,所以除少数动势造景外,一般艺术构图都力求均衡。

均衡可分为对称均衡和非对称均衡(图2.28)。

(1) 对称均衡 对称的布局往往都是均衡的。对称布局是有明显的轴线,轴线左右完全对称。对称均衡的布置常给人庄重严整的感觉,规则式的园林绿地中采用较多,如纪念性园林、公共建筑的前庭绿化等,有时在某些园林局部也运用。

对称均衡小至行道树的两侧对称,花坛、雕塑、水池的对称布置,大至整个园林绿地建筑、道路的对称布局。但对称均衡布置时,景物常常过于呆板而不亲切,如没有条件硬凑对称,往往适得其反,故应避免单纯追求所谓"宏伟气魄"的平立面图案的对称处理。

(2) 不对称均衡 在园林绿地的布局中,由于受功能、组成部分、地形等各种复杂条件制约,往往很难也没有必要做到绝对对称形式,在这种情况下常采用不对称均衡的手法。不对称均衡的构图是以动态观赏时"步移景异"、景色变幻多姿为目的的。它是通过游人在空间景物中不停地欣赏,联贯前后成均衡的构图。以颐和园的谐趣园为例,整体布局是不对称的,各个局部又充满动势,但整体十分均衡。分析其导游线,在入口处至"洗秋轩"形成的轴线上,左边

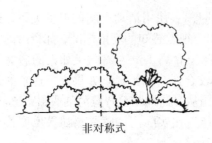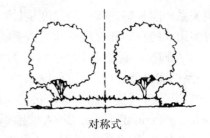

| 非对称式 | 对称式 |

图 2.28 对称均衡和非对称均衡

比重大,右边比重轻,是不均衡的。游人依逆时针方向向主体建筑"涵远堂"前进至"饮绿亭"时,在轴线的右侧建筑增多,左侧建筑减少,又形成右重左轻。游人继续依逆时针方向前进,并根据建筑体量大小、距轴线远近的变化,造成的综合感觉,整个景观仍然是均衡的。

不对称均衡的布置要综合衡量园林绿地构成要素的虚实、色彩、质感、疏密、线条、体形、数量等给人产生的体量感觉,切忌单纯考虑平面的构图。不对称的均衡布置小至树丛、散置山石、自然水池,大至整个园林绿地、风景区的布局。它给人以轻松、自由、活泼、变化的感觉,所以广泛应用于一般游息性的自然式园林绿地中。

2. 稳定

自然界的物体,由于受地心引力的作用,为了维持自身的稳定,靠近地面的部分往往大而重,在上面的部分则小而轻,如山、土坡等。从这些物理现象中,人们就产生了重心靠下、底面积大可以获得稳定感的概念。

在园林布局上,往往在体量上采用下面大、向上逐渐缩小的方法来取得稳定坚固感。我国古典园林中的高层建筑物如颐和园的"佛香阁",西安的大雁塔等,都是通过建筑体量上由底部较大而向上逐渐递减缩小,使重心尽可能低,以取得结实稳定的感觉。另外在园林建筑和山石处理上也常利用材料、质地所给人的不同的重量感来获得稳定感。如园林建筑的基部墙面多用粗石和深色的表面处理,而上层部分采用较光滑或色彩较浅的材料;带石的土丘,也往往把山石设置在山麓部分给人以稳定感。

2.3.2.6 比拟联想

园林绿地既是物质产品又是造型艺术,所以国外有人称其为"人类自然环境的塑造"。但我国园林艺术不仅塑造了自然环境,更具有独到的意境设计,即"寓情于景,寓意于景",把"情"与"意"通过"景"而生发。这就是通过形象思维,比拟联想创造出比园景更为广阔、久远、丰富的内容,创造了诗情画意,平添了无限的意趣。

1. 摹拟

摹拟自然山水风景,创造"小中见大"、"咫尺山林"的意境,使人有"真山真水"的感受,联想到名山大川、天然胜地。若处理得当,使人面对着园林的小山小水产生"一峰则太华千寻,一勺则江湖万里"的联想,这是以人力巧夺天工的"弄假成真"。

我国园林在摹拟自然山水的手法上有独到之处,善于综合运用空间组织、比例尺度、色彩质感、视觉感受等,使一石有一峰的感觉,使散置山石有平岗山峦的感觉,使池水有不尽之意,犹如国画"意到笔未到",使人联想无穷。

2. 对植物的拟人化

运用植物特性美、姿态美给人以不同的感染,产生比拟与联想。如:

松——象征坚强不屈万古长青的英雄气概;

竹——"虚心有节",象征节高清雅的风尚；

梅——象征不屈不挠、英勇坚贞的品质；

兰——象征居静而芳、高雅不俗的情操；

菊——象征贞烈多姿、不怕风霜的性格；

柳——象征强健灵活、适应环境的优点；

枫——象征不怕艰难困苦，晚秋更红；

荷花——象征廉洁朴素，出污泥而不染；

迎春——象征欣欣向荣，大地回春。

这些园林植物，如"松、竹、梅"有"岁寒三友"之称，"梅兰竹菊"有"四君子"之称，常是诗人画家吟诗作画的好题材。在园林绿地中适当运用，会增色不少。

3. 运用园林建筑、雕塑造型产生的比拟联想

园林建筑、雕塑造型常与历史事件、人物故事、神话小说、动植物形象相联系，所以能使人产生艺术联想。卡通式的小房、蘑菇亭、月洞门，使人犹入神话世界。如上海虹口公园鲁迅墓前的鲁迅座像，身穿长衫，很和蔼地坐在花坛中，使人联想起鲁迅生前如何亲切地生活在群众之中的故事；再如西安儿童公园"娃娃骑金鱼"、青岛中山公园"海滩的婴儿"喷水池雕都是富于想象的。雕塑造型在我国现代化园林绿地中应该加以提倡，它在联想上的作用特别显著。

4. 遗址访古产生联想

我国历史悠久，古迹、文物很多，当参观游览时，自然会联想到当时的情景，给人以多方面的教益。如杭州的岳坟、灵隐寺，武昌的黄鹤楼，上海豫园的点春堂（小刀会会馆），北京颐和园，成都的武侯祠、杜甫草堂，苏州虎丘等等，给游人带来许多深思和回忆。遗址访古在旅行游览中具有很大的吸引力，内容特别丰富。在规划中务必抓住一个"古"字，如果对国家文物保护单位的古迹、故居，不保持当时环境面貌，不"整旧如旧"，那就无所谓"遗址访古"，也无法从古迹、故居、古物中联想古时情景了。

5. 风景题名、题咏、对联、匾额、摩崖石刻所产生的比拟联想

好的题名题咏不仅对"景"起了画龙点睛的作用，而且含义深、韵味浓、意境高，能使游人产生诗情画意的联想。如西湖的"平湖秋月"，每当无风的月夜，水平似镜，秋月倒影湖中，令人联想起"万顷湖平长似镜，四时月好最宜秋"的诗句。再如桂林的"象山水月"。象鼻山位于漓江之滨，山下有"水月洞"，水、月、洞三者结合，景色奇幻，正是"水底有明月，水上明月浮，水流月不去，月去水还流"。题咏也有运用比拟联想的，如陈毅同志《游桂林》："水作青罗带，山如碧玉簪。洞穴幽且深，处处呈奇观。桂林此三绝，足供一生看。春花娇且媚，夏洪波更宽。冬雪山如画，秋桂馨而丹。"短短几句把桂林"三绝"和"四季"景色描写得栩栩如生，把实境升华为意境，令人浮想联翩。

2.4 园林景观及造景

2.4.1 园林景观的欣赏

景可供游览观赏，但不同的游览方式会产生不同的观赏效果。因此，如何组织好游览观赏

是一个值得思考的问题。掌握好游览观赏的规律,反过来又可指导园林绿地的规划设计。

2.4.1.1　动态观赏与静态观赏

景的观赏有动静之分,即动态观赏与静态观赏。动就是游,静就是息。游而无息使人筋疲力尽,息而不游又失去游览的意义。因此一般园林绿地的规划,应从动与静两方面的要求来考虑。在动的游览路线上,应系统地布置多种景观,在重点地区,游人必须停留下来,对四周景物进行细致的观赏品评。动态观赏,如同看风景电影,成为一种动态的连续构图。静态观赏,如同看一幅风景画。静态构图中,主景、配景、前景、背景、空间组织和构图的平衡轻重固定不变。所以静态构图的景观的观赏点也正是摄影家和画家乐于拍照和写生的位置。静态观赏除主要方向的主要景色外,还要考虑其他方向的景色布置。动态观赏一般多为进行中的观赏,可采用步行或乘车乘船的方式进行。静态观赏则多在亭廊台榭中进行。

图 2.29　西湖全景鸟瞰

现以步行游西湖为例,自湖滨公园起,经断桥、白堤至平湖秋月,一路均可作动态观赏(图2.29)。湖光山色随步履前进而不断发生变化。至平湖秋月,在水轩露台中停留下来,依曲栏展视三潭印月、玉皇山、吴山和杭州城,四面八方均有景色,或近或远又形成静态画面的观赏。离开平湖秋月继续前进,左面是湖,右面是孤山南麓诸景色,又转为动态观赏,及登孤山之顶,在西泠印社中居高临下,再展视全湖,又成静态观赏。离开孤山再在动态观赏中继续前进,至岳坟后停下来,又可作静态观赏。再前则为横断湖面的苏堤,中通六桥,春时晨光初启,宿雾乍收,夹岸柳桃,柔丝飘拂,落英缤纷,游人慢步堤上,两面临波,随六桥之高下,路线有起有伏,这自然又是动态观赏了。但在堤中登仙桥处布置花港观鱼景区,游人在此可以休息,可以观鱼观牡丹,可以观三潭印月、西山南山诸胜,又可作静态观赏。实际上,动、静的观赏也不能完全分开,动中有静、静中有动,或因时令变化、交通安排、饮食供应的不同而异。

同是动态观赏,景观效果也不完全相同。如乘车游览,无限风光扑面而来,但往往是一瞥印象,景物在瞬间即向后消逝。所以动态观赏往往因游览者前进的速度不同,对景色的感受也各异。速度较快的乘车观赏,多注意前方景物,景物与人的距离较远,景物向后移的速度较快。

乘车观赏,选择性较少,多注意景物的体量轮廓和天际线,沿途重点景物应有适当视距,并注意景物不零乱、不单调、连续而有节奏,丰富而有整体感。乘船游览,虽属动态,如水面较大,视野宽阔,景物深远,视线的选择也较自由,与置身车中展望就不一样了。缓步慢行,景物向后移动的速度较慢,景物与人的距离较近,随人意既可注视前方,又能左顾右盼,视线的选择就更自由了。步行游览应是游览的主要方式。

一般对景物的观赏是先远后近,先群体后个体,先整体后细部,先特殊后普通,先动景如舟车人物,后静景如桥梁树木。因此,对景区景点的规划布置应注意动静的要求、各种方式的游览要求,能给人以完整的艺术形象和境界。

2.4.1.2　平视、俯视、仰视的观赏

游人在观赏过程中,因所在位置的不同,或高或低而有平视、俯视、仰视之分。在平坦地区,江河之滨,向前观赏,景物深远,多为平视。在低处仰望高山高楼,则为仰视。登上高山高楼,居高临下,景色全收,则为俯视。平视、仰视、俯视的观赏,给游人的感受是各不相同的。

1. 平视观赏

平视是中视线与地平线平行而伸向前方,游人头部不必上仰下俯,可以舒展地平望出去,使人有平静、深远、安宁的气氛,不易疲劳。平视风景由于与地面垂直的线组在透视上无消失感,故景物的高度效果较差。但不与地面垂直的线组,均有消失感,因而景物的远近深度,表现出较大的差异,有较强的感染力。平视景观的布置宜选在视线可以延伸到较远的地方,有安静的环境,如园林绿地中的安静地区以及休、疗养地区,并布置供休息远眺的亭廊水榭。西湖风景多恬静感觉,与有较多的平视观赏分不开。在扬州大明寺"平山堂"上展望诸山,能获得"远山来此与堂平"的感觉,故堂名平山,也是平视观赏。如欲获得平视景观,视野更宽,可用提高视点的方法。"白日依山尽,黄河入海流。欲穷千里目,更上一层楼",意即如此。

2. 仰视观赏

观者中视线上仰,不与地平线平行。因此,与地面垂直的线有向上消失感,故景物的高度方面的感染力较强,易形成雄伟严肃的气氛。在园林绿地中,有时为了强调主景的崇高伟大,常把视距安排在主景高度的一倍以内,不让有后退的余地,运用错觉使人感到景象高大,这是一种艺术处理上的经济手法之一。旧园林中堆叠假山,不从假山的绝对真高去考虑,采用仰视法,将视点安排在较近距离内,使山峰有高入蓝天白云之感。但仰视景观,对人的压抑感较强,使游人情绪比较紧张。

3. 俯视观赏

游人所在位置,视点较高,景物多展开在视点下方。如观者的视线水平向前,下面景物便不能映入60°的视域内,因此必须低头俯视,中视线与地平线相交,因而垂直地面的线组产生向下消失感,故景物愈低就显得愈小。"登泰山而小天下"的说法,"会当凌绝顶,一览众山小"也是此意。俯视景观易有开阔惊险的效果。在形势险峻的高山上,可以俯览深沟峡谷、江河大地,无地势可用者可建高楼高塔,如镇江金山寺塔、杭州六和塔、昆明西山龙门、颐和园佛香阁,都有展望河山使人胸襟开阔的好效果。而峨嵋山的金顶,海拔3 000多米,有"举头红日白云低,五湖四海成一望"的感觉,再有佛光、日出、雪山诸胜,更是气象万千了。

2.4.1.3　时空变幻的美感

一日之中,时间、天气、环境的变化;一年之中,季节的更替,会在园林中形成种种不同的景观,营造出"朝餐晨曦,夕枕烟霞"的意境。如苏州网师园的"月到风来"亭,满池清水倒映园中

景色,随着一天时间的变化而变换着情境。又如园林中有可爱的山石水池、繁密的花木、优美的亭台等,随着所处环境的不同,景物的感受也变换无穷。而随着季节和天气的变化,在园林中你可以闻到春天桃李芬芳,看到夏天叶田田、秋天丹桂飘香和冬天梅花的疏影横斜。苏州留园中的"佳晴喜雨快雪"亭,便是通过天气变化,随境生情,突出了一种乐观的人生态度。

2.4.2 园林造景方法

在园林绿地中,因借自然、模仿自然、组织创造供人游览观赏的景色谓之造景。人工造景要根据园林绿地的性质、规模因地制宜,因时制宜。现从主景与配景,层次,借景,空间组织、前景、点景等方面加以说明。

2.4.2.1 主景与配景

景无论大小均宜有主景配景之分。主景是重点,是核心,是空间构图中心,能体现园林绿地的功能与主题,富有艺术上的感染力,是观赏视线集中的焦点。配景起着陪衬主景的作用,两者相得益彰又形成一个艺术整体。不同性质、规模、地形条件的园林绿地中,主景、配景的布置是有所不同的。如杭州花港观鱼公园以金鱼池及牡丹园为主景,周围配置大量的花木(如海棠、樱花、玉兰、梅花、紫薇、碧桃、山茶、紫藤等)以烘托主景。北京北海公园的主景是琼华岛和团城,其北面隔水相对的五龙亭、静心斋、画舫斋等是其配景。

突出主景的手法一般有:

1. 主体升高

为了使构图的主题鲜明,常常把集中反映主题的主景在空间高程上加以突出,使主景主体升高。升高的主景,由于背景是明朗简洁的蓝天,使其造型、轮廓、体量鲜明地衬托出来,而不受或少受其他环境因素的影响。但是升高的主景,一般要在色彩上和明暗上,和明朗的蓝天取得对比。如颐和园的佛香阁、北海的白塔(图 2.30)、南京中山陵的中山灵堂、广州越秀公园的五羊雕塑等,都是运用了主体升高的手法来强调主景。

图 2.30 北海琼华岛的白塔

园林规划设计

2. 运用轴线和风景视线的焦点

轴线是园林风景或建筑群发展、延伸的主要方向，一般常把主景布置在中轴线的终点。此外，主景常布置在园林纵横轴线的相交点，或放射轴线的焦点，或风景透视线的焦点上。

3. 对比与调和

对比是突出主景的重要技法之一。园林中，作为配景的局部，对主景要起对比作用。配景对于主景在线条、体形、体量、色彩、明暗、动势、性格、空间的开朗与封闭、布局的规则与自然都可以用对比的手法来强调。

首先应该从规划上来考虑，如主要局部与次要局部的对比关系。其次考虑局部设计的配体与主体的对比关系。如昆明湖开朗的湖面是颐和园水景中的主景，有了闭锁的苏州河及谐趣园水景作为对比，就显得格外开阔（图2.31）。

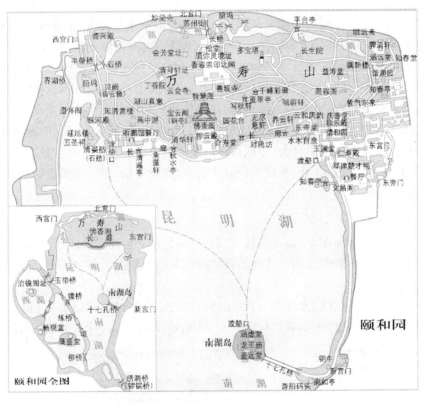

图 2.31　颐和园开阔与闭锁的水面空间

在局部设计上，白色的大理石雕像应以暗绿色的常绿树为背景；暗绿色的青铜像，则应以明朗的蓝天为背景；秋天的红枫应以深绿色的油松为背景；春天红色的花坛应以绿色的草地为背景。

单纯运用对比，能强调和突出主景，但是突出主景仅是构图的一方面的要求，构图还有另一方面的要求，即配景和主景的调和与统一。因此，对比与调和常是渗透起来综合运用，使配景与主景达到对立统一的最好效果。

4. 动势向心

一般四面环抱的空间，如水面、广场、庭院等等，其周围次要的景物往往具有动势，趋向于视线集中的焦点上，主景最宜布置在这个焦点上。为了不使构图呆板，主景不一定正对空间的几何中心，而偏于一侧。如西湖四周景物，由于视线集中于湖中，形成沿湖风景的向心动势，因此,西湖中的孤山便成了"众望所归"的焦点,格外突出。

5. 渐变

色彩由不饱和的浅级到饱和的深级,或由饱和的深级到不饱和的浅级,暗色调到明色调,明色调到暗色调所引起的艺术上的感染,称为渐变感。

园林景物由配景到主景,在艺术处理上,级级提高,步步引人入胜,也是渐变的处理手法。

6. 空间构图的重心

为了强调和突出主景,常常把主景布置在整个构图的重心处规则式园林构图,主景常居于构图的几何中心,如天安门广场中央的人民英雄纪念碑,居于广场的几何中心。自然式园林构图,主景常布置在构图的自然重心上。如中国古典园林的假山,主峰切忌居中,就是主峰不设在构图的几何中心,而有所偏,但必须布置在自然空间的重心上,四周景物要与其配合。

7. 抑扬

中国园林艺术的传统,反对一览无余的景色,主张"山重水复疑无路,柳暗花明又一村"的先藏后露的构图。中国园林的主要构图和高潮,并不是一进园就展现眼前,而是采用欲"扬"先"抑"的手法,来提高主景的艺术效果。如苏州拙政园中部,进了腰门以后,对门就布置了一座假山,把园景屏障起来,使游人有"疑无路"的感觉。可是假山有曲折的山洞,仿佛若有光,游人穿过了山洞,得到豁然开朗、别有洞天的境界,使主景的艺术感染大大提高。

综上所述,主景是强调的对象,为了达到目的,一般在体量、形状、色彩、质地及位置上都被突出。为了对比,一般都用以小衬大、以低衬高的手法突出主景。但有时主景也不一定体量很大、很高,在特殊条件下低在高处,小在大处也能取胜,成为主景,如西湖孤山的"西湖天下景",就是低在高处的主景。

2.4.2.2 景的层次

景就距离远近、空间层次而言,有前景、中景、背景之分(也叫近景、中景与远景)。一般前景、背景都是为了突出中景而言的。这样的景,富有层次的感染力,给人以丰富而无单调的感觉(图2.32)。

在绿化种植设计中,也有前景、中景和背景的组织问题,如以常绿的圆柏(或龙柏)丛作为背景,衬托以五角枫、海棠等形成的中景,再以月季引导作为前景,即可组成一个完整统一的景观。

图2.32 桂林盆景园中具有层次感的草坪空间

有时因不同的造景要求,前景、中景、背景不一定全部具备。如在纪念性园林中,需要主景气势宏伟，空间广阔豪放，以低矮的前景，简洁的背景烘托即可。另外在一些大型建筑物的前面，为了突出建筑物，使视线不被遮挡，只以一些低于视平线的水池、花坛、草地作为前景，而背景借助于蓝天白云。

2.4.2.3 借景

有意识地把园外的景物"借"到园内可透视、感受的范围中来，称为借景。借景是中国园林艺术的传统手法。一座园林的面积和空间是有限的，为了扩大景物的深度和广度，组织游赏的内容，除了运用多样统一、迂回曲折等造园手法外，造园者还常常运用借景的手法，收无限于有限之中。

1. 借景的内容

（1）借形组景　主要采用对景、框景、渗透等构图手法把有一定景观价值的远、近建筑物以及山、石、花木等自然景物纳入画面。

（2）借声组景　自然界的声音多种多样，园林中所需要的是能激发感情、怡情养性的声音。在我国园林中，远借寺庙的暮鼓晨钟，近借溪谷泉声、林中鸟语，秋借雨打芭蕉，春借柳岸莺啼，均可为园林空间增添几分诗情画意（图2.33）。

图2.33　拙政园"听雨轩"——雨打芭蕉之音

（3）借色组景　皓月当空是赏景的最佳时刻。对月色的借景在园林中受到十分重视。如杭州西湖的"三潭印月"、"平湖秋月"（图2.34），避暑山庄的"月色江声"、"梨花伴月"等，都以借月色组景而得名。

图2.34　杭州西湖的"平湖秋月"借月色组景

除月色之外，天空中的云霞也是极富色彩和变化的自然景色。云霞在许多名园佳景中作用是很大的,如在武夷山风景区游览的最佳时刻莫过于"翠云飞送雨"时,在雨中或雨后远眺"仙游",满山云雾萦绕,飞瀑天降,亭、阁隐现,顿添仙居神秘气氛,画面很是动人。

植物的色彩也是组景的重要因素,如白色的树干、红色的树叶、黑色的果实等。

(4) 借香组景　在造园中如何运用植物散发出来的幽香以增添游园的兴致是园林设计中一项不可忽视的因素。广州兰圃以兰花著称,每当微风轻拂,兰香馥郁,为园增添了几分雅韵。

2. 借景的方法

(1) 远借　就是把园林远处的景物组织进来,所借之物可以是山、水、树木、建筑等。如北京颐和园远借西山及玉泉山之塔;避暑山庄借僧帽山、棒槌峰;无锡寄畅园借锡山(图2.35),济南大明湖借千佛山等。

图2.35　无锡寄畅园借锡山龙光塔塔影

(2) 邻借(近借)　就是把园林邻近的景色组织进来。周围环境是邻借的依据。周围景物只要是能够利用成景的都可以利用,不论是亭、阁、山、水、花、木、塔、庙。苏州沧浪亭就是很好的一例。沧浪亭园内缺水,而临园有河,则沿河做假山、驳岸和复廊,不设封闭围墙,从园内透过漏窗可领略园外河中景色;园外隔河与漏窗也可望园内,园内园外融为一体。再如邻家有一枝红杏或一株绿柳、一个小山亭,亦可对景观赏或设漏窗借取,如"一枝红杏出墙来"、"杨柳宜作两家春"、"宜两亭"等布局手法(图2.36)。

(3) 仰借　系利用仰视借取的园外景观,以借高景物为主,如古塔、高层建筑、山峰、大树,包括碧空白云、明月繁星、翔空飞鸟等。如北京的北海借景山,南京玄武湖借鸡鸣寺均属仰借(图2.37)。仰借视觉较疲劳,观赏点应设亭台座椅。

(4) 俯借　是指利用居高临下俯视观赏园外景物。登高四望,四周景物尽收眼底,就是俯借。俯借所借景物甚多,如江湖原野、湖光倒影

图2.36　红枫把两个被围墙分隔开的空间联系起来

等等(图2.38)。

（5）应时而借 利用一年四季、一日之时，由
大自然的变化和景物的配合而成。对一日来说，
日出朝霞、晓星夜月；以一年四季来说，春光明
媚，夏日原野，秋天丽日，冬日冰雪。就是植物也
随季节转换，如春天的百花争艳，夏天的浓荫覆
盖，秋天的层林尽染，冬天的树木凋零，这些都是
应时而借的意境素材。许多名景都是以应时而
借为名的，如杭州西湖的"苏堤春晓"、"曲院风
荷"、"平湖秋月"、"断桥残雪"等。

4. 对景与分景

为了满足不同性质园林绿地的功能要求，达
到各种不同景观的欣赏效果，创造不同的景观气
氛，园林中常利用各种景观材料来进行空间组
织，并在各种空间之间创造相互呼应的景观。对
景和分景就是两种常用的手法。

（1）对景 凡位于园林绿地轴线及风景透视

图2.37 南京玄武湖仰借鸡鸣寺景观

图2.38 黄山猴子观海俯视借景

线端点的景叫对景。景可以正对(图2.39)，也可以互对。位于轴线一端的景叫正对景，正对可达
到雄伟庄严、气魄宏大的效果。正对景在规则式园林中常成为轴线上的主景。如北京景山万春
亭是天安门—故宫—景山轴线的端点，成为主景。在轴线或风景视线两端点都有景则称互为对
景。互为对景很适于静态观赏。互对景不一定有严格的轴线，可以正对，也可以有所偏离。如颐
和园的佛香阁建筑与昆明湖中龙王庙岛上的涵虚堂即是。

（2）分景 中国古典园林多含蓄有致，忌"一览无余"，所谓"景愈藏，意境愈大；景愈露，意
境愈小"。为此目的，中国园林多采用分景的手法分割空间，使之园中有园，景中有景，湖中有
湖，岛中有岛，园景虚虚实实，实中有虚，虚中有实，半虚半实，空间变化多样，丰富多彩。

分景按其划分空间的作用和艺术效果，可分为障景和隔景。

2
园林规划设计基本理论

57

图 2.39 小路尽头由置石与植物组成的对景

① 障景（抑景）。在园林绿地中凡是抑制视线、引导空间的屏障景物叫障景。障景一般采用突然逼进的手法，视线较快受到抑制，有"山重水复疑无路"的感觉，于是必须改变空间引导方向，而后逐渐展开园景，达到"柳暗花明又一村"豁然开朗的境界，即所谓"欲扬先抑，欲露先藏"的手法。如拙政园中部入口处为一小门，进门后迎面一组奇峰怪石，绕过假山石，或从假山的山洞中出来，方是一泓池水，远香堂、雪香云蔚亭等历历在望。障景还能隐藏不美观和不求暴露的局部，而本身又成一景。

障景务求高于视线，否则无障可言。障景常应用山、石、植物、建筑（构筑物）等，多数用于入口处，或自然式园路的交叉处，或河湖港汊转弯处，使游人在不经意间视线被阻挡并被组织到引导的方向（图 2.40）。

图 2.40 上海松江醉白池主入口的照壁障景

② 隔景。凡将园林绿地分隔为不同空间、不同景区的手法称为隔景。隔景与障景不同，它

不是抑制某一局部的视线,而是组成各种封闭或可以流通的空间。它可以用多种手法和材料,如实墙、虚隔、虚实隔等。实墙、山丘、建筑群、山石等为实隔,水面、漏窗、通廊、花架、疏林等为虚隔;水堤曲桥、漏窗墙等为虚实隔。中国园林利用多种隔景手法,创造多种流通空间,使园景丰富而各有特色;同时园景构图多变,游赏其中深远莫测,从而创造出"小中见大"的空间效果。

5. 框景、夹景、漏景、添景

园林绿地在景观的前景处理上还有框景、夹景、漏景和添景等。

(1)框景 凡利用门框、窗框、树框、山洞等,有选择地摄取另一空间的优美景色,恰似一幅嵌于境框中的立体风景画称为框景。《园冶》中谓"借以粉壁为纸,而以石为绘也,理者相石皴纹,仿古人笔意,植黄山松柏,古梅美竹,收之园窗,苑然镜游也"。李渔于自己室内创设"尺幅窗"(又名"无心画")讲的也是框景。扬州瘦西湖的"吹台",即是这种手法。框景的作用在于把园林绿地的自然美、绘画美与建筑美高度统一、高度提炼,最大限度地发挥自然美的多种效应。由于有简洁的景框为前景,可使视线集中于画面的主景上,同时框景讲求构图和景深处理,又是生气勃勃的天然画面,从而给人以强烈的艺术感染力(图2.41)。

图2.41 拙政园中的框景

框景必须设计好入框之对景。如先有景而后开窗,则窗的位置应朝向最美的景物;如先有窗而后造景,则应在窗的对景处设置;窗外无景时,则以"景窗"代之。观赏点与景框的距离应保持在景直径的2倍以上,视点最好在景框中心。

(2)夹景 为了突出优美景色,常将左右两侧的贫乏景观以树丛、树列、土山或建筑物等加以屏障,形成左右较封闭的狭长空间,这种左右两侧的前景叫夹景。夹景是运用透视线、轴线突出对景的方法之一,还可以起到障丑显美的作用,增加园景的深远感,同时也是引导游人注意的有效方法(图2.42)。

图2.42 树缝夹景

（3）漏景　漏景由框景发展而来,框景景色全现,漏景景色则若隐若现,有"犹抱琵琶半遮面"的感觉,含蓄雅致,是空间渗透的一种主要方法。漏景不仅限于漏窗看景,还有漏花墙、漏屏风等。除建筑装修构件外,疏林、树干也是好材料,但植物不宜色彩华丽,树干宜空透阴暗,排列宜与景并列;所对景物则要色彩鲜艳,亮度较大为宜(图2.43)。

图 2.43　花窗漏景

（4）添景　当风景点与远方对景之间没有其他中景、近景过渡时,为求对景有丰富的层次感,加强远景"景深"的感染力,常做添景处理。添景可用建筑的一角或树木花卉等。用树木做添景时,树木体型宜高大,姿态宜优美。如在湖边看远景常有几丝垂柳枝条作为近景的装饰就很生动。

（5）景题　我国园林善于抓住每一景观特点,根据它的性质、用途,结合空间环境的景象和历史,高度概括,常做出形象化、诗意浓、意境深的题咏。其形式多样,有匾额、对联、石碑、石刻等(图2.44)。

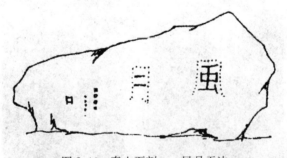

图 2.44　泰山石刻——风月无边

题咏的对象更是丰富多彩,无论景象、亭台楼阁、一门一桥、一山一水,还是名木古树都可以给以题名、题咏,如颐和园万寿山、知春亭、爱晚亭、南天一柱、迎客松、兰亭、花港观鱼、纵览云飞、碑林等。它不但点出了景的主题,丰富了景的欣赏内容,增加了诗情画意,给人以艺术联想,还有宣传装饰和导游的作用。各种园林题咏的内容和形式是造景不可分割的组成部分,我

园林规划设计

们把创作设计园林题咏称为点景手法,它是诗词、书法、雕刻、建筑艺术等的高度综合。

▶▶| **思考题**

1. 园林美的主要内容有哪些?如何理解园林艺术美?
2. 调查了解本地区哪些绿地是自然式布局、规则式布局或混合式布局?
3. 园林绿地的布局方法有哪些?
4. 如何利用植物的色彩进行造景?
5. 简述平视景观、仰视景观和俯视景观三者的关系。
6. 常用的园林造景方法有哪些?如何借鉴和发扬我国传统的园林造景手法?

▶▶| **实训项目**

园林景点创作

(一)目的

1. 初步了解中外园林意境创作的方法,掌握现代园林意境创作的设计手法;
2. 掌握园林绿地常用的造景方法。

(二)内容

1. 园林景点总体布局形式确定:
(1) 园林布局形式是什么?
(2) 主要的景观是什么?如何突出主景?
2. 园林各要素的布局与配置
(1) 植物方面采用何种动态布局和造景方法?
(2) 如何对静态景观进行布局?观赏的视距和位置如何确定?
(3) 园路是如何布局的?道路的材料和色彩是如何配置的?
(4) 建筑及山石小品等如何与其他要素协调配置?
3. 景点创作的平面、立面和剖面图等,方向和比例自定。

(三)要求

1. 运用现代园林创作手法进行设计;
2. 注意园林造景方法的选择和运用,特点要鲜明;
3. 景点要求四大要素具备,但以其中之一为主;
4. 绘制平面、立面、剖面图等要正确。

(四)设计作业

绘制园林景点的平面、立面、剖面图及效果图,设计说明书一份。

2

园林规划设计基本理论

中　篇

园林规划设计技能

3 园林绿地形式与指标的确定

3.1 园林绿地的形式

　　园林绿地的形式是为园林绿地性质、功能服务的，是为了表现园林绿地的内容，它既是空间艺术形象，同时又受着自然条件、造园材料、工程技术和各民族、地方的历史、爱好、习惯等因素的影响。中外各种园林绿地的形式大致可分为三种：规则式园林绿地、自然式园林绿地和混合式园林绿地。

3.1.1 规则式园林绿地

　　规则式园林绿地的布局采用几何图案形式，如建筑物或景点之间用直线道路相联系，水池或花坛的边缘、花坛的花纹、色彩的组合也用直线或曲线组成规则的几何图案。这类园林大多有明显的中轴而且左右均衡对称。形成规则式园林布局是由于受到历史传统、哲学思想或生产水平的影响。早期的园林源于生产园圃或简单的庭院，成行栽植和直线型灌渠最为方便、省力、节约。法国凡尔赛宫苑受到笛卡儿（Descartes，1596～1650）哲学思想的影响，按照理性主义的原则，强调人的意志，形成规则式布局（图3.1）。直到18世纪英国出现自然风景式园林以前，西方园林大都是规则式布局。

　　中国传统的寺庙、陵园、宅邸的主要部分，以及皇家园林中处理朝政的部分也都采用了规则式的布局，以显示其端正、严肃的气氛，给人以庄严、雄伟、整齐之感。规则式园林现一般用于宫苑园林、纪念性园林或具有对称轴线的建筑庭园林，其特征如下：

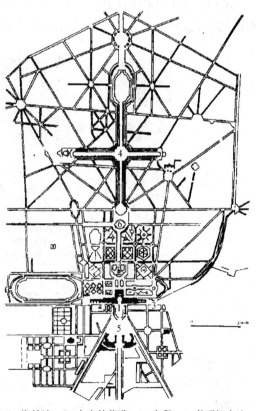

1. 海神池　2. 水光林荫道　3. 宫邸　4. 拉通娜水池　5. 皇上林荫道　6. 阿波罗神池

图3.1　法国凡尔赛宫苑平面

3
园
林
绿
地
形
式
与
指
标
的
确
定

65

1. 地貌

在平原地区,由不同标高的水平面及缓坡倾斜的平面组成。在山地及丘陵地,由阶梯式的大小不同的水平台地倾斜平面及石级组成,其剖面均为直线所组成(图3.2)。

图3.2 台阶结合种植池

2. 水体

规则式园林的水体外形轮廓均为几何形,采用整齐式驳岸。园林水景的类型以整形水池、壁泉、喷泉、整形瀑布及运河等为主,其中常以喷泉作为水景的主题(图3.3)。

图3.3 俄罗斯大彼德宫苑中的喷泉群

3. 建筑

不仅个体建筑采用中轴对称均衡的设计,建筑群和大规模建筑组群的布局,也采取中轴对称均衡的手法。以主要建筑群和次要建筑群形式的主轴和副轴控制全园。

4. 道路广场

园林中的空旷地和广场外轮廓均为几何形。封闭性的草坪、广场空间以对称建筑群或规则式林带、树墙包围。道路均为直线、折线或几何曲线组成,构成方格形式环状放射性,呈中轴对称或不对称的几何布局(图3.4)。

图3.4 整齐的栽植形成狭长的道路空间

5. 种植设计

园内花卉布置以图案为主题的模纹花坛和花带为主,有时布置成大规模的花坛群。树木配置以行列式和对称式为主,并运用大量的绿篱、绿墙以区划和组织空间;树木整形修剪以模拟建筑形体和动物形态为主,如绿柱、绿塔、绿门、绿亭和用常绿树修剪而成的鸟兽等(图3.5)。

图3.5 规则式园林的植物配置

6. 其他景物

采用盆树、盆花、瓶饰、雕像为主要景物,雕像的基座为规则式,雕像位置多配置于轴线的起点、终点或焦点上(图3.6)。

图 3.6 规则式园林视线终点的雕塑

3.1.2 自然式园林绿地

自然式园林绿地的布局按自然景观的组成规律采取不规则形式(图 3.7)。地形高低起伏,形成有宽窄变化的道路,弯曲蜿蜒;池岸迂回转折,植物配置采用自然林、丛团和散落的单株相结合划分出大小各异的空间,展现出自然美。

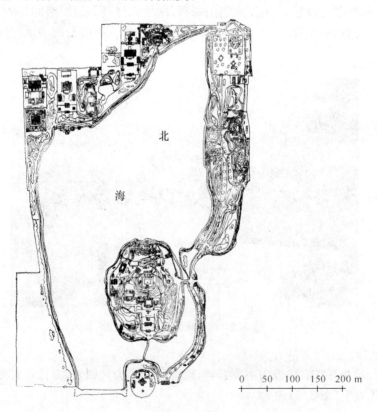

北

海

0 50 100 150 200 m

图 3.7 北京北海公园平面

自然式园林是通过对自然景观的提炼和艺术的加工,再现高于自然的景色。它可以满足人们向往自然、寓身自然的审美意识。18世纪以后英国出现了反映英国乡村风光的风景式园林,这是西方建造自然式园林的开始,并迅速影响整个西方造园风格。我国园林,从有历史记载的周秦时代开始,无论大型的帝皇苑囿和小型的私家园林,多以自然式山水园林为主,古典园林可以北京颐和园、北海公园,承德避暑山庄,苏州拙政园、留园为代表;新建园林,如北京的紫竹院公园、上海长风公园、杭州花港观鱼公园、广州越秀公园等也都进一步发扬了这种传统布局手法。

自然式园林基本特征如下:

1. 地貌

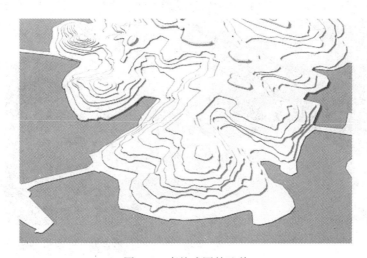

图3.8 自然式园林地貌

平原地带,利用自然起伏的和缓地形与人工堆置的若干自然起伏的土丘相结合,其断面为和缓的曲线。在山地和丘陵地,则利用自然地貌,除建筑和广场基地以外不作人工阶梯形的地形改造工作,原有破碎割切的地貌也加以人工整理使其自然(图3.8)。

2. 水体

自然式园林水体轮廓为自然的曲线,岸为各种自然曲线的倾斜坡度,如有驳岸,亦为自然山石驳岸;园林水景的类型以溪涧、河流、涌泉、自然式瀑布、池沼、湖泊等为主,常以瀑布为水景主题(图3.9)。

图3.9 自然式园林水体

3．建筑

园林内个体建筑为对称或不对称均衡的布局。其建筑群和大规模建筑组群，多采取不对称均衡的布局。全园不以轴线控制，而以主要导游线构成的连续构图控制全园。

4．道路广场

园林中的空旷地和广场的轮廓多为自然形式，以不对称的建筑群、土山、自然式的树丛和林带组织空间（图3.10）。道路平面和剖面多由平曲线和竖曲线组成。

图3.10　小路、植物——一幅自然景象

5．种植设计

种植设计以反映自然界植物群落的自然之美。花卉布置以花丛、花群为主。树木配置以孤立树、树丛、树林为主，以自然的树丛、树群、树带来区划和组织园林空间。树木不作规则式整形（图3.11）。

图3.11　植物群落的自然美

6．其他景物

多采用山石、假山、桩景、盆景、雕刻为主要景物，其中雕像的基座为自然式，雕像位置多配置于透视线集中的焦点。

园林规划设计

3.1.3　混合式园林绿地

混合式园林按不同地段和不同功能的需要在一座园林中规则式与自然式园林交错混合使用。例如西方英国自然式园林出现一个世纪以后又感到单调，出现了局部规则式（多数是在建筑物附近）与大片自然式相结合的混合式园林。法国巴黎郊区的枫丹白露庄园整体是规则式，在自然水池周围和宫殿背后也建了自然式的园林。中国圆明园整体上是自然式，但许多庭院则是规则式的。颐和园的仁寿殿部分是严整的规则式庭院，而其余大部分为自然山水园的形式。

混合式园林对地理环境的适应性较大，也能适应不同活动的需要，在同一个园子里既可有庄严规整的格局，也能有活泼、生动的气氛，两者对比相得益彰。例如沈阳北陵公园（图3.12）。

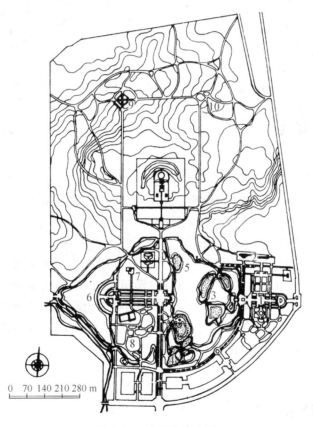

0　70 140 210 280 m

图3.12　沈阳北陵公园

美国伯奈特公园，采用了网状主路与45°斜交次路相叠合的规整布局结构，在比路面略低的绿色草坪映衬之下，产生了一种强烈的图案效果。由方形小水池拼成的长方形水池带穿插在"米"字形图案中，形成一定的节奏和质感。道路与草坪外围东、西、北三侧为由长方形、圆形种植坛组成的临街休息带，其外侧有行列植的乔木。长方形种植坛的大小与排列间距均与道路和草坪的排列方式与大小相呼应，整体上加强了公园的规整特点。内部"米"字形图案中采用自然式种植方式，与平面图案规整性相映成趣（图3.13）。

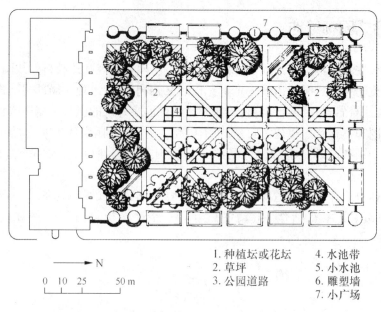

1. 种植坛或花坛	4. 水池带
2. 草坪	5. 小水池
3. 公园道路	6. 雕塑墙
	7. 小广场

→N

0 10 25   50 m

图 3.13　美国伯奈特公园平面布局

3.2　城市园林绿地指标

　　城市园林绿地指标是指城市中平均每个居民所占有的公共绿地面积、城市绿化覆盖率、城市绿地率等,它是反映一个城市的绿化数量和质量、一个时期内城市经济发展、城市居民生活福利保健水平的一个指标,便于城市规划作出科学的定量分析,指导各类绿地规模的制定工作,也是评价城市环境质量的标准和城市精神文明的标志之一。

　　我国城市规划建设用地结构中指出绿地占建设用地比例为 8% ～ 15%。城市规模不同,其绿地指标各不相同。大城市人口密集、建筑密度高,绿地要相应大些,才能满足居民需要,每人应占 $10 \sim 12 \text{ m}^2$;居民在 5 万以上的城市,郊区自然环境好或环境卫生条件较好,绿地面积可适当低些;在建筑量大、工厂多、人口多的城市,风景旅游和休养性质的城市和干旱地区的城市,其绿化面积都应适当增加,以利于改善环境,美化环境,减少污染。

3.2.1　城市园林绿地率

　　城市绿地率是指城市各类绿地(含公共绿地、居住区绿地、单位附属绿地、防护绿地、生产绿地、风景林地等六类)总面积占城市面积的比率。城市绿地率表示了绿地总面积的大小,是衡量城市规划的重要指标。根据建设部 1993 年 11 月 4 日颁布的《城市绿化建设指标的规定》到 2010 年,城市绿地率应不少于 30%。

　　由于城市绿地面积的计算方法既复杂又不精确,所以其统计工作较困难。随着航测及人造卫星摄影等现代化技术的推广和应用,不仅能得到较准确的数据,同时还能定期取得变化的数据。

园林规划设计

计算公式:城市绿地率(%)=$\dfrac{城镇园林绿地总面积}{城镇用地总面积}\times100\%$

疗养学认为,绿地面积达 50% 以上,才有舒适的休养环境。一般城市的绿地率以 40%~60% 比较好。

为保证城市绿地率指标的实现,各类绿地单项指标应符合下列要求:

① 旧城改建区绿化用地应不低于总用地面积的 25%,新建居住区绿地占居住区总用地比率不低于 30%。

② 城市主干道绿带面积占道路总用地比率不低于 20%,次干道绿带面积所占比率不低于 15%。

③ 内河、海、湖等水体及铁路旁的防护林带宽度应不少于 30 m。

④ 单位附属绿地面积占单位总用地面积比率不低于 30%,其中,工业企业、交通枢纽、仓储、商业中心等绿地率不低于 20%;产生有害气体及污染的工厂的绿地率不低于 30%,并根据国家标准设立不少于 50 m 的防护林带;学校、医院、休(疗)养院所、机关团体、公共文化设施、部队等单位的绿地率不低于 35%。

3.2.2 城市园林绿化覆盖率

城市绿化覆盖率是指城市绿化覆盖面积占城市面积的比率。城市绿化覆盖率是衡量一个城市绿化现状和生态环境效益的重要指标,它随着时间的推移、树冠的大小而变化。林学上认为,一个地区的绿色植物覆盖率至少应在 30% 以上,才能对改善气候发挥作用。到 2010 年,城市绿化覆盖率应不少于 35%,远期达 50% 以上。

计算公式:城市绿化覆盖率(%)=$\dfrac{城市内全部绿化种植垂直投影面积}{城市面积}\times100\%$

以上计算公式中,乔木下的灌木投影面积、草坪面积不得计入在内,以免重复。

3.2.3 人均公共绿地面积

人均公共绿地面积是指城市中每个居民平均占有公共绿地的面积。根据《城市绿化规划建设指标的规定》规划人均绿地面积指标大于 9 m²。人均公共绿地面积指标根据城市人均建设用地指标而定。人均建设用地指标不足 75 m² 的城市,到 2010 年人均公共绿地面积应不少于 6 m²;人均建设用地指标 75~105 m² 的城市,到 2010 年应不少于 7 m²;人均建设用地指标超过 105 m² 的城市,到 2010 年应不少于 8 m²。

计算公式:人均公共绿地面积(m²/人)=城市公共绿地总面积/城市非农业人口

▶▶ **思考题**

1. 城市园林绿地分哪几种类型? 主要内容是什么?

2. 调查了解所在城市中哪些绿地是自然式布局、规则式布局或混合式布局?

3. 城市园林绿地定额指标有哪些方面? 如何计算?

4. 名词解释:

▶▶ **实训项目**

园林绿地测绘、分析

（一）目的

1. 通过测绘，使学生了解园林艺术布局的方法、内容及其特征，掌握测绘的方法；

2. 掌握各种园林建筑、假山、水体等的布局方法；

3. 掌握园林植物的一般布局方法和色彩布局的基本方法；

4. 绘制园林绿地的平面、立面及剖面图等图纸，并对其构图与布局等进行分析、评价。

（二）内容

测绘安排在公园或其他园林绿地内，就某个景点进行，内容包括：

1. 用皮尺及钢卷尺等实测出绿地内各园林要素的尺寸；

2. 按合适的比例缩小绘制在草图上，包括平面、立面图；

3. 根据平面、立面图，绘出剖面图及轴测图等；

4. 对园林各要素的布局方法和特点进行分析、说明，总结绿地总体布局特征。

（三）要求

1. 注意测绘的方法与技巧：

（1）测量时应遵循由大到小、由整体到局部的原则，保证测出的尺寸细致、准确；

（2）细部尺寸尽量使用钢卷尺，减少误差，并进行认真的检查，不要漏测或重复计算；

（3）绘制草图时要注意选择合适的比例大小，并同时标出尺寸；

（4）绘制时，最好平面、立面对应，以便即时验证测绘的正确与否。

2. 分析评价方法：

（1）园林绿地的构图方法与特点；

（2）园林总体布局形式；

（3）园林绿地构图的基本规律。

（四）设计作业

1. 测绘出某园林绿地的平面、立面、剖面图等；

2. 对园林构图及布局等进行分析和评价。

园林规划设计

4 园林规划设计程序

　　园林规划设计程序是指要建造一个公园或绿地之前,设计者根据建设计划及当地的具体情况,把要建造这块绿地的想法,通过各种图纸及简要说明把它表达出来,使大家知道这块绿地将建成什么样的,以及施工人员根据这些图纸和说明,可以把这块绿地建造出来。这样的一系列规划设计工作的进行过程,我们称之为园林绿地规划设计程序。

　　整个设计程序可能很简单,由一两个步骤就可以完成,也可能是较复杂的,要分几个阶段才能完成。例如城市绿地系统规划,对于一个城市而言是总体的、最大范围的园林绿地规划设计,其设计程序就复杂一些(图 4.1)。

图 4.1　吉林市绿地系统规划示意图

　　一般一块附属于其他部分的绿地,设计程序较简单,如居住区绿地、街道绿地等。但是要建造一个独立的大、中型公共绿地、公园就比较复杂,要经过由浅入深、从粗到细、不断完善的过程,设计者应先进行基地调查,熟悉物质环境、社会文化环境和视觉环境,然后对所有与设计有关的内容进行概括和分析,最后,拿出合理的方案,完成设计。

4.1 园林规划设计的前提工作

4.1.1 接受园林规划设计任务书

设计单位(乙方)在对园林绿地进行设计之前,必须取得委托单位(甲方)获城市规划和园林主管部门批准的设计任务书(小型绿地可口头委托),方可进行设计。

设计任务书是确定建设任务的初步设想,是进行园林绿地设计的指示性文件。它由甲方制定;也可以甲方为主,乙方参与共同编制。设计任务书的内容包括:

① 园林绿地的作用和任务、服务半径、使用效率。

② 绿地的位置、方向、自然环境、地貌、植被及原有设施。

③ 园林绿地用地面积、游人容量。

④ 园林绿地内拟建的政治、文化、宗教、娱乐、体育活动类大型设施项目的内容。

⑤ 建筑物的面积、朝向、材料及造型要求。

⑥ 园林绿地布局在风格上的特点。

⑦ 园林绿地建设近、远期的投资经费。

⑧ 地貌处理和种植设计要求。

⑨ 园林绿地分期实施的程序。

⑩ 规划设计进度和完成日程。

4.1.2 现场实地踏勘,收集有关资料

接到工程设计任务书之后,首先就是要对现场进行详尽的调查。资料的选择、分析判断是设计的基础。搜集基地有关的技术资料并进行实地勘查、测量,从而在一定方针指导下,进行分析判断,选择有价值的内容;依据地形、环境的变化,勾画出大体的骨架,作为设计的重要参考。整理资料应有所侧重,分析资料应着重考虑采用性质差异大的材料。

调查的内容有:

1. 自然条件调查

(1)气象方面 每月最低、最高和平均气温,湿度,降雨量,无霜期,冰冻期,每月阴、晴日数,风力、风向和风向玫瑰图等。

(2)土壤方面 土壤的种类,氮、磷、钾的含量,土壤的 pH 值,土层深度,地基承载力、冻深、自然安息角,不同土壤的分布区域,内摩擦角及其他有关的物理、化学性质。

(3)地形方面 位置,面积,用地的形状,地表起伏变化状况,走向,坡度,裸露岩层的分布情况。

(4)水系方面 水系范围,水的流速、流量、方向,水底标高,河床情况,常水位、最低及最高水位,水质及岸线情况,地下水状况等。

(5)植被方面 原有植被的种类、数量、高度、生长势、群落构成,古树名木分布情况,其观赏价值的评定,苗源等。

园林规划设计

2. 社会条件调查

（1）规划发展条件调查　城市规划中的土地利用，社会规划，经济开发规划，产业开发规划等。

（2）使用效率的调查　居民人口，服务半径，其他娱乐场所，使用者要求，使用方式、时间、使用者年龄构成，习俗与爱好，人流集散方向等。

（3）交通条件调查　交通线路，交通工具，停车场，码头桥梁等状况调查，建设用地与城市交通的关系，游人来向、数量，以便确定园林绿地的服务半径和设施内容。

（4）现有设施调查　建设用地的给水、排水设施，能源、电力、电讯的情况；原有的建筑物、构筑物位置、面积、用途等。

（5）工农业生产情况的调查　农用地及其主要产品；工矿企业的分布，有污染工业的类别、程度等。

（6）城市历史、人文资料的调查

① 地区性质：如乡村，未开发地，大、中、小型城市，人口，产业，经济区等。

② 历史文物：文化古迹种类，历史文献中的遗址等。

③ 居民习俗：传统节日、纪念活动、民间特产、历史沿革、生活习惯禁忌等。

（7）其他情况的调查　对建设单位的开发经营方式，近期、远期可保证的资金和施工力量，以及在城市园林系统中的地位等方面，也须作必不可少的调查。

3. 规划设计图纸资料

（1）城市规划资料图纸种类

① 比例为 1∶5 000～1∶10 000 的城市用地现状图。

② 比例为 1∶5 000～1∶10 000 的城市土地利用规划图（需参照城市绿地系统规划）。

③ 明确规划对建设用地的要求和控制性指标，以及详细的控制说明文本。

（2）建设用地的地形及现状图

① 设计所需的地形图。图纸中应明确显示：建设用地的范围，原有地形地貌，水系，道路，建筑物，构筑物，植物；水系的进口、出口位置，电源的位置等。

建设用地面积在 8 hm² 以下时图的比例为 1∶500，等高距 0.25～2 m 不等。

建设用地面积在 8 hm²～100 hm² 时，图的比例为 1∶1 000～1∶2 000，等高距 0.5～2 m 不等。

建设用地面积在 100 hm² 以上时，比例为 1∶2 000～1∶5 000，等高距可视地形坡度及比例不同而异，可在 1～5 m 之间变化。

② 初步设计、详细设计所需的测量图。图纸要真实反映建设单位的详细布局，如标出各控制点、线、面的高程，画出各种建筑物、公用设备网、岩石、道路、地形、水体、乔木的位置、灌木群范围。

比例为 1∶500～1∶200，方格网间距 20～50 m，等高距为 0.25～0.5 m。

③ 施工平面所需的测量图。图纸中应明确显示原有乔木具体位置及树冠大小；成群及独立的灌木、花卉植物群的轮廓和范围大小；现有保留的上水、雨水、污水、化粪池、电信、电力、暖气、煤气、热力等管线的位置等。除平面图外还要有剖面图，并需注明管径的大小，管底或管顶的标高、压力、坡度等。

比例 1∶200～1∶100；按间距 20～50 m 设立方格木桩，平坦地方格网间距可大些，复杂地形应相应减小；等高距为 0.25～0.1 m。

4. 调查资料的分析整理

基地调查是完全客观地记录基地资料的过程,而基地分析、整理则是由资料使用说明及主观的评述所构成。以上的资料及前述的任务书,是基地规划设计分析方向的基本准则。

对基地的分析整理会得出不同的图名或标题,如地形调查分析;水体调查分析;土壤调查分析;植被调查分析;气象资料调查分析;基地范围、交通及人工设施调查分析;视线及有关的视觉调查分析等等。当基地面积较小或性质较单一时则可将它们合画在同一张图上。它们是清楚而易了解的图面,并且应从计划的观点来说明特定基地的现况、限制及发展潜力。这些材料大部分只供设计者使用,但在区域性开发计划中,基地分析图可能需要经过和业主多次沟通才能完成。

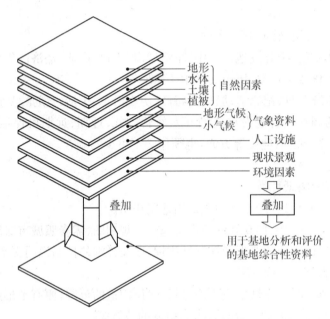

图 4.2　基地分析的分项叠加法

在大部分情况下,图面只需表达景观面貌概况,无需太精确。对小基地而言,基地调查及分析可用铅笔绘于图纸上,若有需要则可加注解;大基地则需一系列徒手或具技巧的绘图方式来绘图,它们通常更为精致,并常用叠图的办法进行总合(图4.2)。有时图面也可通过上色彩的办法来增加可视效果,尤其是电脑辅助绘制的基地分析图,对于大型土地开发方案更具价值。

4.2　总体设计方案阶段

4.2.1　方案设计

从方案的构思到方案设计不是凭空产生的,是对任务书和基地条件综合了解的结果。功能关系图解和基地分析为全面了解任务书的要求和基地的条件奠定了基础,在此基础上可以为特定的内容安排相应的基地位置,在特定的基地条件上布置相应的内容,然后进一步深化,确定平面形状、使用区的位置和大小、建筑及设施的位置、道路基本线型、停车场地面积和位置等,最后才能制作出用地规划总平面图。

方案设计阶段是探讨初期的设计构想和机能关系的阶段,设计人员根据设计任务书的要求,结合所取得资料进行分析、综合研究,提出设计原则,进行基地的具体设计的工作。方案设计的图纸大多为徒手绘制的概念图、机能或结构性示意图及纲要计划图,大多是速写或类似速写的图。此阶段的图有:

1. 园林绿地的位置图(1∶5 000、1∶10 000)

要表现该绿地在城市中的位置、轮廓、交通和四周环境的关系,可利用的园外借景。

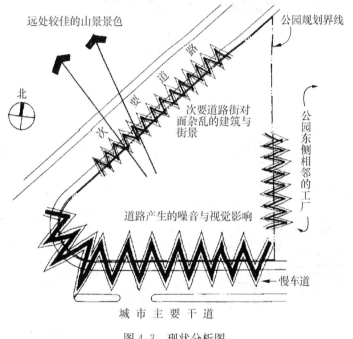

图 4.3　现状分析图

2. 现状分析图

根据分析后的现状资料归纳整理,形成若干空间,用圆圈或抽象图形将其粗略地表示出来。如对绿地四周道路、环境进行分析后,划定出入口范围;某一方位人口居住密度高、人流多、交通四通八达,则可划为开放的、内容丰富多彩的活动区域(图4.3)。

3. 功能分区图

根据设计原则和现状分析图确定该绿地分为几个空间,使不同的空间反映不同的功能,既要形成一个统一整体,又能反映各区内部设计因素的关系(图4.4)。

4. 园林建筑布置图

根据设计原则分别画出园中各主要建筑物的布局位置、主入口、平面图、剖面图、效果图,以便检查建筑风格是否和谐统一,与景区环境是否协调。

方案设计是设计人员为甲方选优提供的设计方案,最好提出两种以上的不同设计方案,供甲方比较选择(如图4.5)。

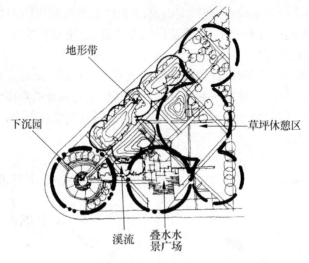

地形带

下沉园

草坪休憩区

溪流　叠水水
景广场

图 4.4　公园功能分区

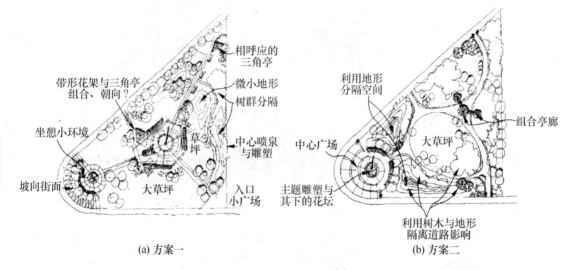

相呼应的
三角亭

带形花架与三角亭
组合、朝向？

微小地形

树群分隔

坐憩小环境

草坪

中心喷泉
与雕塑

坡向街面

大草坪

入口
小广场

(a) 方案一

利用地形
分隔空间

组合亭廊

中心广场

大草坪

主题雕塑与
其下的花坛

利用树木与地形
隔离道路影响

(b) 方案二

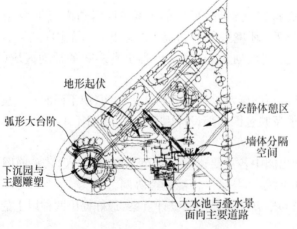

地形起伏

安静体憩区

弧形大台阶

墙体分隔
空间

下沉园与
主题雕塑

大水池与叠水景
面向主要道路

(c) 方案三

图 4.5　不同设计方案

4.2.2 初步设计

方案设计完成后应协同甲方共同商议,经过商讨后根据结果进行修改和调整,一旦初步方案确定下来,就需全面地进行初步设计阶段。初步设计阶段的内容包括:设计图纸、建设概算、设计说明书等。

4.2.2.1 设计图纸

1. 园林绿地总体设计平面图

图纸比例一般常用1:500、1:1 000、1:2 000,综合表示包括边界线,保护界线;大门出入口、道路广场、停车场、导游线的组织;功能分区活动内容;种植类型分布;建筑分布;地形、水系、水底标高、水面、工程构筑物、铺装、山石、栏杆、景墙;公用设备网络等,以不同的线条或色彩表现出图面效果(图4.6)。

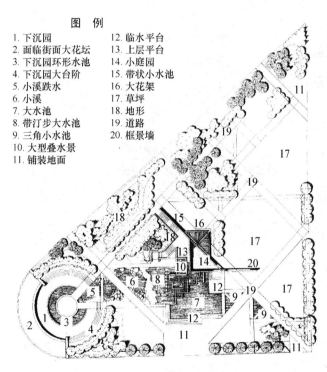

图 例

1. 下沉园
2. 面临街面大花坛
3. 下沉园环形水池
4. 下沉园大台阶
5. 小溪跌水
6. 小溪
7. 大水池
8. 带汀步大水池
9. 三角小水池
10. 大型叠水景
11. 铺装地面
12. 临水平台
13. 上层平台
14. 小庭园
15. 带状小水池
16. 大花架
17. 草坪
18. 地形
19. 道路
20. 框景墙

图 4.6 公园总体设计平面图

2. 道路系统图

道路系统是在确定主要出入口、主要道路、广场位置和消防通道,同时,确定次干道等的位置与形式,路面的宽度(确定主要道路的路面材料、铺装形式)等后所绘制的图。它可协调修改竖向设计的合理性。在图纸上用细线标出等高线,再用不同粗细的线表示不同级别的道路和广场,并标出主要道路的高程控制点(图4.7)。

3. 竖向设计图

根据设计原则以及功能分区图,确定需要分隔遮挡的地方或通透开敞的地方。另外,根据

图号	图纸内容	图幅	备注
总施1	总平面、图纸目录	A₁	
总施2	道路设计 1:200	A₁	
总施3	地形设计 1:200	A₁	
总施4	排水设计 1:200	A₁	
总施5	种植设计 1:200	A₁	
建施1	叠水水景底层平面 1:100	A₁	
建施2	叠水水景顶层平面 1:100	A₁	
建施3	Ⅰ、Ⅱ剖面 1:100	A₂	
建施4	Ⅲ、Ⅳ剖面 1:100	A₂	
建施5	Ⅴ、Ⅵ剖面 1:100	A₂	
建施6	Ⅶ、Ⅷ剖面 1:100	A₂	
建施7	花架详图 1:50	A₂	
建施8	花架大样	A₂	
建施9	小溪乱石 1:50	A₂	
建施10	下沉园平面	A₂	
建施11	下沉园大样	A₂	
建施12	池壁、台阶、排水	A₂	
结施1	基础平面、挡土端、池壁	A₁	
结施2	顶层结构、梯板、柱等	A₁	
结施3	池底板配筋、水池板梁	A₁	
结施4	花架基础、带状水池等	A₁	
设施1	水池喷泉管路布置	A₂	
设施2	泵房管线、出水口大样等	A₂	
设施3	喷泉电气平面系统图	A₂	
设施4	喷泉电气线路图	A₂	

图 例

1. 下沉园
2. 面临街面大花坛
3. 下沉园环形水池
4. 下沉园大台阶
5. 小溪跌水、内配跗突泉
6. 小溪
7. 大水池 WL−0.70/BP−1.30
8. 带汀步大水池 WL−0.30/BP−0.90,内配雪松喷泉
9. 三角小水池,WL−0.30/BP−0.10,内配射流喷泉
10. 大型叠水景
11. 铺装地面
12. 临水平台,标高−0.50
13. 平台,标高3.20
14. 小庭园
15. 带状小水池 -WL−0.20/BP-0.80,内配跗突泉
16. 大花架

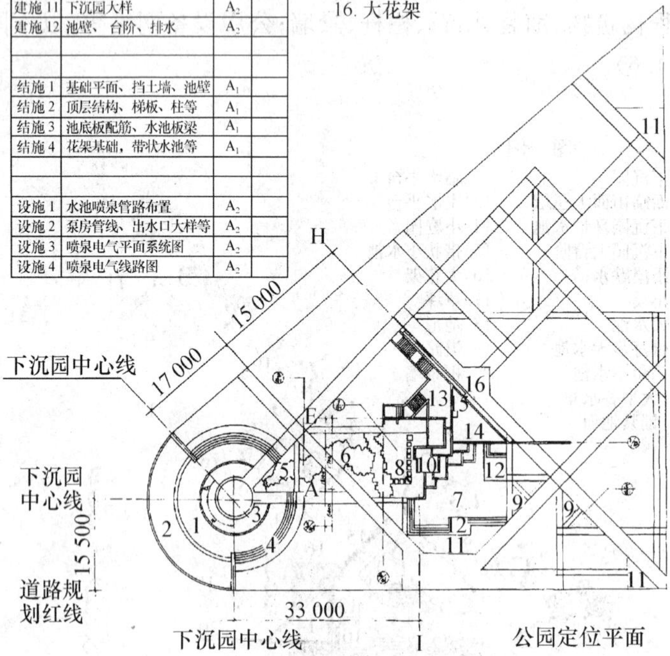

图 4.7　公园定位与道路系统图

设计内容和景观的需要定出制高点、山峰、丘陵起伏、缓坡平原、小溪河湖等;同时,确定总的排水坡向、水源以及雨水聚散地等。初步确定园林绿地中主要建筑物所在地的控制高程及各景点、广场的高程,用不同粗细的等高线控制高度。

4. 种植设计图

根据设计原则、现状条件与苗木采源等,确定全园及各区的基调树种,不同地点的密林、疏林、林间空地、林缘等种植方式和树丛、树林、树群、孤植,树以及花草种植方式等,确定景点的位置、通视走廊、景观轴线、突出视线集中点上的处理等。各树种在图纸上可按绿化设计图例表示。

5. 管线设计图

以总体设计方案、种植设计图为基础,设计出水源的引进方式,总用水量、消防、生活、造景、树木喷灌等,管网的大致分布、管径大小、水压高低及雨水、污水的处理和排放方式、水的去处等。北方冬季需要供暖的,则需要考虑取暖方式、负荷量、锅炉房位置等。其表示方法是在

树木种植设计图的基础上用粗线表示,并加以说明。

6. 电气设计图

以总体设计为依据,设计出总用电量、利用系数、分区供电设施、配电方式、电缆的敷设以及各区各点的照明方式、广播通信等设置,可在建筑道路与竖向设计图的基础上用粗线、黑点、黑圈、黑块表示。

7. 表现图

表现图有全园或局部、中心主要地段的断面图或主要景点鸟瞰图,以表现构图中心、景点、风景视线和全园的鸟瞰景观,其作用是直观地表达设计意图,检验和修改竖向设计、道路系统、功能分区图中各因素间的矛盾。

4.2.2.2　建设概算

园林绿地建设概算是对园林绿地建筑造价的初步估算。它是根据总体设计所包括的建设项目与有关定额和甲方投资的控制数字,估算出所需要的费用,以确定金额余缺。

概算有两种方式:一种是根据总体设计的内容,按总面积(公顷或平方米)的大小,凭经验粗估;另一种方式是按工程项目和工程量分项概算,最后汇总。以工程项目概算为例说明概算的方法:概算要求列表计算出每个项目的数量、单价和总价。单价由人工费、材料费、机械设施费用和运输费用等项目组成。

对于规模不大的园林绿地,可以只用一种概算表,形式见表4.1。对于规模较大的园林绿地,概算可用工程概算表和苗木概算表两种表格,参见表4.1、表4.2。表中工程概算费与苗木概算费合计,即为总工程造价的概算直接费。

建设概算除上述合计费用之外,尚包括间接费、不可预见费(按直接费的百分数取值)和设计费等。

表4.1　绿化工程概算表

工程项目	数　量	单　位	单　价	合　计	备　注

表4.2　绿化工程苗木表

品　种	规　格	数　量	单　价	合　计	备　注

注:①表中"品种"指植物种类;②"规格"指苗木大小;落叶乔木以胸径计,常绿树、花灌木以高度计;③"苗源"指苗木来源或出圃地点;④苗木单价包括苗木费、起苗费和包装费,苗木具体价格依所在地的情况而定。

1. 土建工程项目

(1)园林建筑及服务设施　如门房、展览馆、园林别墅、塔、亭、榭、楼阁、舫及附属建筑等;

(2)娱乐体育设施　如娱乐场、射击场、跑马场、旱冰场、游船码头等。

(3)道路交通　如园路、园桥、广场等。

（4）水、电、通信　如给水、排水管线、电力、电信设施等。

（5）水景、假山工程　如积土成山、挖地成池、水体改造、音乐喷泉、水下彩色灯等。

（6）园林小品及其他设施　如园椅、园灯、栏杆等。

（7）其他　如新建园林征地用费、挡土墙、管理区改造等。

2.绿化工程项目

营造、改造风景林；重点景区、景点绿化；观赏植物引种，栽培；观赏经济林工程等。子项目有：树木、花灌木、花卉、草地、地被等。

4.2.2.3　初步设计说明书

初步设计在完成图纸和概算之后，必须编写说明书，说明设计意图。主要内容包括：

① 园林绿地的位置、范围、规模、现状及设计依据。

② 园林绿地的性质、设计原则、目的。

③ 功能分区及各分区的内容，面积比例（土地使用平衡表）。

④ 设计内容：出入口、道路系统、竖向设计、山石水体等有关方面的情况。

⑤ 绿化种植安排及理由。

⑥ 电气等各种管线说明。

⑦ 分期建园计划。

⑧ 其他。

初步设计完成以后，应把所有设计图纸和文本装订成册，送甲方审查。甲方聘请相关专家召开方案评审会进行审查。

4.3　局部详细设计阶段

4.3.1　扩初设计

设计者结合专家评审意见，进行深入一步的扩大初步设计，简称"扩初设计"。

在扩初文本中，应该有更详细、更深入的总体规划平面、总体绿化设计平面、建设小品的平、立、剖面（标注主要尺寸）。在地形特别复杂的地段应该绘制详细的剖面图。在剖面图中，必须标明几个主要空间地面的标高（路面标高、地坪标高、室内地坪标高）、湖面标高（水面标高、池底标高）。

在扩初文本中，还应该有详细的水、电器设计说明，如有较大用电、用水设施，要绘制给排水、电器设计平面图。

扩初设计评审会上，专家们的意见不会像方案评审会那样分散，而是比较集中，也更有针对性。根据方案评审会上专家们的意见，介绍扩初文本中修改过的内容和措施。未能修改的意见，要充分说明理由，争取能得到专家评委们的理解。

在方案评审会和扩初设计评审会上，如条件允许，设计方应尽可能运用多媒体技术进行讲解，这样，能使整个方案的规划理念和精细的局部设计效果完美结合，使设计方案更具有形象性和表现力。

总体规划平面和具体设计内容经过方案设计评审和扩初设计评审后，为施工图设计打下

园林规划设计

了良好的基础。总的说,扩初设计越详细,施工图设计越省力。

4.3.2 施工图设计

施工图设计阶段是根据已批准的初步设计文件进行更深入、更具体化的设计,并作出施工组织计划和施工程序。其内容包括:施工设计图、编制预算、施工设计说明书。

4.3.2.1 施工图

在施工设计阶段要作出施工总平面图、竖向设计图、园林建筑设计图、道路广场设计图、种植设计图、水系设计图、各种管线设计图以及假山、雕塑、栏杆、标牌等小品设计详图;另外作出苗木统计表、工程量统计表、工程预算等。

1. 施工总平面图

表明各设计因素的平面关系和它们的准确位置,放线坐标网,基点、基线的位置。其作用之一是作为施工的依据,二是绘制平面施工图的依据。

施工总平面图图纸内容包括:保留的现有地下管线(虚线表示)、建筑物、构筑物、主要现场树木等(用细线表示),设计的地形等高线(细黑虚线表示)、高程数字、山石和水体(粗实线外加细线表示)、园林建筑和构筑物的位置(粗实线表示)、道路广场、园灯、园椅、果皮箱等(中粗实线表示)放线坐标网,作出的工程序号、透视线等。

2. 竖向设计图(高程图)

用以表明各设计因素间的高差关系,比如山峰、丘陵、盆地、缓坡、平地、河湖驳岸、池底等具体高程,各景区的排水坡向、雨水汇集以及建筑、广场的具体高程等(图4.8)。为满足排水坡度,一般绿地坡度不得小于5%,缓坡在8%~12%,陡坡在12%以上。图纸内容如下:

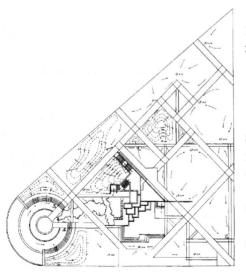

设计说明

1. 本工程设计标高以春申路面中心线为±0.00起算。

2. 图中符号含义如下:

   -------- 设计等高线

   -- 0.50 -- 标高为0.50的等高线

   ------► 地形坡向方向线

   LP------ 局部地形最低点

3. 下沉园部分铺装地面标高为-1.00,台级连接环直标高为±0.00。

4. 园中主要道路标高均为±0.00,宽(2.0~2.4 m),次要道路标高为-0.03,宽(0.8~1.0 m)。

5. 叠水景最高平台标高3.20m,最低水池池底标高BP-1.30/WL-0.70,临水平台标高-0.50,汀步标高-0.10。

6. 大草坪应向有►LP-0.10处做1%~5%的坡度以利排水。

图4.8 竖向设计图

（1）竖向设计平面图　根据初步设计的竖向设计，在施工总平面图的基础上表示出现状等高线、坡坎高程；设计等高线、坡坎、高程，在同一地点表示时通过实线和虚线来区分现状的还是设计的；设计溪流河湖岸线、河底线及高程；排水方向（以黑色箭头表示）；各景区园林建筑、休息广场的位置及高程；挖方、填方的范围等（注明填挖工程量）。

（2）竖向剖面图　主要部位山形、丘陵、谷地的坡势轮廓线（用黑粗实线表示）及高度、平面距（用黑细实线表示）等。剖面的起始点、剖切位置编号必须与竖向设计平面图上的符号一致。

3. 道路广场设计图

道路广场设计图主要表明园内各种道路、广场的具体位置、宽度、高程、纵横坡度、排水方向、道路平曲线、纵曲线等设计要素；以及路面结构、做法、路牙的安排；道路广场的交接、交叉口组织，不同等级道路的连接、铺装大样；回车道、停车场等。图纸内容包括如下：

（1）平面图　根据道路系统图，在施工总平面的基础上，用粗细不同的线条画出各种道路广场、台阶山路的位置；在转弯处，主要道路要注明平曲线半径，每段的高程、纵坡坡向（用黑细箭头表示）等。混凝土路面纵坡在 $0.3\% \sim 5\%$ 之间，横坡在 $1.5\% \sim 2.5\%$ 之间；圆石路纵坡在 $0.5\% \sim 9\%$ 之间，横坡在 $3\% \sim 4\%$ 之间；天然土路纵坡 $0.5\% \sim 8\%$ 之间，横坡在 $3\% \sim 4\%$ 之间。

（2）剖面图　剖面图比例一般为 $1:20$。在画剖面图之前，先绘出一段路面（或广场）的平面大样图，表示路面的尺寸和材料铺设法。在其下面作剖面图，表示路面的宽度及具体材料的构造（面层、垫层、基层等厚度、做法）。每个剖面的编号应与平面对应。

另外，还应作路口交接示意图，用细黑实线画出坐标网，用粗黑实线画路边线，用中粗实线画出路面铺装材料及构造图案。

4. 种植设计图（植物配植图）

种植设计图主要表现树木花草的种植位置、种类、种植方式和种植距离等。图纸的内容如下：

（1）种植设计平面图　根据树木种植设计，在施工总平面图基础上，用设计图例绘出常绿阔叶乔木、落叶阔叶乔木、落叶针叶乔木、常绿针叶乔木、落叶灌木、常绿灌木、整形绿篱、自然形绿篱、花卉、草地的具体位置和种类、数量、种植方式、株行距等如何搭配。同一幅图中树冠的表示不宜变化太多，花卉绿篱的图示也应简明统一，针叶树可重点突出，保留的现状树与新栽的树应加以区别。复层绿化时，用细线画大乔木树冠，用粗一些线画冠下的花卉、树丛、花台等。树冠的尺寸大小应以成年树为标准，如大乔木 $5 \sim 6$ m，孤植树 $7 \sim 8$ m，小乔木 $3 \sim 5$ m，花灌木 $1 \sim 2$ m，绿篱宽 $0.5 \sim 1$ m，种名、数量可在树冠上注明，如果图纸比例小，不易注明，可用编号的形式，在图纸上标明编号树种的名称、数量对照表（图 4.9）。成行树要注上每两株树的间距。

（2）大样图　对于重点树群、树丛、林缘、绿篱、花坛、花卉及专类园等，可附种植大样图，比例为 $1:100$。要将群植和丛植的各种树木位置画准，注明种类数量，用细实线画出坐标网，注明树木间距。作出立面图，以便施工参考。

植物名录

编号	植物名称	规　格	数量	编号	植物名称	规　格	数量
1	樱　花	2.5 m 高	31 株	16	圆　柏	3.1 m 高	11
2	香　樟	干径约 100 cm	26	17	七叶树	3.5 m 高	7
3	雪　松	4.0 m 高	27	18	含　笑	1.0 m 高大苗	4
4	水　杉	2.5 m 高	58	19	铺地柏		41
5	广玉兰	3.0 m 高	26	20	凤尾兰		50
6	晚　樱	2.5 m 高	11	21	毛　鹃	30 cm 高	250
7	柳　杉	2.5 m 高	12	22	杜　鹃		130
8	榉　树	3.9 m 高	12	23	迎　春		85
9	白玉兰	2.0 m 高	5	24	金丝桃		80
10	银　杏	干径＞80 cm	10	25	腊　梅		8
11	红　枫	2.0 m 高	7	26	金钟花		20
12	鹅掌楸	3.5 m 高	31	27	麻叶绣球		30
13	桂　花	2.0 m 高	15	28	大叶黄杨	60 cm 高	120
14	鸡爪槭	2.5 m 高	6	29	龙　柏	3 m 以上	16
15	国　槐	3.0 m 高	10	30	草　坪		2 514 m²

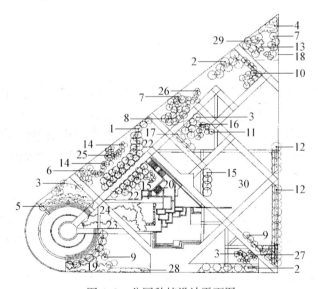

图 4.9　公园种植设计平面图

4 园林规划设计程序

5. 水景设计图

水景设计图表明水体平面位置、形状、深浅及工程做法。它包括如下内容(图 4.10)：

(1) 平面位置图　依据竖向设计和施工总平面图，画出泉、溪、河湖等水体及其附属物的平面位置。用细线画出坐标网，按水体形状画出各种水景的驳岸线、水底、山石、汀步、小桥等位置，并分段注明岸边及池底的设计标高。最后用粗线将岸边曲线画成近似折线，作为湖岸的施工线，用粗实线加深山石等。

(2) 纵、横剖面图　水体平面及高程有变化的地方都要画出剖面图。通过这些图表示出水体的驳岸、池底、山石、汀步及岸边的关系处理。

某些水景工程，还有进水口、溢水口、泄水口大样图，池底、池岸、泵房等工程做法图，水池循环管道平面图。水池管道平面图是在水池平面位置图基础上，用粗线将循环管道走向、位置画出来，并注明管径、每段长度，以及潜水泵型号，并加简短说明，确定所选管材及防护措施。

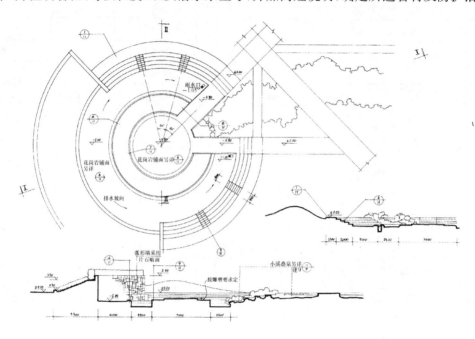

图 4.10　水景设计平面图及剖面图

6. 园林建筑及小品设计图

园林建筑设计图表现各景区园林建筑的位置及建筑本身的组合、选用的建材、尺寸、造型、高低、色彩、做法等。如一个单体建筑，必须画出建筑施工图（建筑平面位置图、建筑各层平面图、屋顶平面图、各个方向立面图、剖面图、建筑节点详图、建设说明等）、建筑结构施工图（基础平面图、楼层结构平面图、基础详图、构件详图等）、设备施工图以及庭院的活动设施工程、装饰设计。

7. 管线设计图

在管线设计的基础上，表现出上水（生活、消防、绿化、市政用水）、下水（雨水、污水）、暖气、煤气、电力、电信等各种管网的位置、规格、埋深等。管线设计图内容包括：

（1）平面图　平面图是在建筑、道路竖向与种植设计图的基础上，表示管线及各种管井的具体位置、坐标，并注明每段管的长度、管径、高程以及如何接头等。原有干管用红实线或黑细实线表示，新设计的管线及检查井则用不同符号的黑色粗实线表示。

（2）剖面图　画出各号检查井，用黑粗实线表示井内管线及阀门等交接情况。

8. 假山、雕塑等小品设计图

假山、雕塑等小品设计图必须先做出山、石等施工模型，以便施工时掌握设计意图；参照施工总平面图及竖向设计画出山石平面图、立面图、剖面图，注明高度及要求。

9. 电器设计图

在电器初步设计基础上表明园林用电设备、灯具等的位置及电缆走向等。

园林规划设计

4.3.2.2　编制预算和施工设计说明书

在施工设计中要编制预算。它是实行工程总承包的依据,是控制造价、签订合同、拨付工程款项、购买材料的依据,同时也是检查工程进度、分析工程成本的依据。

预算包括直接费用和间接费用。直接费用包括人工、材料、机械、运输等费用,计算方法与概算相同。间接费用按直接费用的百分比计算,其中包括设计费用和管理费。

最后还应写一份施工设计说明书。说明书的内容是初步设计说明书的进一步深化。说明书应写明设计的依据、设计对象的地理位置及自然条件、园林绿地设计的基本情况、各种园林工程的论证叙述、园林绿地建成后的效果分析等。

▶▶ 思考题

1. 试述园林规划设计的几个阶段及各阶段的主要内容。
2. 园林绿地设计说明书包括哪些内容?
3. 一般公园设计必须提供哪些图面材料?

5 园林组成要素的规划设计

园林绿地种类繁多,大至风景名胜区,小到庭院绿化,其功能效果各不相同,但都是由山水地形、建筑构筑物、园林植物等组成。它们相辅相成,共同构成园林景观,营造出丰富多彩的园林空间。

5.1 园林地形设计

风景园林师通常利用种种自然要素来创造和安排室外空间,以满足人们的需要,在运用这些要素进行设计时、地形是最主要也是最常用的因素之一。地形既是一个美学要素,又是一个实用要素,是所有室外活动的基础,又是其他诸要素的基底和依托,构成整个园林景观的骨架。地形布置和设计的恰当与否会直接影响到其他要素的设计。

5.1.1 地形的形式

地形是指地面上各种高低起伏的状态,如山地、丘陵、平地、洼地等。在园林范围内,规则式园林中一般表现为不同标高的台地、地坪;自然式园林中可以形成平地、土丘、斜坡等不同地貌,这类地形统称为小地形。起伏最小的地形叫微地形,它包括沙丘上的微弱起伏或波纹,或是道路上石头和石块的不同变化。

从形态的角度来看,景观是虚体和实体的一种连续的组合体。所谓实体即是指地形本身;虚体就是开阔的空间,即各实体间所形成的空旷地域。在外部环境中,实体和虚体在很大程度上是由复杂多样的地形组成的,并且这些地表类型常常同时包括平地、丘陵、山坡、山谷等。现分别讲述各种地形。

1. 平坦地形

平坦地形理论上是指任何基面在视觉上与水平面相平行的土地。而实际外部环境中,并无这种绝对水平的地形,因为地面上总有不同程度的坡度。因此"平坦地形"是那些总的看来是"水平的地面",可以有微小的坡度或轻微起伏。

2. 凸地形

凸地形的形式有土丘、丘陵、山峦以及小山峰等,包括自然的山地和人工堆山叠石所成的假山(图 5.1(a))。凸地形最好的表示方式是以环形同心的等高线布置围绕所在地面的制高点。

3. 凹面地形

凹面地形的形成有两种方式:一是地面某一区域的泥土被挖掘;二是两片凸地形并排在一

起。凹面地形是景观中的基础空间,是户外空间的基础结构,人的大多数活动都在其间占有一席之地。在凹面地形中,空间制约的程度取决于周围坡度的陡峭程度、高度以及空间的宽度。同时凹面地形是一个具有内向性和不受外界干扰的空间,它可将处于该空间中的人的注意力集中在其中心或底层(图 5.1(b))。

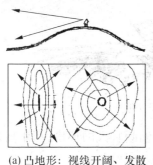

(a) 凸地形: 视线开阔、发散　　　　(b) 凹地形: 视线封闭、积聚

图 5.1　凸地形与凹地形的视线特点

5.1.2　地形的功能作用

1. 分隔空间

利用地形可以有效地、自然地划分空间,使之形成不同功能或景色特点的区域(图 5.2),而且还能获得空间大小对比的艺术效果,也可以利用许多不同的方式创造和限制外部空间。平坦和起伏平缓的地形缺乏垂直限制的因素,视觉上缺乏空间限制,给人以美的享受和轻松感。而斜坡和地面较高点则能够限制和封闭空间,还能影响一个空间的气氛,因此陡峭、崎岖的地形容易使人产生兴奋感。

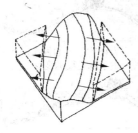

较封闭的视线　　　　开阔的视线

图 5.2　利用地形分隔空间

2. 控制视线

可以利用地形将视线导向某一特定点(图 5.3),影响可视景物和可见范围,形成连续的景观序列。还可以完全封闭通向不雅景物的视线,影响观赏者与所视景物或空间之间的高度和距离关系。

3. 影响导游路线和速度

地形可以被用在外部环境中,影响行人和车辆运行的方向、速度和节奏。在平坦的地形上,人们的步伐稳健持续,不需花费太多力气。随着坡度的增加,或更多障碍物的出现,人们就必须花费更多的力气和时间,中途的停顿休息也就逐渐增多。

4. 改善小气候

地形可以影响园林绿地某一区域的光照、温度、湿度、风速等生态因子,可用于改善小气

图 5.3 地形控制视线于一焦点

候。利用朝南的坡向,形成采光聚热的南向坡势,创造温暖宜人的环境;利用高差可阻挡冬季寒风或用来引导夏季风。

5. 美学功能

地形的起伏丰富了园林景观,还创造了不同的视线条件,形成了不同性格的空间。地形可以形成柔软、具有美感的形状,能轻易地捕捉视线,使其穿越于景观之间,还能在光照和气候的影响下产生不同的视觉效应。建筑、植物、水体等景观常常都以地形作为依托。例如,依山而建的爬山廊,能使视线在水平和垂直方向上都有变化,使得整组建筑随山形高低错落,既能形成起伏跌宕的建筑立面又能丰富视线变化,如北海濠濮涧、苏州沧浪亭的爬山廊。地形是植物景观的依托,起伏的地形可产生或加强林冠线的变化,如杭州植物园中的许多景点就是借助地形变化实现的。自然起伏的地形还有利于建造动态的水景,借助地形的高差,追求水瀑或跌水的自然气息,在意大利台地园中经常可以见到(图5.4、5.5)。

图 5.4 意大利台地园中的水台阶

(a) 地形作为植物景观的依托,地形的起伏产生了林冠线的变化

(b) 地形作为园林建筑的依托,能形成起伏跌宕的建筑立面和丰富的视线变化

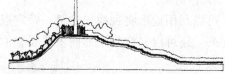

(c) 地形作为纪念性内容气氛渲染的手段

(d) 地形作为瀑布山涧等园林水景的依托

图 5.5 利用地形造景

5.1.3 地形的表现方式

5.1.3.1 等高线表示法

1. 等高线的概念

等高线是一组垂直间距相等、平行于水平面的假想面,与自然地貌相交切所得到的交线在平面上的投影(图5.6)。给这组投影线标注上数值,便可用它在图纸上表示地形的高低陡缓、峰峦位置、坡谷走向及溪池的深度等内容。

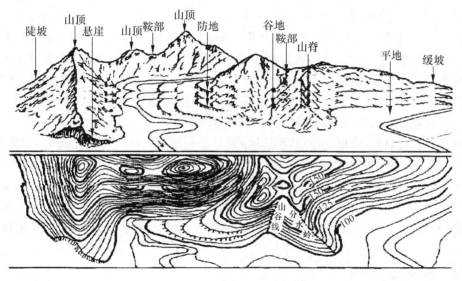

图5.6 等高线表示山地地形

等高差是指在一个已知平面上任何两条相邻等高线之间的垂直距离。等高差是一个常数,常标注在图标上。例如,一个数字为1 m的等高差,就表示在平面上的每一条等高线之间具有1 m的海拔高度变化。在一张图纸上,等高差自始至终都应保持不变,除非另有所指。

2. 等高线的性质

① 在同一条等高线上的所有点,其高程都相等;

② 每一条等高线都是闭合的。由于园界或图框的限制,在图纸上不一定每条等高线都能闭合,但实际情况它们是闭合的;

③ 等高线的水平间距的大小,表示地形的陡缓。如密则陡,疏则缓。等高线的间距相等,表示该坡面的角度相同;如果该组等高线平直,则表示该地形是平整过的同一坡度的斜坡;

④ 等高线一般不相交或重叠,只有在悬崖处等高线才可能出现相交情况。在某些垂直于地平面的峭壁、地坎或挡土墙驳岸处等高线会重合在一起;

⑤ 等高线在图纸上不能直穿横过河谷、地坎和道路等。由于以上地形单元或构筑物在高程上高出或低陷于周围地面,所以等高线在接近低于地面的河谷时转向上游延伸,而后穿越河床,再向下游走出河谷(图5.7);如遇高于地面的堤岸或路堤时等高线则转向下方,横过堤顶再转向上方而后走向另一侧。

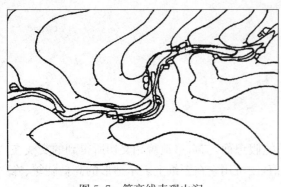

图 5.7　等高线表现山涧

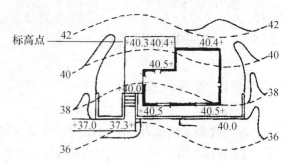

图 5.8　用标高点表示某一特定点的高程

5.1.3.2　标高点表示法

所谓标高点就是指高于或低于水平参考平面的某一特定点的高程。标高点在平面图上的标记是一个"＋"或一个圆点,并同时配有相应的数值(图 5.8)。由于标高点常位于等高线之间而不在等高线之上,因而常用小数表示(如 51.3、45.6 等)。标高点最常用在地形改造、平面图和其他工程图上,如排水平面图和基底平面图,一般用来描绘某一地点的高度,如建筑物的墙角、顶点、低点,栅栏、台阶顶部和底部以及墙体高端等。

标高点的确切高度,可根据该点所处的位置与任一边等高线距离的比例关系,使用"插入法"进行计算。其原理是,假定标高点位于一个均匀的斜坡上,并在两等高线之间以恒定的比例上下波动,标高点与相邻等高线在坡上和坡下之间的比例关系,就应与其在垂直高度的比例关系相同。例如,某标高点距 16 m 等高线 4 m,距 17 m 等高线 16 m,那么标高点便为该两条等高线总距离的 1/5,标高点的高度也应为这两条等高线之间垂直距离的 1/5,标高点就应为 16.2 m。

5.1.3.3　蓑状线表示法

蓑状线是在相邻两条等高线之间画出的与等高线垂直的短线。蓑状线是互不相连的。等高线与蓑状线的画法是:先轻轻地画出等高线,然后在等高线之间加画主蓑状线(图 5.9)。

蓑状线常用在直观性园址平面图或扫描图上,以图解的方式显示地形。用蓑状线的粗细和密度来描绘斜坡坡度,蓑状线越粗、越密则坡度越陡。此外蓑状线还可用在平面图上以产生明暗效果,从而使平面图产生更强的立体感。

5.1.3.4　模型表示法

模型法表现直观、形象、具体,但制作费工费时,投资较大。大的模型通常笨重、庞大,不利于运输和保存。如需要保存,还需要专门的放置场所。制作地形模型的材料可以是陶土、木板、软木、泡沫板、厚硬纸板或者聚苯乙烯酯。制作材料的选取,要根据模型的预想效果以及所表示的地形复杂性而定。

5.1.3.5　其他表示方法

1. 比例法

就是用坡度的水平距离与垂直高度变化之间的比率

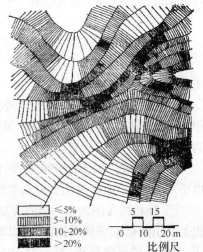

	≤5%
	5~10%
	10~20%
	>20%

图 5.9　用蓑状线表示地形

来说明斜坡的倾斜度,如 4∶1、2∶1 等。第一个数表示斜坡的水平距离,第二个数(通常将因子简化成1)代表垂直高差(图 5.10)。比例法常用于小规模园址设计上。

  2. 百分比法

  坡度的百分比通过斜坡的垂直高差除以整个斜坡的水平距离而得到。即上升高/水平走向距离＝百分比。例如一个斜坡在水平距离 50 m 内上升 10 m,则坡度百分比就应为 20%(图 5.11)。

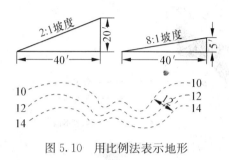

图 5.10　用比例法表示地形

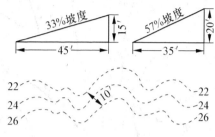

图 5.11　用百分比法表示地形

5.1.4　地形的处理与设计

5.1.4.1　地形改造

  在地形设计中首先必须考虑的是对原有地形的利用。合理安排各种坡度要求的内容,使之与基地地形条件相吻合。利用原有地形稍加改造即成园景。如利用环抱的土山或人工土丘挡风,创造向阳盆地和局部的小气候,阻挡当地常年有害风雪的侵袭。利用起伏地形,适当加大高差至超过人的视线高度,设置"障景"。以土代墙,利用地形"围而不障",以起伏连绵的土山代替景墙,形成"隔景"。

  地形设计的另一个任务就是进行地形改造,使改造的基地地形条件满足造景的需要,满足各种活动和使用的需要,并形成良好的地表自然排水类型,避免过大的地表径流。

  地形改造应与园林总体布局同时进行,对地形在整体环境中所起的作用、最终所达到的效果应做到心中有数。地形改造都是有的放矢的,并且地形的微小改造并不意味着没有大幅度改造重要。如建造平台园地或在坡地上修筑道路或建造房屋时,采用半挖半填式进行改造,可起到事半功倍的效果(图 5.12)。

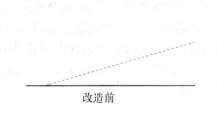

图 5.12　地形改造示例

5.1.4.2　地形、排水和坡面稳定

  在地形设计中应考虑地形与排水的关系、地形和排水对坡面稳定性的影响。地形过于平坦不利于排水,容易积涝,破坏土壤的稳定,对植物的生长、建筑和道路的基础都不利。因此应

创造一定的地形起伏,合理安排分水和汇水线,保证地形具有较好的自然排水条件,既可以及时排除雨水,又可以避免修筑过多的人工排水沟渠(图5.13)。但是地形起伏过大或坡度不大而同一坡度的坡面延伸过长时,会引起地表径流、产生坡面滑坡。因此,地形起伏应适度,坡长应适中。

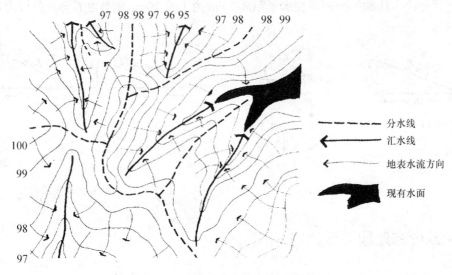

97 98 98 97 96 95   97 98   98 99

- - - 分水线
← 汇水线
← 地表水流方向
■ 现有水面

图5.13 地形自然排水情况分析

要确定需要处理和改造的坡面,需在分析和踏看原地形的基础上作出地形坡级、地形排水类型图,根据设计要求决定所采用的措施。当地形过陡、空间局促时可设挡土墙;较陡的地形可在坡顶设排水沟,在坡面上种植树木、覆盖地被物,布置一些有一定埋深的石块,若在地形谷线上,石块应交错排列等。在设计中能将地形改造与造景结合起来考虑效果更佳。如在有景可赏的地方可利用坡面设置坐憩、观望的台阶;将坡面平整后做成主题或图案的模纹花坛或树篱坛,以获得较佳的视角;也可利用挡墙做成落水或水墙等水景,挡墙的墙面应充分利用起来,精心设计成与主题有关的叙事浮雕、图案,或从视觉角度入手,利用墙面的质感、色彩和光影效果,丰富景观。

5.1.4.3 坡度

在地形设计中,地形坡度不仅关系到地表面的排水、坡面的稳定,还关系到人的活动、行走和车辆的行驶。一般而言,坡度小于1%的地形易积水,地表面不稳定,不太适合安排活动和使用的内容,但若稍加改造即可利用;坡度介于1%～5%的地形排水较理想,适合安排绝大多数的内容,特别是需要大面积平坦地的内容,如停车场、运动场等,不需要改造地形,但是,当同一坡面过长时显得较单调,易形成地表径流,而且当土壤渗透性强时排水仍存在问题;坡度介于5%～10%之间的地形仅适合于安排用地范围不大的内容,但这类地形的排水条件很好,而且具有起伏感;坡度大于10%的地形只能局部小范围地加以利用。

5.1.4.4 地形造景

地形是构成园林景观的基本骨架。建筑、植物、落水等景观常常都以地形作为依托。如北海濠濮涧一组建筑就是依山而建的,地形作为园林建筑的依托,曲尺形的爬山廊使视线在水平和垂直方向上都有变化。整体建筑随山形高低错落,丰富了立面构图(图5.14)。如果借助地形的高差建造水瀑或跌水,则具有自然感,如意大利台地园中的兰台庄园的水台阶就是利用自然起伏的地形建造的。

当地形比周围环境的地形高,则视线开阔,具有延伸性,空间呈发散状。此类地形一方面可组织成为观景之地,另一方面因地形高处的景物往往突出、明显,又可组织成为造景之地。如无锡锡惠公园的龙光塔地处锡山之巅,成为全园许多景点中入画的景物,为该园主题标志景观之一。此外,当高处的景物达到一定体量时还能产生一种控制感。如颐和园万寿山山腰上的佛香阁在广阔的昆明湖的衬托之下形成的控制感象征至高无上的封建皇权。

当地形比周围环境的地形低,则视线通常较封闭,且封闭程度决定于周围环境要素的高度,如树木的高度、建筑的高度等,空间呈积聚性,此类地形的低凹处能聚集视线,可精心布置景物,也可以利用地形本身造景。将地形做成各种几何形体或相对自然的曲面体,形成别具一格的视觉形象,与自然景观产生了鲜明的对比效果,还具有一定的使用功能。

图 5.14 以地形作为依托造景

5.1.4.5 假山

人们常把园林中人工创作的山体称为"假山"。假山具有构成风景、组织空间、丰富园林景观等功能,故平原城市常利用原有地形中挖湖的土堆山,形成新的地形形态特征,尤其在丰富景点视线方面起着重要作用。

在我国的传统造园中,假山形成了一门专门的技艺——叠山技艺。中国式的叠山是中国园林艺术民族形式和民族风格形成的重要因素。中国造园艺术的历史发展进程,可以人工造山的发展过程为代表,从秦汉时期形成的"一池三山"的山水格局,到现阶段的园林地形的改造,无不体现着我国的假山堆叠艺术。大自然中的真山有山形特征——山顶、山脊、鞍部、山谷、山麓等,而园林中可用山石堆叠构成山体的形态,有峰、峦、顶、岭、崮、岗、岩、崖、坞、谷、丘、壑、岫、洞、麓、台、栈道、磴道等。园林中的假山以原有地貌为依据,就低挖池得土可构岗阜,因势而堆掇可为独峰,可为群山。园林中堆叠的假山虽体量不大,然有石骨嶙峋,植被苍翠的特征,加之独立或散点的置石形式,使游人体会到自然山林之意趣。中国著名的假山有北京北海白塔山及静心斋的大假山、苏州环秀山庄的湖石假山、上海豫园的黄石假山、扬州个园的四季假山(图 5.15)、承德避暑山庄的月亮假山等。

1. 假山造型设计

假山造型是我国传统造园艺术中体现写意山水园的一个缩影,是与我国的传统山水画分不开的。明代造园家计成在《园冶》中对假山的掇叠技巧和艺术要求均有论述,可以归纳为六个方面:一是要有宾主;二是要有层次;三是要有起伏;四是要有来龙去脉;五是要有曲折回抱;六是要有疏密、虚实,达到"一峰则太华千寻"的境界。

假山用材可用土、石或土石相间,分为土山、石山和土石混合的山体等(图 5.16)。

(1)土山 土山可以利用园内挖出的土方堆置,投资比石山少,土山的坡度要在土壤的自然安息角(一般为 30°)以内,否则要进行工程处理,防止崩坍等现象发生,保证安全。一般由平缓的坡度逐渐变陡,故山体较高时,占地面积较大。

图 5.15　扬州个园的四季假山

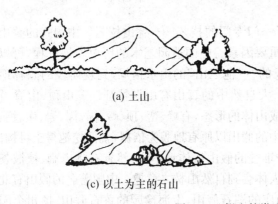

(a) 土山

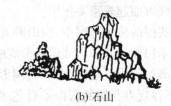

(b) 石山

(c) 以土为主的石山

(d) 以石为主的石山

图 5.16　假山的类型

（2）石山　以石料掇山，又可分为天然石山（以北方为主）和人工塑山（以南方为主）两种。

石山可形成峥嵘、明秀、玲珑、顽拙等丰富多变的山景，并且不受坡度的限制，所以山体在占地不大的情况下，亦能达到较大的高度。石山上不能多植树木，但可穴植或预留种植坑。石料可就地取材，否则投资太大。

（3）土石山　是以土石构成的山体，一般有土山掇石、石山包土及土石相间三种做法。土山掇石的山体，因基本上还是以土堆置的，所以占地也比较大，若在部分陡峭山坡使用石块挡土，使占地局部减少，又便于种植构景，故在造园中常常应用，如颐和园的万寿山、苏州沧浪亭均为土山缀石。

园林堆山所用材料应因地制宜，就近取材，节省成本。常用的石类有湖石类、黄石类、青石类、卵石类、剑石类、砂片石类等(图 5.17)。近些年,多采用人工制作的假山塑石,既节约成本,又克服了石类资源紧缺的问题,应用比较普遍。

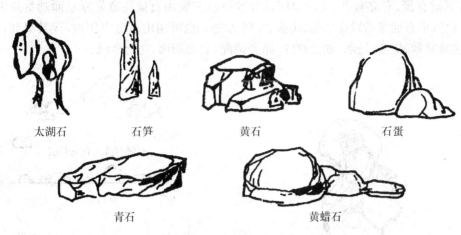

| 太湖石 | 石笋 | 黄石 | 石蛋 |

| 青石 | 黄蜡石 |

图 5.17 园林假山石种

假山在堆叠时,山石的选用要符合总体规划的要求,要与整个地形、地貌协调;在同一地域不要多种类的山石混用,要尽量做到质、色、纹、面、体、姿协调一致。整个山形要符合自然规律,要体现山石的气势,堆叠之前要设计好假山的平面图、立面图和剖面图。

2. 置石

置石是以山石为材料做独立或附属性的造景布置,主要表现山石的个体美或局部组合美。石在园林中,特别是庭园中是重要的造景要素。"园可无山,不可无石";"石配树而华,树配石而坚"。置石用料不多,体量小而分散,布置随意,且结构简单,不需完整的山形,但要求造景的目的性强,起到画龙点睛的作用,做到"片山多致,寸石生情"。

置石的形式主要有以下几种:

(1)特置山石 是指由或玲珑或奇巧或古拙的单块山石独立设置的形式。常安置于园林中做局部小景或局部构图中心,多用在入口、路旁、园路尽头等处,作对景、障景、点景之用。现存特置山石较好的有江南四大名石,即留园的冠云峰、苏州第十中学内的瑞云峰、上海豫园的玉玲珑、杭州西子湖畔竹素园的绉云峰(图 5.18)。冠云峰高耸飘逸,玉骨临风,正所谓"瘦"也;瑞云峰此通于彼,彼通于此,若有道路可行,"透"也;玉玲珑

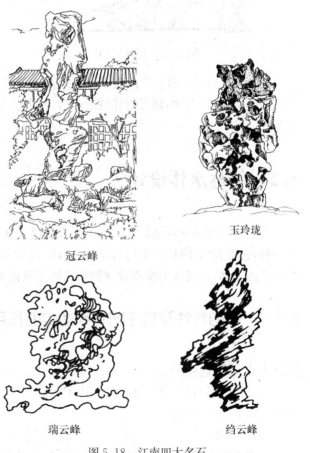

冠云峰

玉玲珑

瑞云峰

绉云峰

图 5.18 江南四大名石

四面有眼，八面玲珑，"漏"也；绉云峰孤峙无倚，纹理横斜，自然而"绉"。

（2）散置山石　即"攒三聚五"、"散漫理之"的布置形式。布局要求将大小不等的山石零星布置，有散有聚、有立有卧、主次分明、顾盼呼应，主要山石应注意显露立面观赏效果（如图5.19）。放置山石通常布置在墙前、山脚、水畔等处。也可用山石散点护坡，代替桌凳，还可用山石做建筑基础、抱角、镶隅、如意踏跺、路旁蹲配、装饰墙面、花台地缘。

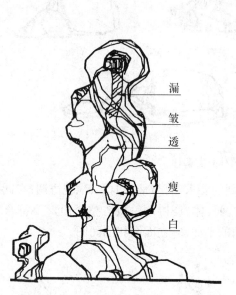

图5.19　太湖石立峰

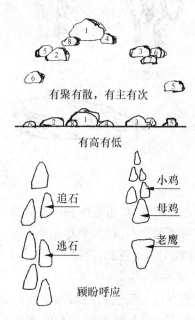

图5.20　置石组合群体效果

（3）群置山石　指几块山石成组地摆在一起，作为一个群体来表现（图5.20）。群置山石要有主有从、主从分明，搭配时体现三不等原则：大小、高低、距离不等，配置方式有墩配、剑配、卧配等。

5.2　园林水体设计

水是风景园林和环境设计的另一自然设计因素，可能是所有景观设计元素中最具吸引力的一种，它极具可塑性，并有可静止、可活动、可发声，可映射周围景物等特性，所以可单独作为艺术品的主体，也可以与建筑物、雕塑、植物或其他素材组合，创造出独具风格的景观。

5.2.1　水的特性及其在园林绿地中的作用

5.2.1.1　水的特性

水具有许多自然特性，这些特性用于风景园林设计中，影响着设计的目的和方法。归纳起来水有以下一些特性：

1. 可塑性

水的常态是液体，本身没有固定的形状，水形是由容器的形状所决定的。同体积的水有无穷的、不同的变化特征,取决于容器的大小、色彩、质地和位置。在此意义上,设计一定形状的水体实际上是设计容器的类型,这样才能得到所需要的水体形象。

由于水是高塑性的液体,其外貌形状也受到重力的影响。由于重力作用,高处的水会向低处流,形成动态的水;潺潺流动,逗人喜爱;波光晶莹,令人欢快;喷涌的水因混入空气而呈现白沫,如喷泉的水柱就富含泡沫,喷射变化的水花令人激动;瀑布轰鸣,使人兴奋和激昂。而静止的水也由于重力,能保持平衡稳定,一平如镜,宁静而安详,并能形象地反映周围的景物,给人以轻松、温和的享受。从这个意义上讲,水的设计是情绪和趣味的设计。

2. 透明性

水本身无色,但水流经水坡、水台级或水墙的表面时,这些构筑物饰面材料的颜色会随着水层的厚度而变化。所以,水池的池底若用色彩鲜明的铺面材料做成图案,将会产生很好的视觉效果。

3. 成像性

平静的水面像一面镜子具有一定的倒影能力,水面会呈现出环境的形态和色彩。倒影的能力与水深、水底和壁岸的颜色深浅有关。因此,在设计水坡或水墙时,可用深色的饰面材料增加倒影的效果。当水面被微风吹拂,泛起涟漪时,便失去了清晰的倒影,景物的成像形状碎折,色彩斑驳,好似一幅优美的油画。

4. 发声性

运动着的水,无论是流动、跌落还是撞击,都会发出声响。依照水的流量和形式,可以创造出多种多样的音响效果,来完善和增加室外空间的观赏特性。而且水声也能直接影响人们的情绪,或使人平静温和,或使人激动兴奋。无锡寄畅园的八音洞就是基于水的这个特性而创作的著名景点,在黄石堆砌而成的假山间做成山洞,引惠山泉水入园,水流婉转跌落,泉声聒耳,空谷回响,如八音齐奏,称八音洞(图5.21)。

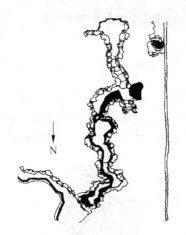

图5.21 无锡寄畅园八音洞

总之,水对人有不可否认的吸引力。园林设计时,除把握住地点、时间与手法之外,如能巧于理水,将使设计更加引人入胜。

5.2.1.2 水在园林绿地中的作用

水体能使园林产生很多生动活泼的景观,形成开朗的空间和透景线,山得水而活,树木得水而茂,亭榭得水而媚,空间得水而开阔。在园林中,水体除了造景以外,还可以增大空气湿度,调节气温,吸尘等,甚至可以开展各种水上运动。

1. 提供消耗

水可供人和动物消耗,灌溉园林绿地。某些运动场地、野营地、公园等因素中都存在着消耗水的因素,所以水源、水的运输方法和手段对于水的使用价值,成为设计决策的关键。

2. 调控气候

大面积的水域能影响周围环境的空气温度和湿度。在夏季,由水面吹来的微风具有凉爽作用;在冬天,水面的热风能保持附近地区的温度。这就使在同一地区有水面与无水面的地方有着不同的温差。例如在大面积的湖区,1月份的平均温度提高大约5℃;相反,7月份可降低3℃。较小水面有着同样的效果。水面上水的蒸发,使水面附近的空气温度降低,所以无论是池塘、河流或喷泉,附近空气的温度一定比无水的地方低,而空气湿度增加。

3. 控制噪音

水能使室外空间减弱噪音,特别是在城市中有较多的汽车、人群和工厂的嘈杂声,可经常用水来隔离噪音。利用瀑布或流水的声响来减少噪音干扰,造成一个相对宁静的气氛(图5.22)。静坐在海边、湖畔、河流和溪旁,能使人心绪平静安详,不论是浪涛拍岸的节奏和小溪的潺潺流水声,都能安抚情绪,使人心平气和。

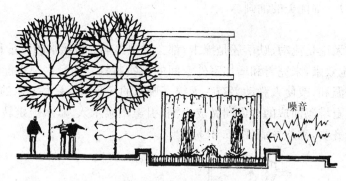

图 5.22　水可以降低噪音

4. 水的美学观赏功能

水除了以上使用功能外,还有许多美化环境的作用。大面积的水面,能以其宏伟的气势,影响人们的视线,并能将周围的景色进行统一协调,如北京北海公园的水面对琼华岛起着基底作用,使岛有被水面托浮之感(图5.23)。而小水面则以其优美的形态和美妙的声音,给人以

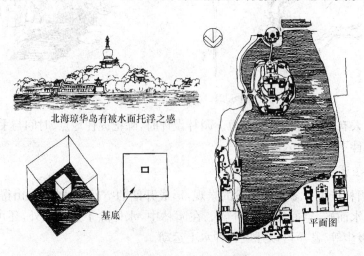

北海琼华岛有被水面托浮之感

基底

平面图

图 5.23　水的基底作用

园林规划设计

视觉和听觉上的享受(如图 5.24)。

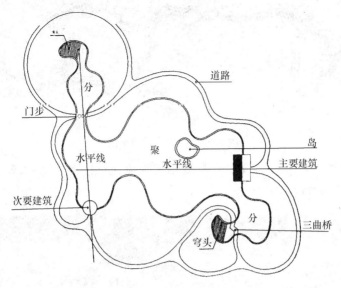

图 5.24　小水面多变的形态

5. 提供娱乐条件

在景观中,水的另一作用是提供娱乐条件,可作为游泳、钓鱼、赛艇、滑水和溜冰的场所。

5.2.2　园林水体的形态与类型

1. 水体的形态

水景大体上分为静态水景和动态水景两大类。静态水景如湖、池、沼、潭、水景等,它能映射出倒影,给人以明清、恬静、开朗或幽深的感受。动态水景如瀑布、喷泉、溪流、涌泉等,给人以变幻多彩、明快、轻松之感,形态丰富,并具有听觉美,声形兼备,可以缓冲、软化城市中"凝固的建筑物"和硬质铺装,以增加城市环境的生机,有益于身心健康,并能满足视觉艺术的需要。

2. 水体的类型

园林中的水景,多为就天然水体略加人工改造或就低掘池而形成的。水景的形式相当丰富,按水体的形式可分为自然式水体和规则式水体。

(1)自然式水体　如河、湖、溪、涧、泉、瀑等,这类水体在园林中多随地形而变化,有聚有散,有曲有直,有高有下,有动有静(图 5.25,5.26)。

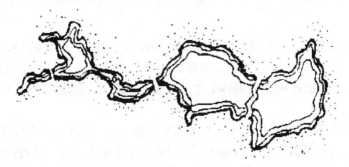

图 5.25　苏州怡园的水面

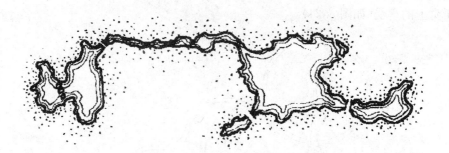

图 5.26　南京瞻园的水面

（2）规则式水体　如运河、水渠、方潭、规则式水池、喷泉、水井、叠水等，常与雕塑，山石、花坛等组合成景（图 5.27）。

图 5.27　法国园林的规则水面

5.2.3　园林水景的设计

水体有大小、主次之分，规划设计时应做到创造出大湖面、小水池、沼、潭、港、湾、滩、渚、溪等不同的水体形式，并构成完整的体系。

水有平静的、流动的、跌落的和喷涌的四种基本形式，反映了水从源头（喷涌状）到过渡的形式（流动状或跌落状）、到终结运动（平静状）的一般趋势。在水景设计中也可利用这种运动过程创造水景系列。在水景创作中往往不止使用一种，可以一种形式为主，其他形式为辅；或以几种形式相结合的办法来实现。以下分述园林中常见的水景形式。

5.2.3.1　湖

风景园林中的静态湖面多设置堤、岛、桥、洲等，目的是划分水面，增加水面的层次与景深，扩大空间感，或者是为了增添园林的景致与趣味。城市中的大小园林也多采用划分水面的手法，且多运用自然式，只有在极小的园林中才采用规则几何式，如建筑厅堂的小水池或寺观中的放生池等。

在我国古典园林和现代园林中，湖常作为园林构图中心，如北京的颐和园，苏州的网师园、留园，上海的长风公园等，都设有中心湖水，其周围设有园林建筑等。这种园林布局艺术手法可较好地组织园内的景点，互为对景，产生小中见大的园林艺术妙趣（图 5.28）。

湖的水岸曲折起伏,沿岸因境设景。湖除了具有一定的水型外,还需有相应的岸型规划设计,协调的岸型可更好地表现水景在园林中的作用和特色。园林中的岸型多以模拟自然取胜,包括洲、岛、堤、矶、岸等形式,不同水型,应采取不同的岸型。

5.2.3.2 岛

水中设岛可划分和丰富水域空间,增加景观层次的变化,并与水平的水面产生竖向上的对比,打破水面的单调感,同时起到障景作用。从水岸观岛,岛是水中的一个景点;在岛上远眺四周开朗的园林空间,它又是一个绝好的观赏点。可见水中设岛也是增添园林景观的一个重要手段。设计时应注意驳岸护坡的处理,以保证安全。

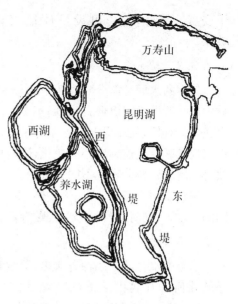

图 5.28 颐和园的湖山及长堤

水中设岛的类型很多,主要有山岛、平岛、半岛等。

1. 山岛

山岛突出水面,有土山岛和石山岛之分。石山岛较土山岛高出水面许多,可形成险峻之势;土山岛上可广植树木。山岛上可点缀建筑,配以植物,它们常成为园林中的主景。

2. 平岛

平岛地形低缓,岸线漫曲,水陆之间非常接近,给人以亲近之感。平岛景观多以植物和建筑表现,岛上种植耐水湿的植物,临水点缀建筑,水边还可配置芦苇之类的水生植物,形成生动的自然景色(图 5.29)。

图 5.29 水中作岛配置以水生植物别有情趣

3. 半岛

半岛一面接陆地,三面临水,地形高低起伏,是山水相依、相接较为自然的形式。岛上可设置石矶,以供眺望远景;也可设亭,供观景、点景之用。

岛的设计切忌居中、整形,应居于水面偏侧,否则显得较呆板。岛的数量不宜过多,以少而精为原则,其形状不宜雷同,且岛的面积要与水面相协调,宁小勿大,岛小便于安置。另外，岛中可设量体量相宜的点景建筑、植物、山石，取得小中见大的艺术效果。

5.2.3.3 堤

较大的水面常需分隔成两个或若干个不同意境的水域空间，一般用堤的形式来分隔。园林中堤一般做成直堤形式，曲堤不多见。为便于形成各个水区的通道及丰富堤的立面造型，堤上还常设有桥，并在堤上配置园林植物，在园林构图上形成水平与垂直方向上的起伏对比，使得水堤景观产生连续韵律的变化，同时也增加了不同的水域空间的分隔效果。如杭州的西湖就是以堤、岛、桥分隔成不同景区的。

堤在水面上布局，宜偏于一侧，不宜居中，以便将水面分隔成大小不一、主次分明、景观不同的小水区，同时堤身设计应较贴近水面，以使游人与水面有亲近之感。

5.2.3.4 池

水景中水池的形态种类众多，深浅和池壁、池底材料也各不相同。按其形态可分为规则严谨的几何式和自由活泼的自然式；另外还有浅盆式（水深≤600 mm）与深水式（水深≥1 000 mm）；还有运用节奏韵律的错位式、半岛式与岛式、错落式、池中池、多边形组合式、圆形组合式等等；更有在池底或池壁运用嵌画、隐雕、水下彩灯等手法，使水景在工程配合下，在白天和夜间得到奇妙的景象。

池的位置可结合建筑、道路、广场、平台、花坛、雕塑、假山石、起伏的地形及平地等布置。池可以作为景区局部构图中心的主景或副景，还可以结合地面排水系统，成为积水池。自然式水池在园林中常依地形而建，是扩展空间的良好办法。

5.2.3.5 溪涧

溪流是自然山涧中的一种水流形式，泉水由山上断口处集水而下，至平地时流淌而前，形成溪涧水景，溪浅而阔，涧狭而深。在园林中，小溪两岸砌石嶙峋，溪水中疏密有致地置大小石块，水流激石，涓涓而流，在两岸土石之间，栽植一些耐水湿的蔓木和花草，可构成极具自然野趣的溪流（如图5.30）。

在狭长形的园林用地中，一般采用溪流的理水方式比较合适。在平面设计上，应蜿蜒曲折，有分有合，有收有放，构成大小不同的水面或宽窄各异的水流；在竖向设计上，应随地形变化，形成跌水或瀑布，落水处还可构成深潭幽谷。

5.2.3.6 瀑布、跌水、落水

瀑布是根据水势高差形成的一种优美的动态水景观，一般瀑布可分为挂瀑、帘瀑、叠瀑、飞瀑等形式。最基本的瀑布由五个部分构成：上游水流、落水口、瀑身、受水潭、下游泄水。落水可分直落、分落、断落、滑落等。

图 5.30　溪涧示意图

园林规划设计

天然的大瀑布气势磅礴，艺术感染力强，如贵州的黄果树大瀑布、庐山香炉峰大瀑布等。园林中，在经济条件和地貌条件许可的情况下，可以结合假山创造人工小瀑布，以模拟自然界中壮观的瀑布意境（图5.31），一般主要欣赏瀑身的景色。瀑布景观前应留有一定的观赏视距，其旁的植物配置起着点缀烘托瀑布的作用，而不应喧宾夺主。

5.2.3.7 泉

泉是地下水的自然露出，因水温不同而分冷泉和温泉，又因表现形态不同而分为喷泉、涌泉、溢泉、间歇泉等。

喷泉又叫喷水，是理水的重要手法之一，常用于城市广场、公园、公共建筑（宾馆、商业中心等），或作为建筑、园林的小品，广泛应用于室内外空间。它常与水池、雕塑同时设计，结合为一体，起装饰和点缀园景的作用。喷

图 5.31　广州白天鹅宾馆故乡水

泉在现代园林中应用非常广泛，常为局部构图中心，其形式有涌泉形、直射形、雪松形、牵牛花形、扶桑花形、蒲公英形、雕塑形等（图5.32）。另外，喷泉又可分为一般喷泉、时控喷泉、声控喷泉、灯光喷泉等。

图 5.32　混气式喷泉富含泡沫

选择喷泉的位置及布置喷水池周围的环境，首先要考虑喷泉的主题、形式与环境相协调，把喷泉和环境统一考虑，用环境渲染和烘托喷泉，以达到装饰环境的目的，或借助喷泉的艺术联想创造意境。在一般情况下，喷泉的位置多设于建筑、广场的轴线焦点或端点处，也可根据环境特点作一些喷泉小景。

5.3　园林植物种植设计

植物是园林中有生命的要素,种类繁多、造型丰富,加上春花秋实等季相变化,使得园林更能充满生机,也为人类在园林中的活动带来自然而舒适的感受。而植物这一有生命的设计要素有着与其他园林要素不一样的特征,进行植物造景时既要考虑植物本身生长发育的特点,又要考虑植物对生物环境的营造,同时也要满足功能需要,符合审美及视觉观赏原则,既要讲究科学性又要讲究艺术性。

5.3.1　园林植物的作用

5.3.1.1　园林植物的生态作用

1. 改善空气质量

(1) 吸收 CO_2 放出 O_2　园林植物通过光合作用,吸收空气中的 CO_2,在合成自身需要的有机营养的同时释放 O_2,维持城市空气的碳氧平衡。

(2) 分泌杀菌素　许多园林植物可以释放杀菌素,如丁香酚、松脂、核桃醌等。绿地空气中的细菌含量明显低于非绿地,对于维持洁净卫生的城市空气,具有积极的意义。

(3) 吸收有害气体　园林植物可以吸收空气中的 SO_2、Cl_2、HF 等有毒气体,并且可以将这些物质吸收降解或富集于体内,从而减少空气中有害物质的含量,对于维持洁净的生存环境具有重要作用。

(4) 阻滞尘埃　园林植物具有粗糙的叶面和小枝,许多植物的表面还有绒毛或黏液,能吸附和滞留大量的粉尘颗粒。降雨可以冲刷掉吸附在叶片上的粉尘,使植物恢复滞尘能力。另一方面,园林植物绿地充分覆盖地面,可以有效地防止扬尘。

2. 调节空气温度与湿度

园林植物的树冠可以反射部分太阳辐射热,而且通过蒸腾作用吸收空气中的大量热能,降低环境的温度,同时释放大量的水分,增加空气湿度。园林植物的树冠在冬季反射部分地面辐射,减少绿地内部热量的散失,又可降低风速,使冬季绿地的温度比没有绿化地面的温度高。

3. 其他作用

园林植物保护环境的其他作用还有:

① 涵养水源,保持水土;

② 防风固沙;

③ 其他防护作用:如防火、防震、防雪等。

5.3.1.2　园林植物美化环境的作用

园林植物种类繁多,姿态各异,有独特的形态美、色彩美,并随时间和生长阶段的变化而变化,产生极好的季相变化,表现出园林植物特有的景观艺术效果(图5.33)。

园林植物的花是最重要的观赏部位,不同的花型、花色、花香,是园林植物最吸引人的观赏特性。各类园林植物的叶型、叶色也千变万化。许多园林植物的果实也极富观赏价值,或者形态奇特,或者果型巨大,或者色彩鲜艳,或者丰硕繁盛。此外有些植物的芽、树皮或其他的附属物也具有很高的观赏价值。

园林植物还具有丰富的象征美、意境美。如松之坚贞，竹之虚心，梅之坚韧，牡丹之富丽等，都给人以极高的艺术享受。

图 5.33　园林植物独特的形态美

5.3.1.3　园林植物经济生产的作用

园林植物在发挥美化环境和环保环境作用的前提下，还可在通过合理的配植和利用，积极地发挥经济价值。园林植物的经济作用主要有生产植物产品、花木生产、旅游开发等。

5.3.2　园林植物配置的基本原则

园林植物的种植设计，应满足园林绿地的性质和功能要求、艺术构图的规律、植物的特性和环境条件，并且使其有机地结合。

5.3.2.1　符合园林绿地的性质和功能要求

园林绿地的功能很多，但就某一绿地而言，有其最主要的功能。如街道绿化的首要功能是庇荫，在解决庇荫的同时，必须考虑到组织交通的作用。综合性公园，需要有大活动面积的草坪、庇荫的乔木、色彩纷繁的成片灌木、安静休息的树林等，以发挥公园的多种功能。

5.3.2.2　符合园林艺术构图的要求

1. 在总体艺术布局上要协调

规则式园林和自然式园林中，植物设计有所不同，前者多采用对植、列植的种植方法，后者却常运用自然式的植物配置。

2. 充分利用植物季相的变化

植物在一年四季的生长过程中，叶、花、果的形状和色彩随季节而变化，在开花、结果、叶色转变时，具有较高的观赏价值，植物的配置要充分利用植物的季相特色。设计时可选用植物分区配置以突出某一季节的植物景观，如春花、夏荫、秋实、冬绿等。在主要景区，应四季皆有景可赏；在以一个季节景观为主的区域，亦应考虑以不同观赏期的树木混合配置，以及通过增加常绿树和草本花卉等方法来延长观赏期,以避免季相不明显时期的偏枯现象。

3. 充分发挥园林植物的观赏特性

人们对于植物景观的欣赏是多方面的,所以应充分利用不同植物的景观特色,体现其观赏价值。如观叶型的银杏、鹅掌楸、七叶树,观树形的龙柏、雪松、垂柳;春赏其色的桃花、白玉兰、樱花;秋闻其香的桂花;松林可听其"松涛",而芭蕉可细品"雨打芭蕉"之神韵等(图5.34)。

4. 设计要着眼于总体

在平面上应讲究植物的林缘线,竖向上要注意其林冠线的变化。植物配置要处理好远近观赏的质量,远观整体艺术效果,近赏单株植物的树型、花、叶等姿态。若为风景林,应注意到林间植物的层次变化及风景透视线的组织等。园林植物的种植设计自始至终要与建筑、山石、水体等造园素材及周围环境相协调统一。

图 5.34　拙政园听雨轩配置的芭蕉

5.3.2.3　符合植物的习性和立地条件

不同的园林植物有不同的生物习性和生态习性,植物生长的立地条件复杂多变,植物的选择和配置要适地适树。如城市干道行道树要选择枝干平展、主干高的树种,以发挥遮荫的效果,同时要考虑到美观、易成活、生长快、耐修剪、耐烟尘等方面的要求。

植物种植设计中还应注意种植密度和合理搭配的问题。种植设计是根据成年树木的冠幅来确定种植距离,若要取得短期绿化效果,种植距离可适当近些。植物的配置,要根据不同的目的和具体条件考虑常绿与落叶树,速生与慢生树,乔木与灌木,木本、草本花卉与草坪地被之间的比例搭配。

5.3.3　园林植物种植设计的方法和要求

5.3.3.1　园林花卉的种植设计

1. 花坛

(1) 花坛的含义　花坛是指在具有一定几何形轮廓的植床内,种植各种不同色彩的园林观赏植物,构成有鲜明色彩、纹样华丽的图案。花坛表现的是植物的群体美,有很强的装饰性和观赏性,在园林构图中,常作为主景或配景之用。

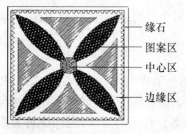

图 5.35　独立花坛的一般组成

缘石
图案区
中心区
边缘区

(2) 花坛的类型　根据花坛的组合,可以分为独立花坛、带状花坛、花坛群、立体花坛等。

① 独立花坛。独立花坛即单体花坛。在园林构图中,作为局部的主体而存在,常布置在建筑广场的中心、公园出入口、道路的交叉口等处。独立花坛的平面构成总是对称的几何形状,单面对称或多面对称,长短轴的比例小于3(图5.35)。花坛内没有道路,故面积不宜过大,否则远处的花卉

园林规划设计

显得模糊,减弱了观赏效果。独立花坛可布置在平地或斜坡上,根据表现主题和植物材料的不同。独立花坛常又分为花丛花坛、模纹花坛和混合花坛。

花丛花坛 主要由观赏草本植物组成,表现盛花时群体的色彩美,图案一般较简单。花丛花坛常应用球根花卉及一二年生花卉,植物种类不限为一种,但花期一致。应选择高矮一致、花期长、开花繁茂、盛花期几乎见花不见叶的植物为宜。

模纹花坛 主要是采用多种低矮的观叶植物或花叶兼美的植物组成,表现群体组成的精美图案或装饰纹样(如图5.36)。模纹花坛的色彩设计应服从于图案,用植物色彩突出纹样,使之清晰而精美。模纹花坛的观赏期一般较长,通常需要通过修剪来保持图案纹样。常见的有毛毡花坛、浮雕花坛、彩结花坛等。

图5.36 模纹花坛

混合花坛 是花丛花坛和模纹花坛的组合,兼有华丽的色彩和精美的图案。

② 花坛群。花坛群是指由多个相同或不同形式的单体花坛组成的,是一个不可分割的园林构图整体(图5.37)。花坛群的布局为规则对称的,构图中心可以是独立花坛,也可以是其他园林景观小品,如水池、喷泉、纪念碑、园林雕塑等。个体花坛间的组合有一定的规则,表现为单面对称和多面对称,各单体花坛之间要求整体统一。个体花坛间为草坪或铺装地,在较大规模的铺装花坛群内,还可以设置坐凳、花架等供游人休息之用。花坛群常布置在面积较大的建筑广场中心、大型公共建筑前或作为规则式园林的构图中心。

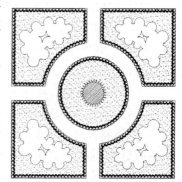

图5.37 花坛群

③ 带状花坛。带状花坛是指宽度在1 m以上、长宽比例大于3倍的长形花坛,在连续的园林景观构图中,作为主体或作为配景(图5.38)。带状花坛常布置在道路两侧,建筑物墙基、广场、草坪、水体的边缘等处。

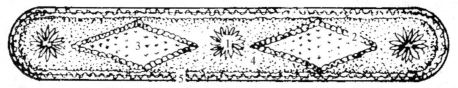

1. 凤尾兰 2. 早菊 3. 鸡冠花 4. 一串红 5. 葱兰

图5.38 带状花坛

④ 立体花坛。花坛通常布置在平面上,表现花卉的色彩美或图案美。现代园林中,花坛的布置出现了立体形式。立体花坛除具有平面上的表现功能外,在立面的造型层次上增加了

新的观赏内容,拓宽了花坛的观赏角度与范围,丰富了园林景观(如图5.39)。常见的立体花坛有多种形式,如日晷、时钟、饰瓶、动物、仿建筑等。

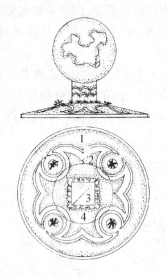

1.五色草 2.草花 3.底座 4.地球仪

图5.39 立体花坛

(3)花坛的设计要点

① 与环境协调统一。花坛的大小、外形及类型的选择均与四周环境有关系。花坛与环境在空间构图、色彩、质地等方面均可产生对比和协调的关系。如花坛的平面设计应与环境(如广场的平面构成)相一致,在此基础上,局部处理可灵活一些,以求变化,从而使艺术构图更显得活泼。在面积上,花坛与环境也应保持良好的比例关系。在景观构图中,处理好主景和配景的主从关系。花坛在环境中作为主景时,设计可复杂一些,使花坛表现出丰富的景观效果;作为配景时,色彩纹样等设计应以衬托出主景的效果为原则,不可喧宾夺主。

② 合理选择植物。花坛主要表现色彩美,植物选择应采用一二年生草本花卉,也可采用少量球根花卉,并且要求这些花卉开花繁茂,花期长而一致,高矮整齐等。模纹花坛以表现图案美为主,植物宜选择生长缓慢的多年生观叶草本植物,也可应用生长缓慢的木本植物,要求选择株型低矮、萌蘖性强、枝叶细密、耐修剪的植物。

③ 花坛植床的设计。花坛以平面观赏为主,为使观赏纹样清晰不变形,面积不宜过大,一般直径在10 m以下,面积过大时应用道路或草坪分割为花坛群。设在广场的花坛,面积不宜大于广场面积的1/3,也不宜小于1/10。

为突出花坛的主体及轮廓变化,可花坛植床适当抬高。为了排水和观赏的需要,一般将花坛中央隆起,逐渐向四周降低,形成一定的坡度。

植床边缘常用缘石围护,使花坛有一个清晰的轮廓,也可起到防止水土流失的作用。围护材料可用砖、卵石、大理石、花岗岩等。围护的宽度可控制在10～30 cm、高度在10～15 cm的范围内。缘石在花坛中属从属地位,应朴素简洁。

④ 色彩设计。花坛色彩搭配需注意以下几个问题:一个花坛配色不宜太多;色彩搭配时注意对人的视觉及心理的影响;花坛的色彩要和它的作用结合考虑;花卉色彩不同于调色板上的色彩,不能随心所欲。

对比色应用:如堇紫色+浅黄色(堇紫色三色堇+黄色三色堇、藿香蓟+黄早菊、荷兰菊+黄早菊+紫鸡冠+黄早菊)、橙色+蓝紫色(金盏菊+雏菊、金盏菊+三色堇)、绿色+红色(扫

园林规划设计

112

帚草＋星红鸡冠)等。

暖色调应用:如红＋黄或红＋白＋黄(黄早菊＋白早菊＋一串红或一品红、金盏菊或黄三色堇＋白雏菊或白色三色堇＋红色美女樱)。

同色调应用:如白色建筑前用纯红色的花,或由单纯红色、黄色或紫红色单色花组成的花坛组。

模纹花坛用植物色彩突出纹样,如选用五色草中红色的小叶红或紫褐色黑草与绿色的绿草描出各种花纹。为使花纹更清晰还可以用白绿色的白草种在两种不同色草的界限上,突出纹样的轮廓。

(4) 花坛设计图的绘制

① 环境总平面图(图5.40)。应标出花坛所在环境的道路、建筑边界线、广场及绿地等,并绘出花坛平面轮廓。依面积大小有别,通常可选用1:500或1:1 000的比例。

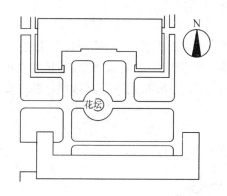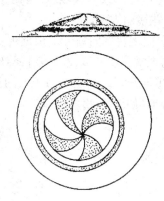

图5.40　花坛设计示意图

② 花坛平面图。应表明花坛的图案纹样及所用植物材料。如果用水彩或水粉表现,则按所设计的花色上色,或用写意手法渲染。绘出花坛的图案后,用阿拉伯数字或符号在图上依纹样使用的花卉,从花坛内部向外依次编号,并与图旁的植物材料表相对应,表内项目包括花卉的中文名、拉丁学名、株高、花色、花期、用花量等。若花坛用花随季节变化需要换,也应在平面图及材料表中予以绘制或说明。

③ 花坛立面图。用来展示及说明花坛的立面景观效果。花坛中某些局部,如造型物等细部必要时需绘出立面放大图,其比例及尺寸应准确,为制作及施工提供可靠数据。立体阶式花坛还可给出阶梯架的侧剖面图。

④ 设计说明书

简述花坛的主题、构思,并说明设计图中难以表现的内容,文字宜简练,也可附在花坛设计图纸内。如说明对植物材料的要求,包括育苗计划、用苗量的计算、育苗方法、起苗、运苗及定植要求,以及花坛建立后的一些养护管理要求等。

2. 花境设计

(1) 花境的含义　花境是模拟自然界中林地边缘地带多种野生花卉交错生长的状态,并运用艺术手法设计的花卉应用形式。花境的原意是指沿着花园的边界或路缘种植花卉,也有花径之意,是园林中一种半自然式的植物种植方式,作为从规则式构图到自然式构图的一种过渡。

花境主要表现园林观赏植物本身所特有的自然美,以及观赏植物自然组合的群体美。花境的平面构成与带状花坛相似,长轴长,短轴较短,是沿着长轴方向演进的连续景观构图(图

5.41）。种植床两边是平行的直线或几何曲线，种植床应高出地面，且产生小坡度，以利排水。

植物的选择主要是以花期较长的多年生花卉及观花灌木为主，植物栽植后，一般3～5年内不加更换，且应有丰富的季相变化。

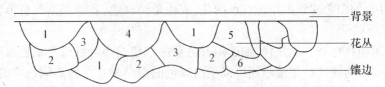

图5.41　花境平面组成

花境的植物配置是自然混交的，背景和镶边植物为规则式，内部的植物种植为自然式的块状混交。背景宜为修剪整齐的常绿绿篱，也可为装饰性的围墙或格子篱；镶边植物可为多年生草本、常绿矮灌木或草坪，最好是花、叶兼美的植物。

（2）花境的类型

① 根据观赏方向划分。根据观赏部位可以划分为单面观赏花境、两面观赏花境。

单面观赏花境　以建筑或绿篱作为背景，植物配置形成一个斜面，低矮的植物在前，高的在后，供单面观赏。高度可高于人的视线，但不宜过高。一般布置在道路两侧、建筑墙基或草坪四周等地（如图5.42）。

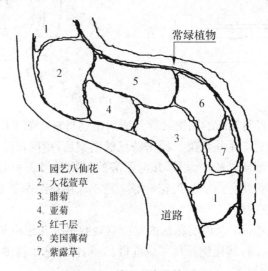

1. 园艺八仙花
2. 大花萱草
3. 腊菊
4. 亚菊
5. 红千层
6. 美国薄荷
7. 紫露草

图5.42　单面观赏花境平面

两面观赏花境　没有背景，植物的配置为中央高、两边低，可供游人从两面观赏。中央的花卉高度不宜超过人的视线。通常布置在道路、广场、草地中央等地。

② 根据植物材料划分。根据植物材料可划分为专类植物花境、宿根花卉花境、混合式花境。

专类植物花境　由同一属不同种类或同一种不同品种的植物为主要种植材料的花境。

宿根花卉花境　花境全部由可露地过冬的宿根花卉组成。

混合式花境　花境种植材料以耐寒的宿根花卉为主，配置少量的花灌木、球根花卉或一二年生花卉。

（3）花境的布置

① 布置在墙基边缘。建筑物的墙面与地面形成直角，缺少过渡，与人的视觉感受对比过

于强烈。将花境布置在墙基与道路之间的空地上,使之对比得以缓和,从而使建筑物与环境取得协调的效果。这种花境应采用单面观赏花境,以建筑物墙面作背景,植物色彩的选择应与墙面色彩相协调。

② 布置在道路中央或两侧。布置在道路中央的花境,应是两面观赏的花境,道路两侧可配置简单的草地和行道树或绿篱和行道树。布置在道路两侧的花境,应是单面观赏花境,并使两列花境动势向中轴线集中,成为完整的园林构图,其背景为绿篱和行道树。

③ 花境与绿篱结合布置。规则式园林中,常应用修剪的绿篱或树墙,景观略显单调。在绿篱前方布置单面观赏花境,可弥补绿篱的单调。花境以绿篱为背景,绿篱以花境为点缀,两者相得益彰。在花境前可设置园路通过,供游人欣赏景观。

④ 花境与花架、游廊结合布置。花境是连续的景观构图,可满足游人动态观赏的要求,沿着花架、游廊布置花境,可提高园林景观效果。可在花境前布置园路,使花架、游廊内的游人和园路上的游人同时观赏。

⑤ 布置在围墙、挡土墙前。园林中的围墙和挡土墙距离较长,立面显得单一或不美观,可用

5.43 花境装饰挡土墙景观图

植物进行装饰。在前面布置单面观赏花境,可丰富围墙、挡土墙的立面景观(图5.43)。

(4) 花境的设计要点

① 植床设计。花境的大小取决于环境空间的大小。花境的长度视需要而定,过长者可分段栽植。宽度不宜过大或过小,过窄难以表现植物群体美,过宽则超过视觉范围而造成浪费,也不便于养护管理。一般单面观赏花境宽度4～5 m为宜,双面观赏花境宽度4～8 m为宜。花境的种植床也应高出地面,中央高出地面7～10 cm,以利排水。花境的边缘,高床可用石块、瓦片、砖块、木条等垒筑而成;平床可用低矮植物镶边,外缘为道路、草坪。花境对朝向的要求是光照均匀,应根据光照条件来选择植物。

② 背景设计。花境的背景依实际场所不同而不同,理想的背景是树墙或高篱,也可以是建筑物、围墙、栅栏、树丛篱等。

③ 种植设计。花境植物应选择可以露地过冬、养护简单的宿根花卉为主,兼顾小灌木、球根花卉和一二年生花卉。花境植物应有较高的观赏价值,花色花型丰富,最好能花叶兼美。花卉要求有较长的花期,并且花期交错。

花境的平面设计采用不同植物块状混植,花丛大小无定式,主花丛可重复出现。花境立面应充分利用植物的株形、花型、质地等。季相变化是花境的特征之一,利用植物的花期、花色、叶色创造季相变化,理想的花境应四季可赏,寒冷地区三季有景可观。

植物配置的色彩设计可以是单色系设计、类似色设计、补色设计或多色设计。

(5) 花境设计图的绘制

① 花境位置图。用平面图表示,标出花境周围环境,如建筑物、道路、草坪及花境所在位置。依环境大小可选用1∶100～1∶500的比例绘制。

②花境平面图。绘出花境边缘线、背景和内部种植区域，以流畅曲线表示，避免出现死角，以求接近栽种植物后的自然状态。在种植区编号或直接注明植物，编号后需附植物材料表，包括植物名称、株高、花期、花色等。可选用1∶50～1∶100的比例绘制。

③花境立面图。可以一季景观为例绘制，也可分别绘出各季景观。选用1∶100～1∶200的比例。

3. 花池、花台、花丛

(1) 花池　花池是指在边缘用砖石围护起来的种植床内，自然地种植园林植物或布置山石小品。花池的种植床高度和地面相差不多，是我国传统园林中常用的植物种植形式（图5.44）。

图5.44　花池

(2) 花台　花台是一种种植床抬高的花池，在园林中可作主景或配景（图5.45）。因种植床离地面较高，游人可以仔细地平视欣赏花卉的姿态、色彩、芳香等综合美。花台的边缘常以砖石围护，形成规则的几何图形。在自然式布局中，常用自然式山石作为边缘围护，形成自然式山石花台。花台是我国古典园林中常见的花卉应用形式，一般设置在门旁、窗前、墙角等处。

图5.45　花台

在现代园林中，花台也常被运用在大型广场、道路交叉口、建筑物入口两侧等地，并在形式上有所发展，别具风格。如花台组合，花台内配置山石、小水面，盆景式的花台等

（图 5.46）。

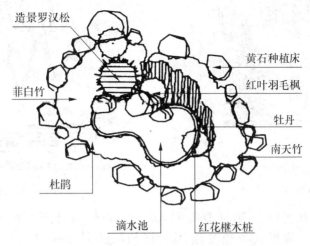

造景罗汉松

黄石种植床

红叶羽毛枫

菲白竹

牡丹

南天竹

杜鹃

滴水池

红花檵木桩

图 5.46　处在道路交叉口的自然式种植花台

（3）花丛　花丛是自然式花卉布置中最小的组合单元，常布置在树林外缘或园路两旁。一般每个花丛由 3～5 株花卉组成，多则十几株，种类可相同，也可不同，种植形式以块状混交为主。花丛的管理较粗放，通常以多年生的宿根花卉为主，也可采用自播繁衍的一二年生花卉或野生花卉。在园林构图上，其平立面均为自然式布置，应疏密有致；同一花丛的色彩应有所变化，但种类不宜过多。

5.3.3.2　乔灌木的种植设计

乔灌木是园林绿化的主要骨干，在园林植物中所占比重最大。乔木常作为园林中的主景，在组织、划分和扩大园林空间上起着重要作用。灌木在园林景观上主要以花姿、花色、叶色、果实、花香等供人近观细赏。园林树木的树形富于变化（图 5.47），灌木和乔木有机配置，可丰富植物景观层次，也常用于组织划分空间。

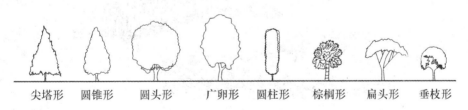

尖塔形　　圆锥形　　圆头形　　广卵形　　圆柱形　　棕榈形　　扁头形　　垂枝形

图 5.47　园林植物的树形

1. 规则式种植

规则式种植的特点是形式固定，排列整齐，株行距固定，讲求规整、对称，艺术效果整齐庄重、富有序列感。

规则式种植的形式主要有对植、列植、绿篱等。

（1）规则式对植　规则式对植的种植形式是采用相同或相似的树种，按照一定的轴线关系作对称布置。对植常用于建筑物、道路、公园等的入口处两侧，在构图上作配景，起陪衬和烘托主景或引导的作用（图 5.48）。

图5.48 对植

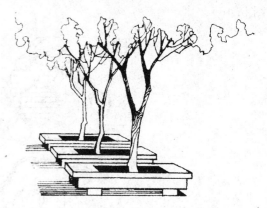

图5.49 规则式列植

规则式对植多选用雪松、桂花、苏铁等单株或整形灌木等植物进行配置。

（2）规则式列植 规则式列植是选用规格相同的同种树按相等的株距成行种植。列植的景观单纯、整齐、气势雄伟，广泛用于道路、河岸等地，也常用作划分空间，最常见的应用形式为行道树。列植树种的选择与对植相似，也多用形态整齐的树种进行配置（图5.49）。

（3）绿篱 绿篱是由灌木或小乔木以相等的株行距、单行或双行种植形成紧密绿带的种植形式，也可适当加宽，做成波浪边（图5.50）。

图5.50 绿篱

① 绿篱的作用。作为防范的边界。以绿篱作防范边界物，比构筑物美观而有生气，并可以组织游览路线。

作为规则式园林的区划线。规则式园林中常以中篱作为分界线，以矮篱作为花境、花坛的镶边和观赏性草坪的图案花纹。

屏障和组织空间。不同性质的游憩活动区之间,常以绿墙屏障,分隔成不同功能的空间。如安静休息区和儿童活动区需分隔开,减少干扰。这种绿篱宜采用高于人视线的绿墙。

作为花境、喷泉、雕塑的背景。园林中常以常绿树修剪成多种形状的绿墙作为喷泉、雕塑的背景,其高度与主景相宜,选择无反光的暗深色树种为好。作为花境背景的绿篱多为常绿的高篱或中篱。

美化挡土墙。挡土墙前种植绿篱,可以美化挡土墙的立面,避免立面的单一。

② 绿篱的分类。根据高度的不同分为树墙、高篱、中篱及矮篱四种。树墙的高度在一般人的视高 160 cm 以上,可阻挡人们视线(图 5.51)。高篱的高度介于 120~150 cm,人的视线不受阻,但不可跨越;中篱的高度介于 50~120 cm,是园林中最常见的绿篱形式;而矮篱的高度在 50 cm 以下,人可轻易跨过。

图 5.51 树墙

根据绿篱修剪与否,可分为整型绿篱和不整型绿篱。整型绿篱是将绿篱修剪成具有几何形体的形式,常用于规则式园林中。不整型绿篱是指一般不加修剪或仅作少量修剪,呈半自然生长的绿篱,多用于自然式的园林中,以开花灌木为宜。

根据功能要求及观赏特性,绿篱又可分为常绿篱、落叶篱、花篱、彩叶篱、观果篱、刺篱、蔓篱及编篱等形式。

③ 绿篱的树种选择。绿篱树种要求选择生长慢、分枝点低、枝叶小而密集、下部枝叶茂密、结构紧密、不需大量修剪或耐修剪的常绿乔木或灌木,如黄杨类、海桐、侧柏等。

2. 自然式种植

自然式种植没有一定的株行距和固定的排列方式,植物配置参差有致,变化丰富。自然式种植的特点是自然灵活,富有生气。常见的种植形式有孤植、自然式对植、丛植、群植、带植、林植等。

(1) 孤植　孤植是指乔木孤立种植的形式,表现树木的个体美(图 5.52)。有时也可以是两三株同一种乔木紧密地配置在一起,形成一个单元,远看效果如同一株乔木,以增强雄伟的气势感,符合园林景观的要求。

孤植在园林中可作为局部的构图中心,也可作建筑的背景和侧景,高大的孤植树可起遮荫之用。

图 5.52　孤植

　　孤植树选择的标准要特别突出其形态美,如选择形体巨大、树冠轮廓富于变化、树姿奇曲优美、开花茂盛、叶色变化或具有花香的树种。在具体选择时,应充分考虑立地条件和绿地的具体要求。

　　孤植树可布置在园林中的许多区域。布置在开阔大草坪上,可以形成局部的构图中心,与草坪周围的景物取得均衡和呼应。布置在开朗的水畔,以水面作为背景,成为一个景点,游人可以在此庇荫、观赏远景(图 5.53)。配置在高地上,既可供游人驻足远眺赏景,又能丰富高地的天际线。在自然式园林中的园路、水滨的转弯处,以及假山蹬道旁,均可布置孤植树作为引导树,吸引游人前往观赏。孤植树还可以布置在铺装广场的边缘、人流较少的区域、园林透景框外等地方。

图 5.53　北京香山饭店的孤植树

　　在园林构图艺术中,孤植树必须和周围环境相协调统一,方可相得益彰。开朗的大空间应选择体型大、轮廓丰富的树种，与环境取得协调；而色彩与环境要有一定的差异，形成对比，衬托孤植树的个体美，如香樟、雪松、枫香、银杏等。较小的草地、水面、假山石旁，应选择体型小巧但树形轮廓优美的色叶树种或芳香树种，以供近观，如紫叶李、红枫、紫薇、樱花等。

在园林设计中，要因地制宜、巧于因借地利用现有大树作为孤植树，可以提前达到设计效果。如充分利用设计范围内现有的成年大树，使园林布局与其巧妙结合，对于古树名木，还应严加保护。

（2）丛植　丛植是指由十几株乔木或灌木组合的丛状群体植物配置方式，是乔木种植的重要形式。丛植在强调植物群体美的同时，还要求单株植物在统一的构图中体现出个体美，使个体和群体互相衬托、对比（图5.54）。因此树种的选择与孤植树相似，应选择在蔽荫、树姿、色彩、香味等方面较特色的植物。

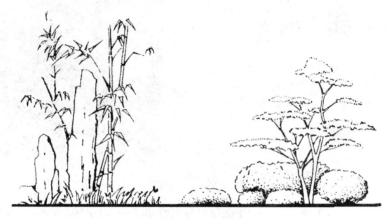

图5.54　丛植

树丛的类型，从树种组成上分为单纯树丛和混交树丛两种；从功能上分为蔽荫树丛和构景树丛两种。以蔽荫为主的树丛，宜采用单纯树丛形式，不配置灌木，树种应选择树冠开展的高大乔木，树下可设置供游人休息的桌椅。作为构图主景的树丛，多以乔灌木混交树丛为主，还可配置草本花卉及山石，景观效果更佳。树丛作主景时可配置在草坪的构图中心、水边、山冈等地。

树丛设计在符合园林植物配置艺术要求的前提下，应因地制宜，适地适树；树种宜少不宜多；栽培上应满足个体生长的环境要求及个体之间的相互影响。

① 两株树丛的配置。两株树丛的配置在构图上应符合统一变化的原则，即两株树既要协调又要有对比变化，因此树种最好相同或外形相似，而大小、树姿、动势等方面有一定程度的差异，就显得和谐而生动活泼（图5.55）。但两株树差异不能过大，对比过分强烈，否则就很难取

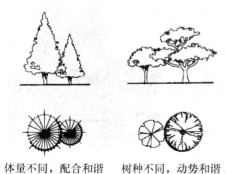

体量不同，配合和谐　树种不同，动势和谐

图5.55　两株树丛配置

得均衡。如桂花和女贞配置,虽不为同一树种,但外观较相似,仍较合适。而棕榈和马尾松配置,差别太大,就很不协调。两株丛植的栽植间距应小于两树冠之和的一半,可以小于较小一株的冠幅,形成统一的整体。

② 三株树丛的配置。三株丛植的树种差异不宜过大,最好为同一树种;如是两个树种,宜同为常绿或落叶树,同为乔木或灌木;不宜采用三个不同树种,除非它们的外观极为相似(图5.56)。

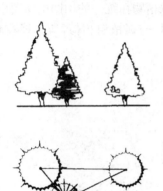

图 5.56 三株丛植

三株丛植在立面上,个体的大小、树姿等要有对比和差异;平面构图上,三株树应构成斜三角形,较为自然活泼,忌在同一直线上或形成等边三角形。三株丛植一般分为两组。若三株为同一树种,较大的一株与较小的一株配置时靠近成一组,中等大小的一株稍远离,单为一组,两组在动势上要有呼应。若为两个树种,则应使植株最小的为一树种,另两株为一树种;在构图组合上,相同树种的两株分离,较大的一株和较小的一株组成一组,另一株单成一组,使两组之间既得统一,又有差异。

③ 四株树丛的配置。四株丛植的植物选择与三株丛植一样,最好采用大小、树姿不同的同一树种;若是两种不同树种,也宜同为乔木或灌木。若外观较为相似的树种、三种以上的树种或大小悬殊的乔灌木不宜采用四株配置(图5.57)。

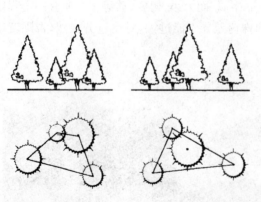

图 5.57 四株丛植

四株丛植的平面图,也不宜成直线排列或形成等边三角形,应分组配置,构成不等边

园林规划设计

的三角形或不等边不等角的四边形两种形式,且种植点的标高也有所变化。分组时,不要两两组合,也不要任何三株成一直线,可分为两至三组,成 3∶1 或 2∶1∶1 组合;两组中,三株较靠近,另一株远离;三组中,有两株成一组,另两株各为一组,且相互距离均不等。

四株树木相同时,在分组上,应使最大的一株和最小的一株组成一组,大小在第二、第三位的两株可组成一组或各成一组。四株树木不同时,其中三株为一树种,一株为另一树种,单独的一株不宜过大或过小,且不能单成一组,而要和另一树种的两株树组成一个三株混植的一组,在这一组中,这一株应和另外一株靠近,在两小组中,居于中间,不宜靠边。

④ 五株树丛的配置。五株丛植的树木最好也是同一树种,要求每株树大小、树姿、动势及树间距等均不相同(图 5.58)。构图组合上,较好的组合方式为 3∶2,即三株和两株各成一组。作为主体最大的一株要位于三株的一组中,而且两小组的组合原则分别和两株、三株丛植一致。两小组之间在园林构图中,要取得动势呼应。还可采取 4∶1 的组合方式,其中单株树的一组,不宜最大,也不宜最小,以第二或第三大的为宜,两小组之间仍需动势呼应。以上两种组合方式在平面构图上形成不等角不等边的四边形和五边形两种形式。

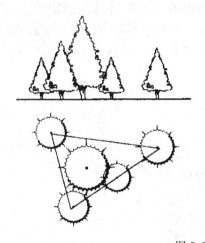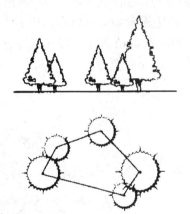

图 5.58 五株丛植

若为两个树种,应使得三株为一树种,另两株为一树种,而不宜四株为一种,另一株为一种。在园林构图上,可以有 1∶4 和 3∶2 两种组合形式。当以 1∶4 组合配置时,应使同一树种的三株树分植于两个小组中,而另一树种的两株树不宜分离,应配置在同一组合小组;如要分离之,则应使其中一组配置于另一树种的包围之中。当以 3∶2 组合形式配置时,不宜同一树种分别形成一组。

可见树丛的配置,株数越多,配置也越复杂,但其中有一定的规律可循:孤植与两株丛植是基本方式,三株是由一株和两株组成,四株则由一株和三株组成,五株可由一株和四株或两株和三株组成;而六株以上即为二、三、四、五株形式组合而成,六株以上的丛植同理可推(图 5.59)。配置时,要遵循统一变化的原则,株数少时,配置树种不宜过多;株数增多时,其树种可适当增加。

(3)群植 群植是由十多株至上百株乔灌木混合种植的植物配植方式。

图 5.59 由一株和六株组成的复杂树丛

群植主要表现群体美,追求群体外貌,以此构成园林主景,观赏其层次、外缘、林冠、季相变化。群植对单株植物的选择不甚严格。

群植的组合以郁闭式为佳,构成分层结构,树群内不设园路,不作为蔽荫休息之用。但树群北面,在树冠展开的林缘区域,可供游人庇荫休息。在树群周围应留有一定的空旷地,以供游人观赏树群,故群植适宜配置在靠近林缘的大草坪上、宽广的林中空地、水中小岛屿上(图5.60)以及山坡、土丘上等。

图 5.60 小岛群植

群植从组成上可分为单纯群植和混交群植两种类型。

单纯群植由一个树种组成,林下可用耐阴的宿根花卉作为地被。单纯群植景观较单调,缺少季相变化,但形成整齐、壮观的整体效果。

混交群植是群植的主要形式,最多可分为乔木层、亚乔木层、大灌木层、小灌木层及多年生草本植被五个层次。混交树群层次丰富,季相变化明显,常作为园林种植的骨干(图5.61)。

图5.61　乔灌木相互高低错落

群植作为主景观赏,各层次都应显露出观赏特征突出的部分。乔木层树种,树冠姿态丰富,使整个树群的天际线起伏错落,富于变化;亚乔木层树种,以开花茂盛或色叶树为佳;灌木层则以花木为主;草本植被层选用管理粗放的多年生花卉为主。

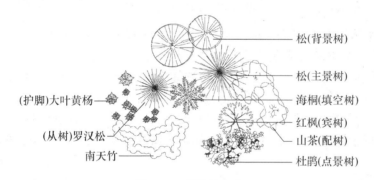

图5.62　群植的组成

群植的构图,应使高大常绿的乔木居于中间作为背景,亚乔木在其周围,大小灌木在外缘,这样配置不会相互遮掩,但要注意各断面不宜机械地排列,只要观赏层次不受影响,则应灵活配置。外部的灌木、花卉成丛分布,交叉错落,若断若续。群植外缘可配置数株孤植树或几个树丛,以增强其林缘线的曲折变化(图5.63)。

群植中的树木种植距离要疏密有致,忌成行、成排、成带状种植,同时群植内常绿、落叶,观叶、观花树木的组合,宜用复层混交或小块状(2～5株结合)与单株混交相结合的方式。

群植内树木的组合一定要符合其生态条件,不能仅仅考虑美观性。第一层的乔木应为喜光树种;亚乔木层可为半耐阴的,灌木层中;分布在东、南、西三面外缘的宜为喜光树,而分布在乔木下及树群北面的为半耐阴树,喜暖的植物宜配置在南向和东南向。此外,群植的景观应有季相变化。

(4)林植(风景林)　林植也称风景林,是指成片、成块地大面积种植乔灌木,形成林地或森林景观,其间应考虑到园林构图艺术的要求。林植多用于大型公园、风景游览区,或大面积的防护林带。

林植可粗略地分成密林和疏林两类,它们又都有纯林和混交林。

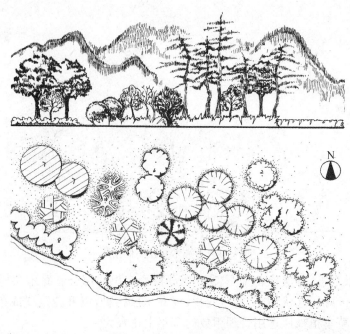

图 5.63　群植设计示意图

① 密林。密林是指郁闭度在 0.7～1.0 之间的单纯树林或混交树林。

单纯密林由一个树种组成的,在园林构图上相对单一,季相变化不丰富,但单纯密林给人以壮阔简洁之美感,具有雄伟的气氛。树种应选择生长健壮、适应性强、树姿优美的乡土树种。单纯密林的垂直景观较单一,应选用异龄树种搭配,并加强林下植被的配置,如开花艳丽的耐阴或半耐阴多年生植物。在园林构图上,种植间距应自然疏密,使林冠线随着地貌变化而高低起伏;林缘也应配置同一树种的孤植树或树丛,以丰富林缘线的曲折变化(如图 5.64)。

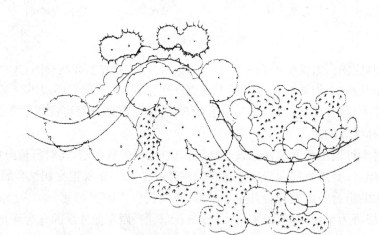

图 5.64　密林

混交密林是一个郁闭的植物群落,具有多层结构:大乔木层、小乔木层、大灌木层、小灌木层、高草层及低草层,形成了不同的植物层次,季相变化丰富,景观华丽多彩。在供游人观赏的林缘部分,其垂直的成层景观要十分突出,但不宜全部挤满,以致影响游人观赏林下的幽邃深远之美。可设园路伸入林中,园路两旁垂直郁闭度可小一些,使视野开阔。必要时可留出较空旷的草坪,或利用林间溪流,种植水生花卉,设置简单的休息设施,更觉寓意深长。

② 疏林。疏林是指郁闭度在 0.4～0.6,主要为乔木林,常与草地结合,又称"疏林草地",是风景区中应用最多的一种形式。游人在疏林草地上可进行多种形式的游乐活动:赏景、野餐、游戏、摄影、休息、歌舞等。因此应选择生长健壮、观赏价值高的树种;树冠应平展,以落叶树居多,开花或色叶树相间,树姿优美,林内季相变化明显,四季有景可观(图5.65)。林下草地应选择耐践踏的草种,以利游人活动。在构图上,宜采用自然式配置,疏密相间,错落有致,类似于树群的组合方式,但由于其规模较大,所以组合上不像群植那样精致。

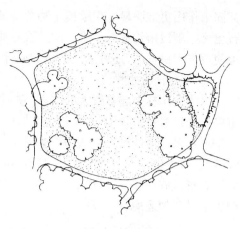

图 5.65　疏林

5.3.3.3　攀援植物、水生植物和草坪的种植设计

1. 攀援植物的种植设计

(1) 攀援植物在园林中的作用　攀援植物是园林中的特殊植物材料,在现代城市绿化中的作用越来越被人们认识。利用攀援植物进行垂直绿化,可以利用较小的土地和空间达到较好的绿化效果,扩大绿化面积和空间范围,缓解城市绿化用地紧张的矛盾。攀援植物生长较快,繁殖容易,管理简单,在短期内能达到绿化效果,发挥较好的生态作效益。垂直绿化还可以丰富和美化城市立面景观。攀援植物优美的叶型、繁茂的花序、艳丽的色彩、迷人的芳香及累累果实等都具有独特的观赏价值。

常见的攀援植物种类很多,有多年生的木质藤本,也有一二年生的草质藤本,常见的有紫藤、凌霄、金银花、常春藤,爬山虎、络石、茑萝、牵牛等,广泛应用在城市绿化中。

(2) 攀援植物在园林中的应用

① 建筑墙面的绿化。建筑墙面为硬质景观,以软质的攀援植物进行垂直绿化,可以美化墙体,增添绿意,还具有降低墙面温度的作用。粗糙的墙面可选择爬山虎等有吸盘或气生根的攀援植物直接绿化;光滑的墙面以及不能直接攀附于墙面的攀援植物,需要建立网架,使之攀援,达到美化效果。植物的选择与配置在色彩上要与墙面形成一定的反差对比,景观才有美感,如白色的墙面选择开红花的攀援植物。高层建筑,可利用各种容器种植布置在窗台、阳台上。

② 构架物的绿化。用构架形式单独布置的攀援植物,常常成为园林中的独立景观。如在游廊、花架的立柱处,种植攀援植物,构成苍翠欲滴、繁花似锦或硕果累累的植物景观;又如在栏杆、篱笆、灯柱、窗台阳台等处布置攀援植物,均可形成较好的植物景观(图5.66)。

③ 覆盖地面。用根系庞大、牢固的攀援植物覆盖地面,可以保持水土,特别是在竖向变化较大时,

图 5.66　攀援植物绿化花架

其固土作用更加明显。用攀援植物覆盖地面,可以形成较好的园林景观外貌。园林中的假山石也可用攀援植物适当点缀。园林置石质地较硬,又孤立裸露,缺乏生气,适当配置攀援植物,可使石景生机盎然,还可遮盖山石的局部缺陷;但在配置时,应分清主次关系,不可喧宾夺主。

2. 水生植物的种植设计

水体在园林中起着很大的作用,它不仅对环境有净化功能,而且在园林景观的创造上也是重要的造景素材。我国很多古典园林和一些现代园林均以水体作为园林构图中心,取得很好的景观效果。而通过水生植物对水体进行点缀,犹如锦上添花,使园林景观更加绚丽、丰富(图5.67)。水生植物的茎、叶、花、果都有较好的观赏价值,并且水生植物生长快、适应性强、种植管理上较粗放,同时还可提供一定的有经济价值的副产品等优点,所以水生植物在园林水体的配置上可多加运用。

图5.67 岸边的耐水湿植物,丰富了宁静的水景

水生植物的种植设计应注意几个问题:

① 水生植物在水体中的布置不宜太满,应留出一定的水域空间,使周围景观的丽影倒映水中,产生一种虚幻的境域,丰富园林景观。如园林中的水池不大,水生植物所占面积不宜超过水面的1/3,否则游人难以观赏到水中倒影,同时也使得水体扩大空间和产生动感的景观效果受到抑制。水生植物在水体平面布局上应疏密有致,若断若续,不宜过分集中、分散或沿池岸种植一圈。

② 水生植物的种类和配置方式应根据水体的大小、周围环境等因素来考虑。若水池较小,种植同一种水生植物即可;若水池较大,可选择不同的水生植物混植。混植的水生植物之间除满足自身的生态要求外,在园林景观构图上应主次分明,植物间的姿态、高矮、叶色、花期、花色等方面的对比调和关系要尽量考虑周全(图5.68)。

③ 在选择水生植物时,应考虑到各自不同的生态习性。水生植物按生长、习性可分为沼生植物、浮叶水生植物、漂浮植物、挺水植物等。进行水生植物的配置时,沼生植物只能配置在水深1 m之内的浅水中,使植物挺出水面,丰富岸边景观,如芦苇、慈菇,千屈菜等。浮叶水生植物可延至稍深的水域种植,叶漂浮在水面上,点缀水景,如荷花、睡莲、菱等。漂浮植物全植

园林规划设计

株都漂浮在水面或水中,所以配置起来就较灵活,既可生长在浅水区,又可生长在深水区,以点缀平静的园林水面,如水浮莲、浮萍等。

图 5.68 多种水生植物混植景观

④ 一般说来,水池的水位变化不大或较大时,为保持较好的园林水景,需维持水生植物的生长,故常在水下安置一些设施。若水面较小时,可在池底用砖、大石块作支墩,将盆栽的水生植物放在其上。若水面较大时,可设置种植床于池底,来维持植物的生长。在规则式水池中种植水生植物,常用混凝土为种植台,按不同的要求分层设置,或利用缸来种植,以调节其生长(如图 5.69)。一般说来,规则式水池景观要求较高,对水生植物的观赏价值要求也较高,常种植荷花、睡莲、黄菖蒲等。

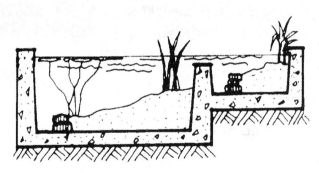

图 5.69 水生植物种植台示意图

3. 草坪的种植设计

(1)草坪的作用 草坪是指在园林中以矮小的多年生草本植物密植而成,并修剪成致密的人工草地,供人们游憩活动或观赏。

园林中草坪的作用是多方面的。草坪可以改善城市小气候、杀菌、滞尘、保持水土。草坪是园林主要的组成部分之一,具有良好的造景作用,可以与乔灌木、草本花卉构成多层次的绿化布置,为城市铺设一张绿意清新、生机盎然的地毯,形成绿色的基调,协调园林中的景物,构成有机整体。园林草坪为人们提供了一个良好的户外游憩场所,人们可在此进行各种娱乐休闲活动。

（2）草坪的分类　园林草坪的分类方法很多,按用途可分为游憩草坪、观赏草坪(游人不入内)、体育草坪等,其中游憩草坪和观赏草坪在园林中运用最多。按草坪植物的组合可分为单纯草坪(由一种草本植物组成)、混合草坪(几种多年生草本混植而成)和缀花草坪。其中缀花草坪是在以禾本科植物为主的草坪上,混有少量开花艳丽的多年生草本植物,如水仙、石蒜、葱兰等,将其疏密有致地分布在草坪上,起到较好的点缀作用。缀植范围不超过草坪总面积的1/3。缀植常用于游憩草坪、观赏草坪、林中草地等处。草坪还可根据规划形式分为自然式草坪和规则式草坪等等。

（3）草坪的设计要点

① 草坪植物的选择。草坪植物种类繁多,不同的草坪植物具有不同的特性。我国地域辽阔,各地气候差异大,草坪植物的选择,要满足草坪的功能要求,适应当地的气候条件。理想的草坪植物应具有繁殖容易、生长快、耐践踏、耐修剪、适应性强、绿色期长、使用寿命长以及养护成本低等特点。根据各地自然条件和草坪类型,因地制宜地选择栽植。

② 草坪坡度要求。任何类型的草坪设计,其地面坡度都应处在该土壤的"自然安息角"(一般为30°)之内,如超过,就应采取工程措施加以护坡,否则易引起水土流失,甚至发生坡岸塌方或崩落。另一方面,草坪要满足排水的要求,不同的草坪,对排水坡度有不同的限制要求。如体育场草坪,除保持1‰的排水坡度外,应尽量保持平整,以便运动之需;一般游憩草坪,最小排水坡度不低于2‰～5‰,同时为了能正常安全地开展游憩活动,其坡度不得大于15%。

③ 园林构图的要求。在满足草坪坡度的同时,应结合园林构图艺术的要求,综合考虑,将草坪与周围园林环境有机地结合起来,形成旷达疏朗的园林环境,同时还应利用地貌的起伏变化,创造出不同的竖向空间境域(图5.70)。

图 5.70　草坪配置

5.4　园林建筑与小品设计

5.4.1　园林建筑与小品的作用

园林建筑与小品是供游人休息、观赏,方便游览活动或为了方便园林管理而设置的园林设施。园林建筑与小品既要满足使用功能要求,又要满足景观的造景要求,要与园林环境密切结合,融为一体。

园林建筑的体量相对较大,可形成内部活动的空间,在园林中往往成为视线的焦点,甚至成为控制全园的主景,因此在造型上也要满足一定的欣赏功能。而园林小品造型轻巧,一般不能形成供人活动的内部空间,在园林中起着点缀环境、丰富景观、烘托气氛、加深意境等作用,同时,园林小品本身具有一定的使用功能,可满足一些游憩活动的需要。

5.4.2 园林建筑与小品的类型

5.4.2.1 园林建筑的类型

园林建筑是指建造在各类园林绿地内的供人们休息、游览、观赏用的建筑物,是建筑的一种类型。园林建筑本身也具备观赏性,往往成为景观的构图中心。常见的园林建筑类型有亭、廊、榭、花架、园桥及服务性建筑等。

1. 亭

供游人休息、观景或构成景观的开敞或半开敞的小型园林建筑。

2. 廊

园林中屋檐下的过道以及独立有顶的过道。

3. 榭

供游人休息、观赏风景的临水园林建筑。

4. 花架

可攀爬植物,并提供游人遮荫、休憩和观景之用的棚架或格子架。

5. 园桥

园林中用来联系水陆交通、建筑物、风景点、高差地段的人工构筑物。

6. 服务性建筑

园林中为游人提供某种服务或者为方便公园内务管理并构成景观的建筑物或构筑物,如公园大门、茶室、小卖部、游船码头等。

5.4.2.2 园林小品的类型

园林小品是指园林中供休息、装饰、景观照明、展示和为方便园林管理及游人使用的小型设施。园林小品体量小巧,数量多,造型别致,装饰性强。

园林小品按功能不同一般可分为以下类型:

1. 休息用园林小品

如园椅、园凳、园桌等。

2. 展示性园林小品

如展览栏、阅报栏、园林导游图、说明牌等。

3. 服务性园林小品

如园灯、饮水器、废物箱等。

4. 管理类园林小品

如鸟舍、鸟浴池、各种门洞、栏杆等。

5. 装饰性园林小品

如景墙(图 5.71)、景窗、花格、花钵、瓶饰、日晷、园林雕塑等。

6. 儿童游乐设施

如滑梯、攀爬架、跷跷板、弹簧蹦台、小城堡等。

应该说明,园林小品的分类不是绝对的,如花格栏杆常被用做绿地的护栏,而低矮的镶边栏杆则主要起装饰作用。在江南园林中也把篆刻、碑碣、书条石都称为小品。

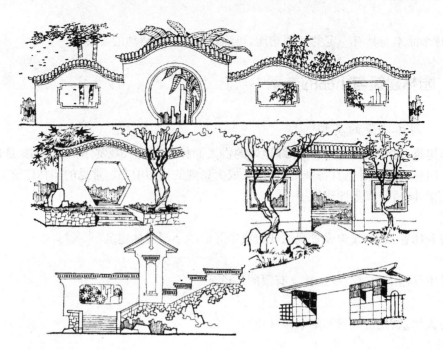

图 5.71　园林中的墙

5.4.3　园林建筑与小品的设计

5.4.3.1　园林建筑与小品的设计原则

1. 巧于立意,造型独特

园林建筑与小品对人们的感染力不仅在形式的美,更在于其深刻的含义,要表达的意境和情趣。作为局部主体景物,园林建筑与小品具有相对独立的意境,更应具有一定的思想内涵,才能成为耐人寻味的作品。因此,设计时应巧于构思。我国传统园林中常在庭院的白粉墙前置玲珑山石、几竿修竹,粉墙花影恰似一幅花鸟画的再现,很有感染力。园林建筑与小品,应根据园林环境特色使之具有独特的格调,切忌生搬硬套,切忌雷同。

2. 精于体宜,合理布局

精于体宜是园林空间与景物之间最基本的体量构图原则。园林建筑与小品作为园林的陪衬或是作为主景时,与周边环境要协调,如空间大小体量的协调。在不同大小的园林空间之中,应具有相应的体量要求与尺度要求,确定其相应的体量。园林建筑与小品同时也具备一定的实用功能,因此在组织交通、平面布局、建筑空间序列组合等方面,都应以方便游人活动为出发点,因地制宜地加以安排,使得游人的游憩活动得以正常、舒适的开展。如亭、廊,榭等园林建筑,宜布置在环境优美、有景可观的地点,以供游人休息、赏景之用;儿童游戏场应选择在公园的出入口附近,应有明显的标志,以便于儿童识别;餐厅、小卖部等建筑一般布置在交通方便,易于发现的地方,但不应占据园林中的主要景观位置等等。

3. 符合使用功能及技术要求

园林建筑与小品绝大多数均有实用意义,因此除艺术造型美观上的要求外,还符合实用功能及技术要求。如园林栏杆具有各种不同的使用目的,因此对各种园林栏杆的高度,就有不同的要求;园林坐凳,就要符合游人就座休息的尺度要求。

园林建筑与小品设计考虑的问题是多方面的,而且具有更大的灵活性,因此不能局限于几条原则,应举一反三,融会贯通。设计要考虑其艺术特性的同时还应考虑施工、制作的技术要求,确保园林建筑与小品实用而美观。

5.4.3.2 园林建筑的设计

1. 亭

亭是我国园林中最常见的一种园林建筑。《园冶》中说:"亭者,停也。所以停憩游行也。"可见,山巅、水际、花间、林下,凡游览路程中可停之处,皆可建亭,且常以亭为题材而成景。无论在古典园林或是新建公园、风景区都可以看到各种类型的亭,与园中其他建筑、山水、植物相结合,装点着园景。

亭的体形小巧,造型多样。亭的柱身部分,大多开敞、通透,置身其间有良好的视野,便于眺望、观赏。柱间下部分常设半墙、坐凳或鹅颈椅,供游人坐憩。亭的上半部分常悬纤细精巧的挂落,用以装饰。亭的占地面积小,最适合于点缀园林风景,也容易与园林中各种复杂的地形、地貌相结合,与环境融于一体。在北方的大型的皇家苑囿中,亭子虽不占突出的位置,不能起到控制全园风景的作用,但在一些重要的景点却少不了它。在江南的私家园林中,亭子则常成为组景的主体或构图中心。在自然风景区和游览胜地,亭以它自由、灵活、多变的特点,把大自然点缀得更加引人入胜。

表 5.1　亭的各种形式类型

名　称	平面基本形式示意	立面基本形式示意	平面立面组合形式示意
三角亭			
方　亭			
长方亭			
六角亭			
八角亭			
园　亭			
扇形亭			
双层亭			

亭的类型从平面造型看一般有圆形、方形、长方形、三角形、六角形、八角形、扇形等。其中有单体的,也有组合式的,如套方亭、双圆亭、双六角亭等。从亭的屋顶形式看,常见的有攒尖顶和歇山顶。从亭的立面造型看,有单檐的、重檐的和三檐的。从亭的设立位置看也可分为山亭、半山亭、桥亭、沿水亭、半亭、廊亭和路亭等(见表5.1)。

亭和其他园林建筑一样,具有使用和造景的双重功能。因此亭的位置选择一方面应考虑观景,即可供游人游览路程中驻足休息,眺望景物;另一方面又要使亭能点景、造景,使亭与环境结合,形成被观赏的景物。常见的选择有山地建亭、水际建亭和平地建亭。

山地建亭,适宜登高远眺,特别是在山巅、山脊上,眺望范围大、方向多,视野开阔,境界超然,可供游人休息眺望,也是游人追求的目的地。山顶建亭还能丰富山的轮廓。

水际建亭,不仅能为游人提供观赏水景的佳处,又可点缀、丰富水景。其位置或在岸边,或在水中,或驾临水上,在条件允许时,应尽可能突出于水中,以求开阔之环境。在亭完全驾临水面之上的情况下,应尽可能贴近水面,使亭有漂浮于水面之感。临水的亭,其体量应视水面的大小而定。江南园林中,水面均不大,水边亭的体量也较小,甚至有时设计成半亭,以求于环境相协调。位于开阔湖面上的亭,尺度要大,甚至可成组布置,形成丰富的层次,增加体形变化。

平地建亭,在古典园林中比较少,而在新建的公园、小游园及街头绿地中,却很常见。亭常位于道路交叉口、路侧林荫下、花圃草坪上。平地建亭,其周围环境容易使人产生平淡无奇的感觉,因此常借助于布置园石、配置植物加以点缀。亭子本身的装修和造型也应新颖怡人。平地建亭常与道路相结合,亭的位置退出人流路线,选择路侧、路口或小岔路中。有时需要适当的抬高亭的基址。

现代对亭的定义又引申为精巧的小建筑,如公园里的售票亭、小卖亭、茶水亭、书报亭等(图5.72)。

图5.72 公园中的亭式园门

2. 廊

廊在园林中应用也很广泛,特别在古典园林中,有的建筑前后设廊,有的建筑四周围廊。廊可使分散的单体建筑互相穿插、联系,组成造型丰富、空间层次多变的建筑

园林规划设计

群体。

廊除了能遮阳、避雨、供游人休息以外，其重要的功能是组织观赏景物的导游路线。廊实质上相当于一条带屋顶的园路。廊同时也是划分园林空间的重要手段。廊的柱列、横楣在游览路程中形成一系列的取景边框，增加了景深层次，助长了园林趣味。廊本身也具有一定的观赏价值，在园中可以独立成景。

廊的形式按平面形式分，有直廊、曲廊、回廊等；按结构形式分，有两面柱的空廊，一面为柱一面为墙的半廊，两面为柱中间有墙的复廊(图5.73)；按位置分，有沿墙走廊、爬山廊、水廊、桥廊等。(见表5.2)

廊一般为长条形建筑物，从平面和空间上看，都是相同的建筑单元"间"的连续和发展。"间"有规律的重复，有组织的变化，形成韵律，产生美感。廊的造型宜轻巧玲珑，忌太高或开间过大。苏州园林中的廊，净宽为1.2～1.5 m，柱距约3 m，柱径约15 cm，柱高约2.5 m左右。新建的公园、小游园或城市广场中的廊，为适应大量游人活动的需要，其宽度可加大到2.5～3 m，柱高3 m，柱距3 m～4 m。

廊的布局要求是"宜曲宜长则胜"、"随形而弯，依势而曲，或蟠山腰，或穷水际，通花渡壑，蜿蜒无尽"(《园冶》)。廊也可结合展览的功能，布置各种展览，如书法、篆刻、绘画、花鸟、盆景等。廊还可与其他建筑相结合，产生新的功能，如小卖廊、游船码头廊等。

表5.2　廊的基本形式

按廊的横剖面形式划分	双面空廊			暖廊	复廊	单支柱廊
	单面空廊				双层廊	
按廊的整体造型划分	直廊	曲廊	抄手廊	回廊		
	爬山廊	叠落廊	桥廊	水廊		

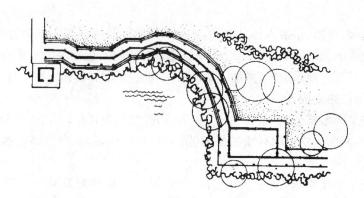

图 5.73 苏州沧浪亭复廊

3. 水榭

园林中的榭和亭一样属于点景游息类建筑。中国古代的榭本是一种高台上的建筑,后来演变到不一定建在高台上,而多建在园林中的池边、湖畔、堤岸、桥上、花丛、树旁,成为观赏景色、驻足休息的场所。《园冶》上说:"榭者,借也,借景而成者也,或水边或花畔,制亦随态。"榭除了要满足人们休息、游赏的功能外,还起点景的作用,对丰富园林景观和游览内容起着重要的作用。

现代的水榭一般指临水而有较宽的平台挑出水面的园林建筑。很多水榭不只具有单一的功能,还可结合布置茶室、小卖部,也可以做游船码头等。水榭的形体、空间组合与水岸及周围环境的关系十分密切。

4. 花架

花架可以说是用植物材料做顶的廊,它和廊一样,可为游人提供遮阳驻足之处,供观赏并点缀园内风景。同样,它也有组织空间、划分景区、增加风景的景深层次的作用。花架能把植物的生长与人们的游览、休息紧密地结合在一起,因此它具有接近自然的特点。花架与廊及其他建筑结合,可把植物引申到室内,使建筑融于自然环境。

花架按建造材料分,有竹花架、木花架、钢花架、石柱花架和钢筋混凝土花架等。钢筋混凝土花架应用较广泛,其构件的断面,除有特殊要求者外,均可按建筑的要求决定。

花架的造型宜简洁轻巧,它比亭、廊更开敞通透,特别是植物自由地攀沿和悬挂,更使它增添了生气。花架的设计、装饰及花纹不宜过多、过繁。布局上花架如点状布置时,接近于亭;如线形布置则与廊相似。设置花架的位置特别要注意考虑周围环境及土壤条件,使其便于植物的生长及管理。

5. 园桥

园桥不仅可以联系水陆交通、联系建筑物、联系风景点、组织游览路线,还可划分水面空间,增加景色层次。优美的园桥还可以自成一景。园桥既有园路的特征,又有园林建筑的特征,如贴近水面的平桥、曲桥,可以看作是跨越水面的园路的变形;桥面较高的拱桥、亭桥等,具有明显的建筑特征。园桥的各种形式见表5.3。

园桥最常见的是与水的结合应用,园林水面的聚与分、形状、大小、水量等都与桥的布局及造型有关。大水面或水势急湍者,宜建较大、较高的桥;水面小、水势平,则宜建低桥、小桥,有凌波微步之感。桥的造型、体量还应与两岸的地形、地貌相协调。此外,还要考虑人流量的大小,桥上是否通车,桥下是否通船等因素。

桥的栏杆是丰富桥的造型的重要因素,在设计上应与桥体的大小、轻重相协调,栏杆高度应符合安全要求和造型要求。如苏州园林的小桥,一般设低栏杆或单面栏杆,轻巧、简洁,甚至不设栏杆以突出桥的轻快造型。桥头与岸壁的衔接要恰当,忌生硬呆板,常以园灯、雕塑、山石、花台树池等点缀,可丰富环境,也有显示桥位、增强安全性的作用。桥体上可设置照明设施,既为交通需要,也可在夜间突出桥体的造型。

表5.3 各种园桥形式举例

石拱桥			
钢筋混凝土拱桥			
桨式平桥		曲桥	
索桥		廊桥、亭桥	

6. 汀步

汀步,又称步石、跳墩子,虽然这是最原始的过水形式,早被新技术所替代,但在园林中应用可成为有情趣的跨水小景,使人走在汀步上有脚下清流游鱼可数的近水亲切感。汀步最适合浅滩、小溪等跨度不大的水面,也有结合滚水坝体设置过坝汀步,但要注意安全。汀步多选石块较大、外形不整而上比较平的山石,散置于水浅处,石与石之间高低参差,疏密相间,取自然之态,即便于临水,又能使池岸形象富于变化,长度以短曲为美,此为形。石体大部分浸于水中,而露水面稍许部分,又因水故,苔痕点点,自然本色尽显,此为色。汀步的形式见表5.4。

表5.4 汀步形式举例

规则式		自由式	
树桩式		莲叶式	

7. 服务性建筑

园林中的服务性建筑主要有公园大门、园林游船码头、接待室、展览馆、饮食服务业建筑、小卖部、摄影部等。它们各有其不同的功能、内容和性质，但都是园林的重要组成部分，并以自身的功能满足游人各种游览活动的需要，在园林中起着画龙点睛的作用，自身又能体现园林的意境（图5.74）。

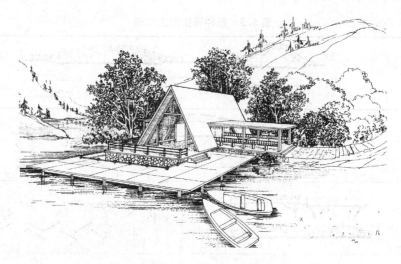

图5.74　某游船码头效果图

5.4.3.3　园林小品的设计

1. 园桌、园椅、园凳

园桌、园椅、园凳是各种园林绿地及城市广场中必备的设施，主要功能是供游人就座休息、欣赏周围的景物，位置多选择在人们需要就坐休息、环境优美、有景可赏之处，如游憩建筑、水体沿岸、服务建筑近旁、山巅空地、林荫之下、山腰台地、广场周边、道路两侧，可单独设置，也可以成组布置；可自由分散布置，也可连续布置。园桌、园椅、园凳也可与花坛等其他小品组合，形成一个整体。园桌、园椅、园凳的造型要轻巧美观，形式要活泼多样，构造要简单，制作要方便，要结合园林环境，做出具有特色的设计（图5.75）。

一般来说风景游览胜地及大型公园中，园桌、园椅、园凳主要供人们在游览路程中小憩，数量可相应少些；而在城镇街头绿地、城市休闲广场以及各种类型的小游园内，游人的主要活动是休息、弈棋、读书、看报，或者进行各种健身活动，停留的时间较长，园椅、园桌、园凳的设置相应要多些，密度大一点。园桌、园椅、园凳布局时也应考虑根据环境的不同及游人的不同需求进行，如有的人喜欢单独就坐，安静休息，有的则希望尽量接近人群，以取热闹、欢快的气氛，有的需要回避人群，要求有较私密的环境等，同时也要充分考虑周边的环境条件，如采光情况、空间开敞或密闭等。

园椅、园凳的高度一般取为35～40 cm左右，适合人的尺度，有以钢管为支架，木板为面的，有以铸铁为支架，木条为面的，还有钢筋混凝土现浇、水磨石预制、竹材或木材制作的，也有就地取材利用自然山石稍经加工而成的，在条件允许的地区，还可采用大理石等名贵材料制作，或用色彩鲜艳的塑料、玻璃纤维来制作，造型高雅、轻巧、美观别致。

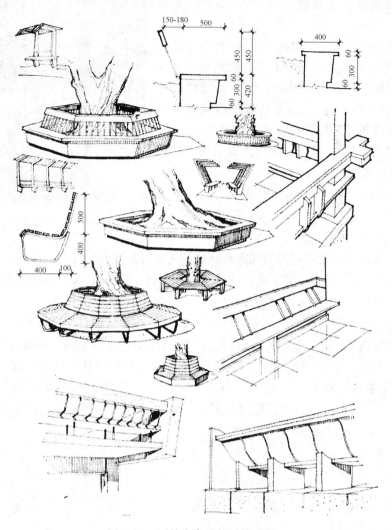

图 5.75　园林中常见的园椅、园凳

2. 园林展示性小品

　　园林展示性小品是园林中极为活跃、引人注目的文化宣教设施，内容广泛，形式活泼，包括展览栏、阅报栏、展示台、园林导游图、园林布局图、说明牌、布告板以及指路牌等各种形式，涉及基本法规的宣传教育、时事形势、科技普及、文艺体育、生活知识、娱乐活动等领域，是园林中开放的宣传教育场地。

　　展示小品位置常选择在园路、游人集散空间、护墙界墙、公共建筑近旁、园林出入口、需遮障地带、休息广场处，结合各种园林要素（山石、树木花坛）、结合游憩建筑布置。

　　作为园林建筑小品，展示性设施也同样应具有造型美观及实用功能并重的特点，从布局到造型均应与园林环境协调统一，使其富有园林特色。在布局上要形成优美的空间环境，使游人宜于参观欣赏展品，宜于休息；要有良好的尺度感，要考虑游人停留、人流通行、就座休息等必要的尺度要求，以及其他景物和小品设置的要求。在人流量大的地段设置，其位置应尽可能避开人流路线，以免相互干扰，如在路旁的展牌、标牌等一定要退出过往人流的用地（如图5.76）。为使环境生动活泼，展示小品可结合园椅、园灯、山石、花木等统一布局，融为一体。背景的布置是衬托展示小品的有效方式,应予以充分考虑。

展示小品的尺寸要合理,体量适宜,大小高低应与环境协调,一般小型展面的画面中心离地面高度为1.4～1.5 m,还要考虑夜间的照明要求,对展栏内的通风、降温等问题应充分考虑,要防渗漏以免损坏展品。良好的视觉条件是观展和阅览活动的重要保证,室外光线充足适于观展,但应避免阳光直射展面。环境亮度与展览栏相差不可过大,以免造成玻璃面的反光,影响观展效果,巧妙利用绿化可改善不利的光照条件。

图 5.76　公园内的说明牌

3. 园灯

园灯既有夜间照明又有点缀装饰园林环境的功能,是一种引人注目的园林小品,同时也具有指示和引导游人的作用,还可丰富园林的夜色。因此,园灯既要保证晚间游览活动的照明需要,又要以其美观的造型装饰环境,为园林景色增添生气。

园灯一般设置在草坪、喷泉、水体、桥梁、园椅、园路、展栏、花坛、台阶、雕塑广场等。

灯光对烘托各种园林气氛,使园林环境更富有诗意有明显的作用。绚丽明亮的灯光,可使园林环境更为热烈生动、富有生机,而柔和轻微的灯光又会使园林环境更加舒适宁静、亲切宜人。因此,园灯造型要精美,要与环境协调,结合环境的主题,赋予一定的寓意,成为富有情趣的园林小品(图 5.77)。总之,设置园灯要同时满足园林环境景观与使用功能的要求,造型美

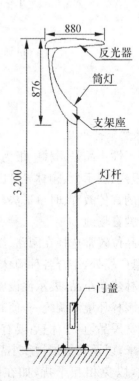

图 5.77　园林中园灯的设计

园林规划设计

观,有足够合理的光照度,特别要避免发生有碍视觉的眩光。

4. 园林栏杆

栏杆一般依附于建筑物,而园林栏杆更多为独立设置。园林栏杆除具有维护功能外,还根据园林景观的需要,用来点缀装饰园林环境,以其简洁明快的造型,丰富园林景致,应用于建筑物、桥梁、草坪、花坛、大树、园路边、水边湖岸、广场周围、悬崖、台地、台阶等处。

园林栏杆具有分隔园林空间、组织疏导人流及划分活动范围的作用,同时也可为游人提供就座休憩之所,尤其在风景优美、有景可赏之处,设以栏杆代替坐凳,既有维护作用,又可就座欣赏,如园林中的坐凳栏杆、美人靠等。

园林栏杆具有强烈的装饰性和确切的功能性,因此要有优美的造型,其形象风格应与园林环境协调一致,以其造型来衬托环境气氛,加强景致的表现力。园林栏杆造型的简繁、轻重、曲直、实透等均需与园林环境协调,一般以简洁为雅,切记繁琐。

园林栏杆要有合理的高度,以符合不同的使用功能要求,使游人倍感亲切。栏杆合适的尺度可使景致协调,更便于功能的发挥。各类园林栏杆的高度根据不同用途而定:围护栏杆600~900 mm;靠背栏杆约900 mm(其中座椅面高度420~450 mm);坐凳栏杆400~450 mm;用于草坪、花坛、树池等周边的镶边栏杆200~400 mm。

园林栏杆的材料宜就地取材,体现不同风格特色,石材、竹材、钢筋混凝土、木材、金属材料等皆可选用,以美观、经济坚固为主要原则。

5. 园林雕塑小品

园林雕塑小品指的是园林中带观赏性的小雕塑,一般体量小巧,不一定形成主景,但常常成为某景区的趣味中心。它多以人物或动物为题材,也有植物、山石或抽象几何形体形象的。这类雕塑小品来源于生活而又高于生活,给人以更美的赏玩韵味,能美化心灵,陶冶情操,在园林中和其他园林小品一样,起着美化环境、提高环境艺术品位的作用(图5.78)。

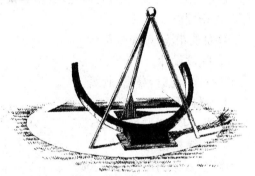

图 5.78　园林雕塑小品

园林中设置雕塑首先应考虑环境因素,应选择环境优美,地形地貌丰富的地方,并与花草树木等构成各种不同的园林景观。雕塑的题材应与环境相协调,互相衬托,相辅相成,才能加强雕塑的感染力,切不可将雕塑变成与环境不相关的摆设。因此,恰当的环境选择或环境设计,是设置园林雕塑的首要工作,一般位置选择在桥头、山顶、草坪、道路、水体、山坡、台地、广场、建筑物等处。

▶▶ **思考题**

1. 园林中改造地形要考虑哪些因素? 地形设计和改造的方法有哪些?
2. 结合实例试述如何做好地形的坡度设计。
3. 举例分析水体的布局形式。
4. 在园林设计中如何发挥水体的作用?
5. 园林假山有哪些常见的形式?
6. 举例说明园林植物的造景作用。

7. 花坛有哪些形式？它们在设计上都有哪些要求？

8. 花境的形式和位置有哪些？布置与设计上有什么要求？

9. 花坛与花境的关系如何？

10. 试分析乔、灌木的规则式配植与自然式配植的不同。

11. 水生植物的种植设计应注意哪几个问题？

12. 组成园林的景观要素中小型建筑和小品有哪些类型？各有什么特点？

13. 在亭的设计中，如何体现园林建筑的设计原则？

▶▶ 实训项目

植物种植设计

（一）目的

掌握各种不同园林植物配置的基本规律以及由园林植物构成景观素材的特点和设计要求，掌握园林景观设计图的制作方法。

（二）内容

1. 独立花坛设计

盛花花坛，模纹花坛，立体花坛，木本植物花坛，混合花坛。

2. 花境设计

双面观花境，单面观花境。

3. 绿篱设计

常绿篱，花篱，蔓篱，刺篱。

4. 园林乔灌木配置

丛植，四季树群种植设计。

5. 攀缘植物配置

墙壁装饰，门窗，花架装饰。

（三）材料与用具

测量用具、绘图工具。

（四）方法步骤

1. 以上所列内容应重点进行实地考查，对确定的区域范围或对象进行有针对性的调查。

2. 对设计对象进行实地调查、测量并进行计算。

3. 根据各自的原则和要求进行设计。

4. 绘制设计图，编写设计说明书。

（五）要求

1. 以组为单位，进行踏查、调查和测算。

2. 以人为单元，进行独立设计，并针对不同的设计对象，提出设计方案。绘制设计图、立面图效果图，编制设计说明书，提出种苗计划、施工要求及注意事项等。

3. 每人完成一份完整的种植设计说明及图面材料。

（六）说明

以上内容可依据教学实际情况适当增减，不要求全部完成。

园林规划设计

下 篇

各类园林绿地规划设计

6 城市街道公共绿地规划设计

随着人们生活水平的逐步提高,生活环境质量的提高也越来越受到人们的重视。人们向往自然,渴望能够回归自然,并且渴望能在自然中释放自己。工作之余人们对户外活动空间的渴望、亲近绿色自然环境的渴望,使得城市绿地的形式也日渐丰富起来。"城市街道公共绿地"也就应运而生。它强调城市景观绿色化和"以人为本"的宗旨,注重对城市空间品质的塑造,并提倡城市绿色生态环境的建设。

城市街道公共绿地是城市居民日常接触最多的一种绿地形式,大小灵活、点小量多、形式多样、视野开阔、绿色为主、空间宜人,并且能够展示出一个城市的绿地形象。

6.1 城市道路绿地设计

6.1.1 城市道路绿地的作用

城市道路绿地是城市园林绿地的重要组成部分,"线"状的道路绿地把城市"点"状和"块"状绿地连接起来,形成城市绿地系统。街道绿化有以下几方面的作用。

1. 使用功能

高大的乔木尤其是行道树在夏季可为有效地为行人遮荫降温,是城市居民使用城市道路的最基本要求之一。

城市道路绿带可将人行道与车行、快车道与慢车道、上下行车道分隔开,交通岛、主体交叉、广场、停车场的绿化,都可以起到组织城市交通、保证行车速度和交通安全的作用。

城市道路中有些绿地,常设有园路、广场、坐凳、小型休息建筑等活动休憩场地和设施,成为行人的休闲场所,也可成为附近居民提供锻炼身体的地方。

2. 营建景观

道路绿化是城市道路景观重要的组成部分,园林植物在形态、色彩、质地等方面独具的自然美,将植物材料通过艺术美的原则进行配置,使得街道景观优美而自然生动。很多世界著名的城市的街道绿化,给人留下深刻印象。如法国巴黎的七叶树,德国柏林的椴树林荫大道街道绿化。我国有很多城市的街道也很有特色,如南京的悬铃木行道树,湛江的蒲葵行道树,长春的小青杨行道等。

道路绿化可以协调城市街道整体景观。城市道路两侧以建筑和人工设施为主,往往缺乏良好的自然环境;而建筑的立面一般较为生硬严谨,建筑的体量、风格、质感、色彩非常复杂,同时道路上各类人工设施的大量存在,使得街道景观难以协调。而绿色植物是统一各类街景最为理想的软质景观材料,同时软硬景观可以形成对比,相互烘托,达到丰富而和谐的景观效果(图6.1)。

图6.1　树木高矮搭配,协调统一了街景

此外,还可以利用绿化进行城市道路空间的组织,通过绿化创造出不同的空间变化,使道路的空间更加柔和、自然、丰富多彩。

3. 改善城市生态环境

城市道路绿地是城市生态系统中极为重要的组成部分。城市街道上车辆、各类设备产生的大量粉尘、有害气体、噪音,是城市污染的主要来源,不断释放的热能产生了热岛效应,使得城市道路的生态环境比城市其他区域更为恶劣。绿化是改善道路生态环境最有效的途径。城市道路绿化改善城市生态环境的效益主要有:吸滞粉尘、降温、增加湿度、吸收有害气体、减弱噪音、防火、防风、保持水土等。

6.1.2　城市道路绿地的主要类型

6.1.2.1　根据道路的断面形式分

城市道路绿化断面布置形式与道路的断面形式密切相关,是规划设计采用的主要模式。常用的断面形式有一板二带式、二板三带式、三板四带式、四板五带式和其它形式。

1. 一板二带式

一板二带式是一条车行道两条绿带,即在道路两侧人行道上种植行道树,是道路绿化中常用的一种形式。一板二带式的优点是简单整齐、用地经济、管理方便;但当车行道过宽时行道树的遮荫效果较差,不利于机动车辆与非机动车辆混合行驶时的交通管理(图6.2)。

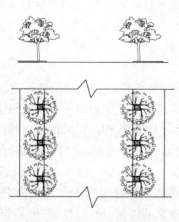

图6.2　一板两带式示意图

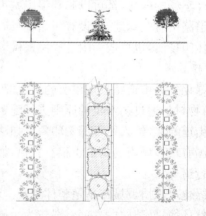

图6.3　二板三带式示意图

园林规划设计

2.二板三带式

由两条车行道、两侧行道树和中央一条分车绿化带组成,即在分隔单向行驶的两条车行道中间绿化,并在道路两侧布置行道树。这种形式适于宽阔道路,绿带数量较大,生态效益较显著,优点是用地较经济,可避免机动车相向行驶发生事故,多用于高速公路和入城道路绿化(图6.3)。

3.三板四带式

由三条车行道、两侧行道树和两条两侧分车绿带组成,利用两条两侧分车绿带把车行道分成三块,中间为机动车道,两侧为非机动车道。这种形式绿化量大,夏季蔽荫效果好,组织交通方便,安全可靠,解决了各种车辆混合互相干扰的矛盾;缺点是占地面积较大。(图6.4)

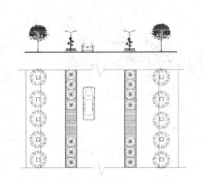

图6.4 三板四带式示意图

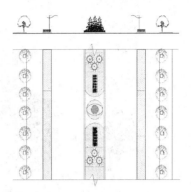

图6.5 四板五带式示意图

4.四板五带式

由四条车行道、两侧行道树、一条中央分车绿带和两侧分车绿带组成,利用三条分车绿带将车道分为四条,以便各种车辆上行、下行互不干扰。这种形式是较为完整的城市道路绿化形式,保证了交通安全和车速,绿化效果显著,景观性强,生态效益明显;缺点是占地面积大,只能在宽阔的道路上应用。如果道路面积不够布置五带,中央分车带可用栏杆分隔,以节约用地(图6.5)。

5.其他形式

按道路所处地理位置、环境条件特点,因地制宜地设置绿带,如山坡、水道的绿化。

6.1.2.2 根据道路绿地的景观特征分

1.密林式

沿路两侧有较宽的林带,一般用于城乡交界处或环绕城市或结合河湖布置。沿路植树要有相当宽度,一般在50 m以上。主要配置乔木加上灌木、常绿树和地被。夏季绿荫覆盖,行人或车辆走入其间如入森林之中。多采用自然式种植,可结合周边丘陵、河湖等自然地形布置。若地形整齐,也可成行成排整齐种植,产生规则整齐之美。(图6.6)

2.田园式

路两侧的园林植物都在视线以下,空间全部

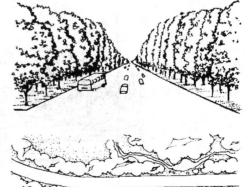

图6.6 密林式景观栽植

敞开。在郊区则与农田、菜园相连,在城市边缘也可与苗圃、果园相邻。这种形式开朗、自然、富有乡土气息,可欣赏田园风光或极目远望,视线开阔,交通流畅。主要适用于城市公路、铁路、高速干道的绿化。

3. 花园式

沿道路外侧布置大小不同的绿化空间,如广场,林荫道,其间可设必要的园林设施和建筑小品等,可供小憩、散步,或幼儿游戏,道路绿地可分段与周围绿化结合,路侧要有一定的空地。这种形式可在用地紧张、人口稠密的商业街、闹市区和居住区前的街道使用,特点是布局灵活,用地经济,功能性较强;但要严格组织交通,避免发生意外事故(图 6.7)。

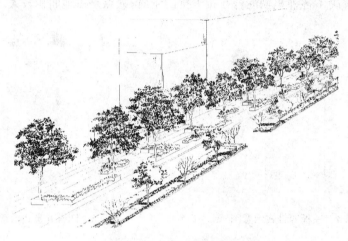

图 6.7 花园式景观栽植

4. 自然式

模拟自然景色,结合地形环境,沿着道路在一定宽度内布置有节奏的自然树丛,树丛由不同植物种类组成,具有高低、浓淡、疏密和各种形体的变化,形成生动活泼的气氛。这种形式能很好地与附近景物配合,增加道路的空间变化,但夏季遮荫效果不如整齐式的行道树。绿地的宽度要求不小于 6 m,在路口、拐弯处的一定距离内不种植高大植物以免妨碍司机视线,还要注意与地下管线的配合(图 6.8)。

图 6.8 自然式景观栽植

5. 滨河式

道路一面临水,空间开阔,环境优美,景观性强,常作为市民休闲游憩的理想场所(图

6.9）。若水面宽阔、沿岸景观优美，沿水宜设较宽阔的绿带，布置相应的游步道和休憩设施，满足人们的亲水感和观景要求。若水面较窄，对岸风景不够优美，滨河绿地布置形式宜简单，通常采用成行成列地种植。

图 6.9　滨河式景观栽植

6. 简易式

沿着道路两侧各种一行乔木或灌木，类似于一板两带式，是道路绿化中最简单、最原始的形式，适用于宽度较窄的道路（图6.10）。

城市道路绿地的形式要根据道路的实际情况，因地制宜地设计，才能满足道路的功能要求和景观效果。

6.1.3　城市道路绿地的设计原则

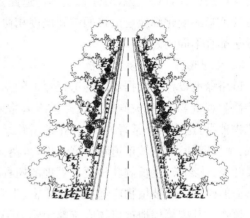

图 6.10　简易式景观栽植

1. 与城市道路的性质、功能相适应

道路的发展与城市的发展是紧密相连的。现代城市道路受城市布局、地形、气候、地质、水文及交通方式等因素的影响，由不同性质与功能的道路所组成，是一个复杂的多层次系统，如快速道路系统、交通干道系统等。有人提出建立自行车系统、公共交通系统、步道系统等。各类道路的交通目的、道路尺度及景观特征均不同，道路绿化在植物选择、高度控制、种植方式和设计手法上都需要有不同的考虑。

2. 符合用路者的行为规律和视觉特性

道路空间是供人们生活、工作、休息往来与货物流通的通道，不同用路者的行为规律和视觉特性不同，要研究道路空间中各种用路者的比例、各类活动人群的出行目的、乘坐不同交通工具所产生的行为特性和视觉特性，从中找出规律，作出符合现代交通条件下用路者行为规律和视觉特性的绿化设计。

3. 突出生态功能

道路绿化设计要根据生态学的基本原理，充分考虑立地条件和植物的种间关系，保证生物多样性,增加绿量,通过合理的植物配置,形成层次丰富、结构合理、种间关系协调稳定、能自我良性循环的人工植物群落,发挥更大的生态效益。

4. 与道路其他景观元素协调,创造优美的道路景观

人们对城市绿化的第一印象是道路绿化,道路不应仅仅满足于功能的要求,也应符合美学的要求。形式美的法则同样在城市道路绿化中适用。要保持街道的连续性、完整性,植物配置要充分利用植物自身的观赏特性,设计优美的平面线型与立面层次,体现季相的变化,淡化或者隐蔽影响街道美化的因素,创造出优美而有个性的城市道路绿地景观(图6.11)。

图 6.11　植物优美的立面层次

道路绿地是城市道路景观的一个部分,也是统一道路景观最有效的形式。道路绿地的设计要从道路整体景观考虑,与建筑及其他道路景观要素相协调。道路绿化的布局、植物配置、节奏及色彩的变化都应与道路的空间尺度相协调,与周围的地形协调,对靠近山地、河湖、丘陵的绿化都有不同的处理。

5. 合理选择、配置园林植物

道路绿地设计应根据不同的道路绿地的景观和功能的要求、形式、道路等级、用路者的视觉特性和观赏要求来选择植物,选择适应道路环境条件、生长稳定、观赏价值高和环境效益好的植物种类,达到四季常青、三季有花的道路绿化效果。行道树应选择深根性、分枝点高、冠大荫浓、生长健壮、适应城市道路环境条件,且落果对行人不会造成危害的树种。花灌木应选择枝繁叶茂、花期长、生长健壮和便于管理的树种。绿篱和观叶灌木应选用萌芽力强、枝繁叶密、耐修剪的树种。地被植物应选择茎叶茂密、生长势强、病虫害少和易管理的木本或草本观叶、观花植物。其中草坪地被植物应选择萌蘖力强、覆盖率高、耐修剪和绿色期长的种类。植物配置在统一基调的基础上,树种力求丰富有变化,注意乔灌木结合,常绿与落叶、速生与慢长相结合,乔灌木与地被、草坪相结合,适当点缀草花,构成多层次的复合结构,形成符合当地特色、生态效益显著的植物群落景观(图6.12)。

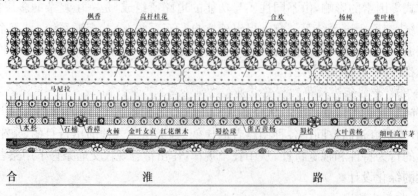

图 6.12　某道路绿地植物选择配置

6. 与道路上的交通及各类附属设施配合

为了交通安全,绿化不应遮挡汽车司机视线,保持司机视线在一定距离内的通透;不应遮蔽交通管理标志;要留出公共站台的必要范围,保证乔木有适当高的分枝点,不致刮碰大型车辆的车顶;在可能的情况下利用绿篱或灌木遮挡车灯的眩光。

对公众经常使用的厕所、报刊亭、电话亭留出合适的位置;对人行过街桥、地下通道出入口、电杆、路灯、各类通风口、垃圾出入口、路椅等的地下设施和地下管线、地下构筑物和地下沟道都应进行配合。

7. 充分考虑道路绿地的立地条件

城市道路绿地的立地条件远比其他园林绿地要恶劣,主要表现在土层浅薄、土质贫瘠、土壤状况千差万别,光照受建筑的影响明显,空气污染严重,人为的破坏频繁,与地下各类设施的矛盾尖锐,养护管理困难等等。道路绿化设计要充分考虑立地条件,只有处理好各方面的制约因素,才能保持长期的优美的道路绿地景观。

6.1.4 城市道路绿地的种植设计

6.1.4.1 城市道路绿带的种植设计

道路绿带是指道路红线范围内的带状绿地,包括行道树绿带、分车绿带和路侧绿带。

1. 行道树绿带的种植设计

行道树绿带布设在人行道与车行道之间,以种植行道树为主的绿带。行道树是街道绿化最基本的组成部分,即沿人行道外侧成行种植乔木,是街道绿化最主要的部分(图6.13)。

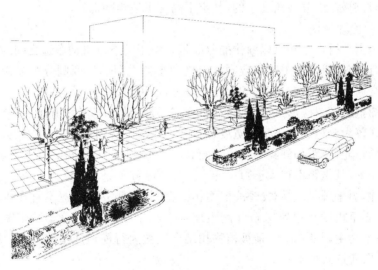

图 6.13　高大的悬铃木行道树

（1）行道树树种的选择　行道树的立地条件恶劣,根系生长范围小,空气干燥,地上部分要经受强烈的热辐射、烟尘与有害气体的危害,频繁的机械和人为损伤,地上地下管线的限制等,因此树种的选择比较严格。行道树的选择,还应考虑道路建设标准和周边环境的具体情况,以方便路人行走和车辆行驶为准则,结合景观要求,确定适当的树种。选择时要遵循以下原则：

① 适应当地生长环境,移栽容易成活,生长迅速而健壮。

② 管理简便,对水肥要求不高,耐修剪,病虫害少

③ 树冠整齐,树干挺拔,冠大荫浓,遮荫效果好。

④ 根系深,抗风能力较强,抗逆性强,无刺,不易生萌蘖根。

⑤ 花果不易脱落和污染路面,不挥发臭味及有害物质,无飞絮,不招引蝇蚁等昆虫。

(2)行道树的种植形式　行道树的种植可以有两种方式:树池式和树带式。

① 树池式。在行人多而人行道窄的路段,多采用树池式种植。树池可为方形或圆形,边长或直径不小于1.5 m为宜,行道树的栽植点位于树地的几何中心。树池边缘可高出人行道6~10 cm,避免行人践踏,但防止雨水渗入池内;因此树池可以略低于路面,表面加盖透空的池盖,使之与路面同高,这样还可增加人行道的宽度,又避免践踏。

② 树带式。树带式是在行人量不大的路段,在人行道和车行道之间留出一条不加铺装的种植带,树带式种植有利于行道树生长。树带宽度一般不小于1.5 m,在适当的距离留出铺装过道。行道树绿带种植应以行道树为主,并宜乔木、灌木、地被植物相结合,形成连续的绿带。

(3)行道树株距及定干高度的确定　不同的树种,其树冠大小、生长速度都不同,对株距也有不同的要求。行道树定植株距,应以其树种壮年期树冠郁闭效果好为准,最小种植株距应为4 m,多采取5 m的株距,南方有些高大乔木,也有采用6~8 m的株距。定植时可适当提高苗龄,效果较好,速生树苗木的胸径不得小于5 cm,慢生树不宜小于8 cm。行道树树干中心至路缘石外侧最小距离宜为0.75 m。在道路交叉口视距三角形范围内,行道树绿带应采用通透式配置。

行道树的定干高度视道路性质、树木距车行道距离和树种的分枝角度而定。凡靠近车行道路牙的行道树,分枝角度又大的,其定干高度应不低于3.5 m,以免车行时碰伤树木枝叶,而影响交通;距车行道较远,分枝角度小的,其定干高度可适当降低。

2. 分车绿带的种植设计

分车绿带是指车行道之间可以绿化的分隔带。位于上下行机动车道之间的为中间分车绿带,位于机动车道与非机动车道之间或同方向机动车道之间的为两侧分车绿带。分车绿带可以有效地组织交通,保证快慢车行驶的速度与安全,还可协调和丰富街景。

分车绿带的植物配置应形式简洁,树形整齐,排列一致。在多数情况下,分车绿带以不挡视线的种植形式较为合适。分车带的宽度,因道路而异,没有固定规格。中间分车绿带应阻挡相向行驶车辆的眩光,在距相邻机动车道路面高度0.6~1.5 m之间的范围内,配置植物的树冠应常年枝叶茂密,其株距不得大于冠幅的5倍。两侧分车绿带宽度大于或等于1.5 m的,应以种植乔木为主,并宜乔木、灌木、地被植物相结合,其两侧乔木树冠不宜在机动车道上方搭接;乔木树干中心至机动车道路缘石外侧距离不宜小于0.75 m。分车绿带宽度小于1.5 m的,应以种植灌木为主,并应灌木、地被植物相结合。被人行横道或道路出入口断开的分车绿带,其端部应采取通透式配置。

3. 路侧绿带的种植设计

路侧绿带是指在道路侧方布设在人行道边缘至道路红线之间的绿带。路侧绿带在街道绿地中占很大比例,是街道绿化中的重要组成部分,对发挥街道景观功能和生态效益起着举足轻重的作用。

路侧绿带的植物种类远比其他绿带更为丰富,配置方式也更为灵活多变,自然式、规则式、混合式均可采用,但仍要有统一的基调以保持景观的整体性和连续性(图6.14)。

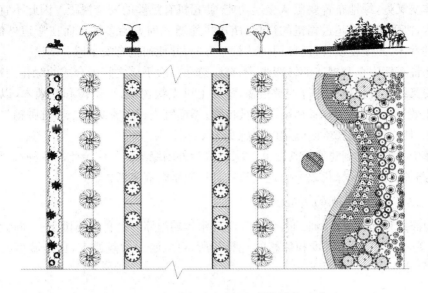

图 6.14 某城市道路路侧绿带的种植设计

　　路侧绿带应根据相邻用地的性质、防护和景观的要求进行设计,并应保持在路段内的连续与完整的景观效果。路侧绿带宽度大于 8 m 时,可设计成开放式绿地。开放式绿地中,绿化用地面积不得小于该段绿带总面积的70%。路侧绿带与毗邻的其他绿地一起辟为街旁游园时,其设计应符合现行行业标准《公园设计规范的规定》。濒临江、河、湖、海等水体的路侧绿地,应结合水面与岸线地形设计成滨水绿带,滨水绿带的绿化应在道路和水面之间留出透景线。在城市外围及交通干道附近的一些路侧绿带可以设计成层次复杂、功能多样、生态效益明显、景观优美的森林景观道路。

6.1.4.2　立体交叉的种植设计

　　立体交叉可能是城市中两条高等级的道路相交处,或高等级道路跨越低等级道路,也可能是快速道路的入口处。立体交叉由主、次干道和匝道组成。匝道是供车辆左、右转弯,将车流导向主、次干道的。立体交叉的形式不同,交通量和地形也不相同,需要灵活处理(图 6.15)。

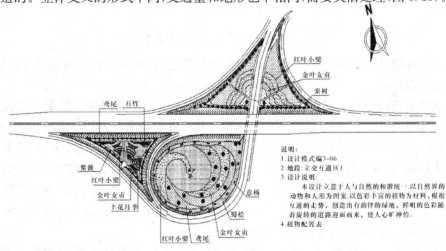

图 6.15　某立体交叉平面图

在立体交叉处,绿地布置要服从交通功能,使司机有足够的安全视距。因此不宜种植遮挡视线的树木,高度也不能超过司机的视高,使司机能通视前方的车辆。而在弯道外侧,应连续种植成行的乔木,封闭视线,可诱导司机的行车方向,并使司机有安全感。

为了保证车辆安全和规定的转弯半径,在匝道和主次干道之间围合成的绿化用地,称为绿岛。立体交叉绿岛应种植草坪等地被植物,草坪上可点缀树丛、孤植树和花灌木,以形成疏朗开阔的绿化效果;立交桥下宜种植耐阴地被植物;墙面宜进行垂直绿化。不宜种植过高的绿篱和大量乔木,使立体交叉产生阴暗郁闭的感觉。

从立体交叉的外围到建筑红线之间的绿地称为外围绿地。外围绿化的树种选择和种植方式,要和道路伸展方向的绿化以及附近建筑物的性质结合起来考虑。

6.1.4.3 滨水道路绿地的种植设计

滨水道路绿地是城市中濒临河、湖、江、海等水体的道路。这种道路由于一面临水,空间开阔,环境优美,是城市居民赏景和休憩的理想场所,可以吸引大量游人,也是城市的生态绿廊(图 6.16)。

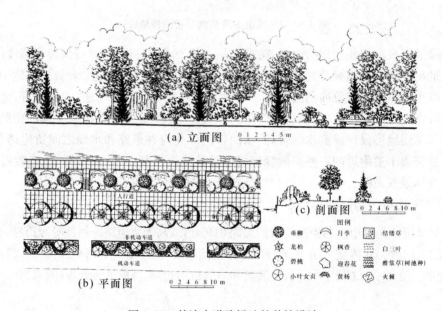

图 6.16 某滨水道路绿地的种植设计

滨水道路绿地必须密切结合当地生态环境、河岸高度、用地宽窄和交通特点等实际情况来进行全面规划设计。

一般滨水道路的一侧是城市建筑,另一侧是水体,中间为道路绿带。如果在水面不宽阔、对岸又无景可观的情况下,滨水道路可布置简单一些。除车行道和人行道之外,在临水布置游步道,岸边可以设置栏杆、园灯、果皮箱、石凳等,种植树姿优美、观赏价值高的乔灌木,以自然式种植为主,树间布置座椅,供游人休息。在水面宽阔、对岸景色优美的情况下,临水宜设置较宽的绿化带、花坛、草坪、石凳、花架等,在可观赏对岸景点的最佳位置设计一些小型广场或者是有特色的平台,供游人伫立或摄影。水体面积宽阔,水面可以划船、游泳时,应将其设计成滨水游憩带状公园绿地,纳入城市绿地总体规划。

在滨水道路绿地上除采用一般街道绿化树种外,还可选用适于低湿地生长的树木如垂柳等。为便于人们观赏和眺望风景,树木不宜种得过于闭塞,林冠线要富于变化,除种乔木外,还可种一些灌木和花卉,以丰富景观。在低湿的河岸上或一定时期可能上涨水位的水边,应选择耐水湿和耐盐碱的树种。有些滨水道路绿地还有防浪、固堤、护坡的作用,斜坡上要种植草皮,防止水土流失,也可起到美化作用。滨水道路绿地的游步道应尽量靠近水边,以满足行人亲近水面的需要;游步道与车道之间应尽可能用绿化隔离开,以保证游人的休息和安全。

6.1.4.4 高速公路的种植设计

高速公路是联系远距离的城市的主干道,供汽车高速行驶的现代公路,对路面的质量要求较高,车速一般为每小时 80~120 km。高速公路的横断面包括行车道、中央分隔带、路肩、边坡、路边安全地带等组成。此外高速公路上还有预留绿化带、互通立交、休息站和收费站等。

良好的高速公路植物配置可以减轻驾驶员的疲劳,丰富的植物景观也为旅客带来了轻松愉快的旅途。高速公路的绿化由中央隔离带绿化、边坡绿化和互通绿化组成。

中央隔离带绿化的作用是遮光防眩、诱导视线和改善景观。绿带内一般不成行种植乔木,避免投影到车道上的树影干扰司机的视线,树冠太大的树种也不宜选用。隔离带内可种植修剪整齐的色块模纹,选择的植物品种不宜过多,色彩搭配不宜过艳,重复频率不宜太高,节奏感也不宜太强。一般可以根据分隔带宽度每隔 30~70 m 距离重复一段,色块灌木品种选用 3~6 种,中间可以间植多种形态的开花或常绿植物使景观富于变化(图 6.17)。

图 6.17 高速公路中央隔离带植物配置

边坡绿化的主要目的是固土护坡、防止冲刷,植物配置应尽量不破坏自然地形地貌和植被,选择根系发达、易于成活、便于管理、兼顾景观效果的植物。

互通绿化位于高速公路的交叉口,最容易成为人们视觉上的焦点。其绿化形式主要有两种:一是大型的模纹图案,种植花灌木进行造型,形成简洁大气的植物景观;另一种是苗圃景观模式,人工植物群落按乔、灌、草的种植形式种植,密度相对较高,在发挥生态和景观功能的同时,还兼顾了经济功能,为城市绿化发展所需的苗木提供有力的保障(图 6.18)。

图 6.18　高速公路互通绿化植物配置

高速公路要在每 50～100 km 间设休息站，供司机和乘客停车休息。休息站包括减速车道、加速车道、停车场、加油站、餐厅、小卖部、厕所等服务设施，要结合这些设施进行绿化。停车场可大量绿化，种植具有浓荫的乔木，以防止车辆受到曝晒。场内可利用草坪、花坛或树坛分隔不同车辆的停放区。

6.2　城市广场绿化设计

6.2.1　城市广场的类型和特点

城市广场是城市整体空间环境一个重要的组成部分，是城市居民的重要的活动空间，与城市的环境、历史、人文有很大的关联。城市广场一般是指由建筑物、街道和绿地等围合或限定形成的永久性城市公共活动空间，是城市空间环境中最具公共性、最富有艺术魅力、最能反映城市文化特征的开放空间。城市广场往往集中表现城市的面貌，有着城市"客厅"的美誉。

现代城市广场的类型，通常可以根据广场的功能性质、尺度关系、空间形态、材料构成、平面组合和剖面形式等方面划分。其中最为常见的是根据广场的功能性质进行分类，可以分为市政广场、纪念性广场、集散广场、中通广场、休闲广场、文化广场和商业广场等。城市广场的绿化布置要与广场的性质、规模、功能相适应，与周围建筑密切配合，互相衬托。

6.2.1.1　市政广场

市政广场一般位于城市的中心位置，通常是城市行政区中心，往往布置在城市主轴线上，成为一个城市的象征。市政广场布局形式一般较为规则，甚至是中轴对称的。标志性建筑物常位于轴线上，其他建筑及小品对称或对应布局，广场中一般不安排娱乐性、商业性很强的设施和建筑，以加强广场稳重严整的气氛。市政广场一般面积较大，车流量较大，应具有良好的可达性和流通性。为了让大量的人群在广场上自由活动，一般多用硬质材料铺装为主，如北京天安门广场等(图 6.19)。也有以绿化为主的,如美国华盛顿市中心广场,整个广场如同一个大型公园。

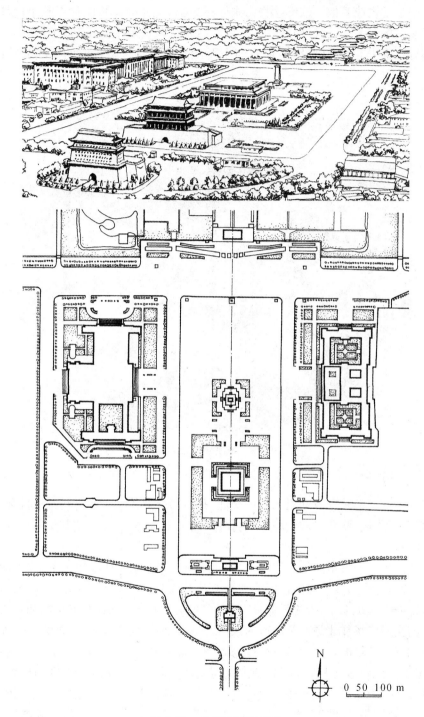

图 6.19　北京天安门广场

6.2.1.2　纪念广场

纪念广场一般保存时间很长,所以纪念广场的选址和设计都应紧密结合城市总体规划统一考虑。选址应远离商业区、娱乐区等,突出严肃深刻的文化内涵和纪念主题,营造宁静和谐的环境气氛。城市纪念广场题材非常广泛,可以是纪念某个人物或某个事件,通常以纪念雕塑、纪念碑、纪念建筑或其他形式纪念物为主体标志物,主体标志物应位于整个广场构图的中心位置。纪念广场的大小没有严格限制,只要能达到纪念效果即可。考虑到要举行纪念活动,广场中应具有较集中的硬质铺装地,而且与主要纪念标志物保持良好的视线或轴线关系(如图6.20)。

图6.20 平津战役纪念广场

6.2.1.3 交通广场

交通广场主要目的是有效地组织城市交通,是城市交通体系中的有机组成部分,是连接交通的枢纽,起交通集散、联系、过渡及停车的作用,通常分两类:一类是站前交通广场,另一类是环岛交通广场。

站前交通广场处于城市内外交通会合处,主要起交通转换作用,如火车站、长途汽车站前的广场,是城市对外交通或者是城市区域间的交通转换地。设计时广场的规模与转换交通量有关,包括机动车、非机动车、人流量等;广场要有足够的行车面积、停车面积和行人场地。对外交通的站前交通广场往往是一个城市的入口,位置一般比较重要,很可能是一个城市或城市区域的轴线端点。广场的空间形态应尽量与周围环境相协调,体现城市风貌,使往来旅客感觉舒适,印象深刻。例如南京火车站新建造的站前交通广场,按照国际最先进的理念设计,合理地安排车流、人流,为龙蟠路上东西方向过境的车辆安排地下隧道,出租车有立交桥,将广场留给了过往行人,特别是设计了亲水平台,让旅客能直接感受到一览无余的玄武湖风光,从而留下对这个城市的美好印象(图6.21)。

环岛交通广场是城市干道交叉口处的交通广场,地处道路交汇处,尤其是四条以上的道路交汇处,以圆形居多,三条道路交汇处常常呈三角形。环岛交通广场的位置通常处于城市的轴

图 6.21 南京火车站站前交通广场

线上,是城市景观、城市风貌的重要组成部分,形成城市道路的对景。一般以绿化为主,应有利于交通组织和动态观赏,同时广场上往往还设有城市标志性建筑或小品,如喷泉、雕塑等。

6.2.1.4 休闲广场

在现代社会中,休闲广场已成为广大市民最喜爱的重要户外活动空间,它是供市民休息、娱乐、游玩、交流等活动的重要场所,其位置常常选择在人口较密集的地方,以方便市民使用,如街道旁、市中心区、商业区或居住区内,如图 6.22 为上海人民广场。休闲广场的布局不像市政广场和纪念性广场那样严肃,而是以让人轻松愉快为目的,往往灵活多变,空间多样自由,但一般与环境结合很紧密(图 6.23)。广场的规模可大可小,没有具体的规定,主要根据现状环境来考虑。广场尺度、空间形态、环境小品、绿化、休闲设施等都应符合人的行为规律和人体尺度要求。

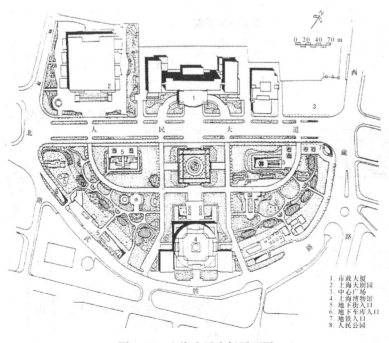

1. 市政大厦
2. 上海大剧院
3. 上海博物馆
4. 中心广场
5. 地下街入口
6. 地下车库入口
7. 地铁入口
8. 人民公园

图 6.22 上海人民广场平面图

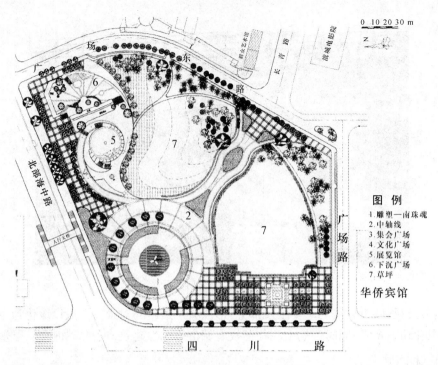

图例
1. 雕塑—南珠魂
2. 中轴线
3. 集会广场
4. 文化广场
5. 展览馆
6. 下沉广场
7. 草坪

图 6.23　某市民休闲广场平面图

6.2.1.5　文化广场

文化广场是为了展示城市深厚的文化积淀和悠久历史,经过深入挖掘整理,从而以多种形式在广场上集中地表现出来。因此文化广场应有明确的主题,与休闲广场无需主题正好相反。文化广场是城市的室外文化展览馆,一个好的文化广场应让人们在休闲中了解该城市的文化渊源,从而达到热爱城市、激发上进精神的目的。如南京汉中门广场,以南京古城墙为依托,反映了六朝古都南京像城墙一样厚重的文化和历史(图 6.24)。

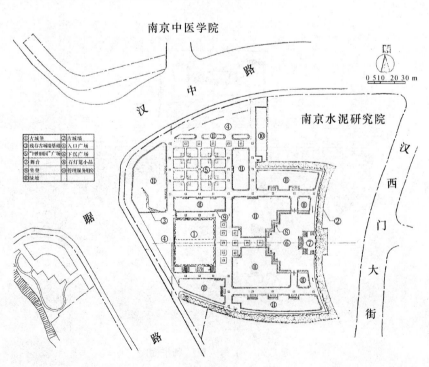

南京中医学院

南京水泥研究院

图例
① 古城堡　② 古城墙
③ 残存古城墙基础　④ 入口广场
⑤ "呼田园"广场　⑥ 下沉广场
⑦ 舞台　⑧ 石灯笼小品
⑨ 坐凳　⑩ 管理服务用房
⑪ 绿地

图 6.24　南京汉中门广场

　　文化广场的选址没有固定模式,一般选择在交通比较方便、人口相对稠密的地段,还可考虑与集中公共绿地相结合,甚至可结合旧城改造进行选址。其规划设计不像纪念广场那样严谨,不一定需要有明显的中轴线,可以完全根据场地环境、表现内容和城市布局等因素进行灵活设计。

6.2.1.6　商业广场

　　商业广场是为商业活动提供综合服务的功能场所。商业功能是城市广场最古老的功能,商业广场也是城市广场最古老的类型。商业广场的形态空间和规划布局没有固定的模式可言,它总是根据城市道路、人流、物流、建筑环境等因素进行设计的。但是商业广场必须与其环境相融、与功能相符,合理组织交通,同时应充分考虑人们购物休闲的需要。例如交往空间的创造、休息设施的安排和适当的绿化等(图 6.25)。

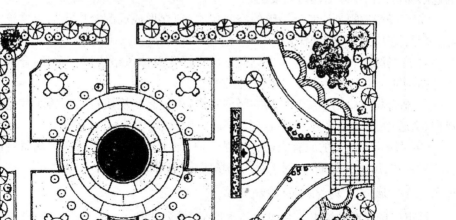

平面图

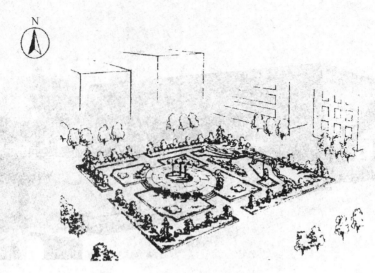

图 6.25 设计简练大方的商业广场

6.2.2　城市广场的绿化设计

6.2.2.1　城市广场绿化的原则

城市广场绿化的主要原则有：

① 广场绿地布局应与城市广场总体布局统一，使绿地成为广场的有机组成部分，从而更好地发挥其主要功能，符合其主要性质、要求。

② 广场绿地的功能与广场内各功能区相一致，更好地配合和加强该区功能的实现。如在入口区植物配置应强调绿地的景观效果，休闲区规划则应以落叶乔木为主，冬季的阳光、夏季的遮阳都是人们户外活动所需要的。

③ 广场绿地规划应具有清晰的空间层次，独立形成或配合广场周边建筑、地形等形成良好、多元、优美的广场空间体系。

④ 广场绿地规划设计应考虑到与该城市绿化总体风格协调一致，结合地理区位特征，物种选择应符合植物的生长规律，突出地方特色。

⑤ 结合城市广场环境和广场的竖向特点，以提高环境质量和改善小气候为目的，协调好风向、交通、人流等诸多因素。

⑥ 对城市广场上的原有大树应加强保护，保留原有大树有利于广场景观的形成，有利于体现对自然、历史的尊重，有利于对广场场所感的认同。

6.2.2.2　城市广场绿地的种植形式

城市广场绿地种植主要有四种基本形式：排列式种植、集团式种植、自然式种植、花坛式（图案式）种植。

1.排列式种植

属于整形式种植，主要在广场周围或者长条形地带应用，用于隔离、遮挡或作背景。单排的绿化栽植，可在乔木间加种灌木及草本花卉，株间要有适当的距离，以保证充足的阳光和营养面积。乔木下的灌木和草本花卉要选择耐阴品种，并排种植的各种乔灌木在色彩和体型上要注意协调(图 6.26)。

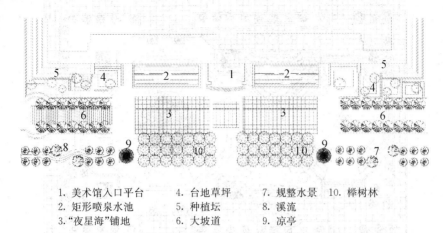

1. 美术馆入口平台　　4. 台地草坪　　　7. 规整水景　10. 榉树林
2. 矩形喷泉水池　　　5. 种植坛　　　　8. 溪流
3. "夜星海"铺地　　　6. 大坡道　　　　9. 凉亭

图 6.26　日本横滨美术馆前广场的排列式种植

2. 集团式种植

也是整形式的一种,是为避免成排种植的单调感,把几种树组成一个树丛,有规律地排列在一定地段上。这种形式有丰富浑厚的效果,远看很壮观,近看又很细腻(图 6.27)。

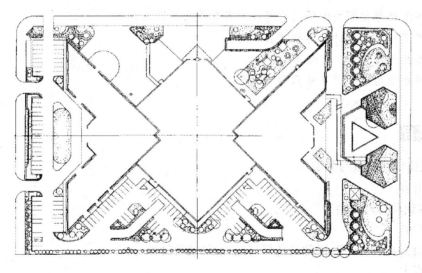

图 6.27　中粮广场集团式种植

3. 自然式种植

这种种植形式不受统一的株、行距限制,而是疏密有序地布置,从不同的角度观赏产生不同的景观,生动而活泼。这种布置不受地块大小和形状限制,可以巧妙地解决与地下管线的矛盾,布置要紧密结合环境。

4. 花坛式种植

花坛式种植即图案式种植,是一种规则式种植形式,装饰性极强,材料选择可以是花卉、草坪,也可是可修剪整齐的树木,构成各种图案(图 6.28)。它是城市广场最常用的种植形式之一。

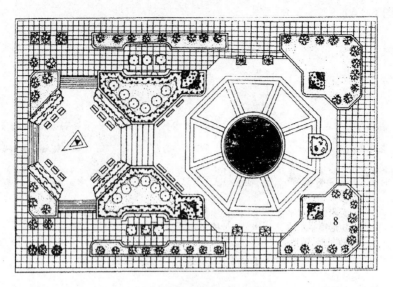

图 6.28 某雕塑广场花坛式种植

▶▶ **思考题**

1. 城市道路绿化断面的形式有哪些?各有什么优缺点?

2. 城市道路绿地设计应遵循什么原则?

3. 行道树树种选择有哪些要求?

4. 广场根据功能性质可分为哪几类?

▶▶ **实训项目**

一、道路绿化调查与测绘

(一)内容

道路绿化调查与测绘

(二)目的

掌握道路绿地的形式,树种的选择与配置,种植设计的方式。

(三)要求

1. 调查分析当地主要道路的立地条件,常用道路绿化树种及生长状况,常用绿化形式及景观特征。

2. 选择较典型的三板四带式或四板五带式道路进行测绘。

3. 对所测绘道路的绿化作分析与评价。

(四)作业

1. 调查报告。

2. 所测绘道路的平面图、立面图,附分析与评价。

二、城市广场绿地设计

(一)内容

休闲广场绿地设计。

（二）目的

了解休闲广场的作用、特点、基本内容和绿地设计要求，掌握设计方法。

（三）要求

根据提供的现状图，按要求完成设计。

（四）作业

平面设计图、鸟瞰图、局部效果图，设计说明书。

7 居住区绿地规划设计

居住区绿地最接近居民,与居民日常生活关系最为密切,在城市园林绿地系统中分布最广,是城市生态系统中重要的组成部分。居住区绿地在改善居住区小气候和卫生条件,美化居住区环境和为居民及儿童创造室外休息活动场地方面都有显著作用。

7.1 居住区绿地设计的基础知识

7.1.1 居住区的概念

"人类住区"(Human Settlements)是指人类聚居的区域,是人类生活环境(以居住为主)的最基本单位的一个系统。按其规模和组成,分为"居住区"、"居住小区"、"居住组团"三级。

居住区,泛指不同居住人口规模的居住生活聚居地和特指城市干道或自然分界线所围合,并与居住人口规模(30 000~50 000 人)相对应,配建有一整套较完善的、能满足该区居民物质与文化生活所需的公共服务设施的居住生活聚居地。

居住小区,一般称小区,是被居住区级道路或自然分界线所围合,并与居住人口规模(7 000~15 000 人)相对应,配建有一套能满足该区居民基本的物质与文化生活所需的公共服务设施的居住生活聚居地。

居住组团,一般称组团,指一般被小区道路分隔,并与居住人口规模(1 000~3 000 人)相对应,配建有居民所需的基层公共服务设施的居住生活聚居地。

7.1.2 居住区的组成

7.1.2.1 居住区的组成
居住区包括住宅用地、公共建筑和公用设施用地、道路及广场用地、居住区公共绿地。

1. 住宅用地
住宅建筑基底占地及其四周合理间距内的用地(含宅绿地和宅间小路等)的总称。

2. 公共服务设施用地
又称公共用地,是与居住人口规模相对应配建的、为居民服务和使用的各类设施的用地,应包括建筑基底占地及其所属场院、绿地和配建停车场等。

3. 道路用地
居住区道路、小区路、组团路及非公建配建的居民汽车、单位通勤车等停放场地。

4. 公共绿地

满足规定的日照要求、适合于安排游憩活动设施的、供居民共享的游憩绿地，应包括居住区公园、小游园和组团绿地及其他块状带状绿地等。

7.1.2.2 居住区建筑的布置形式

居住区建筑的布置形式，与地理位置、地形、地貌、日照、通风及周围的环境等条件都有着紧密的联系，需要因地制宜地进行布设，主要有以下几种基本形式（图7.1）：

1. 行列式布置

根据一定的朝向、间距，成行成列地布置建筑，是居住区建筑布置中最常用的一种形式。优点是使绝大多数居室获得最好的日照和通风，但由于过于强调南北向布置，整个布局显得单调呆板，所以也常用错落、拼接成组、条点结合、高低错落等方式，在统一中求得变化而不致过于单调。

2. 周边式布置

建筑沿着道路或院落周边布置的形式。优点是有利于节约用地，也有利于公共绿地的布置，且可形成良好的街道景观，缺点是较多的居室朝向差或通风不良。

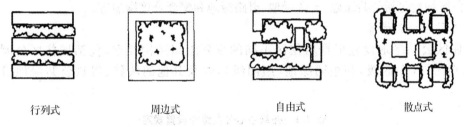

| 行列式 | 周边式 | 自由式 | 散点式 |

图 7.1　建筑的布置形式与绿地布置

3. 混合式布置

以上两种形式相结合，常以行列式布置为主，公共建筑及少量居住建筑沿道路、院落布置为辅，发挥行列式和周边式布置各自的优点（图7.2）。

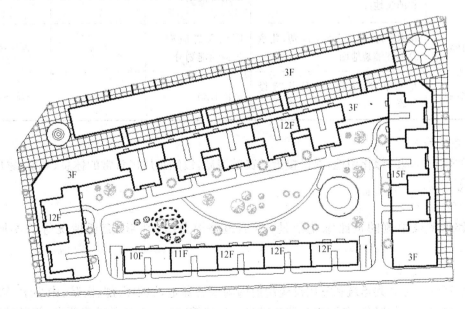

图 7.2　混合式布置

4. 自由式布置

常结合地形或受地形地貌的限制而充分考虑日照、通风等条件,居住建筑自由灵活地布置,这种布置显得自由活泼,绿地景观灵活多样。

5. 庭园式布置

主要用在低层建筑,形成庭园的布置,用户均有院落,有利于保护住户的私密性、安全性,绿化条件较好,生态环境较优越。

6. 散点式布置

随着高层住宅群的形成,居住建筑常围绕着公共绿地、公共设施、水体等散点布置,它能更好地解决人口稠密、用地紧张的矛盾,且可提供更大面积的绿化用地。

7.1.3 居住区绿地的类型及定额指标

7.1.3.1 居住区绿地的类型

居住区绿地包括公共绿地、宅旁绿地、道路绿地和配套公建绿地等。

1. 居住区公共绿地

居住区公共绿地设置根据居住区不同的规划组织结构类型,包括居住区公园(居住区级)、小游园(小区级)和组团绿地(组团级),以及其他的块状、带状公共绿地等(见表7.1)。

表 7.1　各级中心公共绿地设置规定

公共绿地类型	设 置 内 容	要　求	最小规模(hm²)	服务半径(m)
居住区公园	花木草坪,花坛水面,凉亭雕塑,小卖茶座,老幼设施,停车场地和铺装地面	园内布局应有明确的功能划分	1.0	800～1 000
小游园	花木草坪,花坛水面,雕塑,儿童设施和铺装地面	园内布局应有一定的功能划分	0.4	300～500
组团绿地	花木草坪,桌椅,简易儿童设施等	灵活布局	0.04	100～250

2. 宅旁绿地

居住建筑四周的绿化用地,是最接近居民的绿地,以满足居民日常的休息、观赏、家庭活动和杂务等需要。

3. 道路绿地

道路两侧或单侧的道路绿化用地,根据道路的分级、地形、交通情况等的不同进行布置。

4. 配套公建绿地

居住区内各类公共建筑和公用设施用地内附属的绿地,如俱乐部、医院、中小学、幼儿园、儿童游戏场等用地的绿化,其绿化布置要满足公共建筑和公用设施的功能要求,并考虑与周围环境的关系。

园林规划设计

7.1.3.2　居住区绿地的定额指标

1. 绿地率

我国《城市居住区规划设计规范》规定新建设居住区各类绿地至少占总用地的 30%，旧区改建不宜低于 25%。

2. 公共绿地的总指标

居住区内公共绿地的总指标，应根据居住人口规模确定，其中组团不少于 0.5 m²/人，小区（含组团）不少于 1 m²/人，居住区（含小区与组团）不少于 1.5 m²/人。居住区各公共绿地的绿化面积（含水面）不宜小于 70%，即在有限的用地内争取最大的绿化面积，并使绿地内外通透融为一体。旧区改造可酌情降低其指标，但不得低于相应指标的 70%。

各级中心公共绿地规模的确定，主要考虑因素有：一是人流容量，如居住区公园应考虑 3~5 万人，日常在公园出游的居民量为 15%；二是要合理安排场地和游憩空间的使用功能要求。根据我国一些城市的居住区规划实践，考虑以上两个因素，居住区公园规划用地不小于 1 hm²，居住小区的小游园规划用地不小于 4 000 m²，居住组团绿地用地不小于 400 m²。居住区其他公共绿地，参照以上要求，应同时满足宽度不小于 8 m、面积不小于 400 m² 的规模要求。

布置在住宅间距内的组团及小块公共绿地的设置应满足"有不少于 1/3 的绿地面积在标准的建筑日照阴影线范围之外"的要求，以保证良好的日照环境，同时要便于设置儿童游戏设施和适于成人游憩活动。

7.2　居住区绿地设计的一般要求

居住区绿地设计的一般要求有：

① 居住绿地应在居住区规划中按有关规定进行配套，并在居住区详细规划指导下进行规划设计。

② 小区级以上规模的居住用地应当首先进行绿地总体规划，确定居住用地内不同绿地的功能和使用性质，使绿地指标、功能得到平衡，居民们使用方便。

③ 合理组织、分隔空间，设立不同的休息活动空间，满足不同年龄居民活动、休息的需要。

④ 要充分利用原有自然条件，因地制宜，节约用地和投资。

⑤ 居住区绿地应以植物造景为主。根据居住区内外的立地条件、景观特征等，按照适地适树的原则进行植物配置，充分发挥生态效益和景观效益。在以植物造景为主的前提下，可设置适当的园林小品，但不宜过分追求豪华和怪异。

⑥ 合理确定各类植物的配置比例。速生、慢生树种的比例，一般是慢长树种不少于树木总量的 40%。乔木、灌木的种植面积比例一般应控制在 70%，非林下草坪、地被植物种植面积比例宜控制在 30% 左右。常绿乔木与落叶乔木数量的比例应控制在 1:3~1:4 之间。

⑦ 乔灌木的种植位置与建筑及各类市政设施的关系，应符合有关规定。

7.3 居住区各类绿地的规划设计

7.3.1 公共绿地规划设计

7.3.1.1 居住区公园

居住区公园的功能可按小型综合性公园的功能组织来考虑,一般有安静游憩区、文化娱乐区、儿童活动区、服务管理区等。

1. 安静游憩区

安静游憩区是居住区公园内重要部分,作为游览、观赏、休息等用,游人密度较小,绿地面积比例较大。安静游憩区应选择地形富于变化且环境最优的位置,并与喧闹活动的区域隔离。区内宜设置休息场地、散步小径、桌凳、老人活动室、水面及各种园林种植等。

2. 文化娱乐区

文化娱乐区是人员、建筑和场地较集中的区域,也是全园的重点,常位于园内中心部位,可和居住区的文体公共建筑结合起来设置,布置时要注意排除区内各项活动之间的相互干扰,可利用绿化、土石等加以隔离,运用平地、广场或自然地形等妥善组织交通。

3. 儿童活动区

儿童活动区各种设施要考虑少年儿童活动的尺度,学龄前和学龄儿童要分开活动,可设置游戏场、戏水池、运动场、科技活动园地等。各种小品形式要适合少年儿童的兴趣、寓教于乐。区内道路布置要简捷明确,容易识别。植物品种色彩鲜艳、注意不要选择有毒、有刺、有异味的植物。

4. 服务管理区

服务管理区包括小卖部、租借处、废物箱、厕所等设施。园内主要道路及通往主要活动设施的道路宜作无障碍设计,照顾残疾人和老年人等特殊人群。

图 7.3 为一小型综合性居住区公园,地处建筑密度很高的商住综合居住区,占地约 3 hm²。公园采用自然式布局,道路、场地、水体、喷水池、花坛及部分建筑均采用曲线造型,构成自然的空间和渐变景观。公园以近 1/3 的用地设置文化娱乐设施,为园内主要功能区,位于中心部位,文化厅与文化娱乐厅隔湖相望,相互分隔以免干扰,小广场穿插其间;便于文化厅的人流疏散。安静游憩区设于边缘僻静的独立地段,有大片绿地与文化活动区分隔过渡。青少年活动区和儿童游戏区分设公园的两个出入口部位,便于使用。

7.3.1.2 小区游园

1. 位置

小游园的位置一般要求适中,居民使用方便,既要求交通方便,又要避免成为人行通道,尽可能和小区公共活动中心结合起来布置,并注意充分利用原有的绿化基础。这样不仅节约用地,而且能满足小区建筑艺术的需要(图 7.4)。

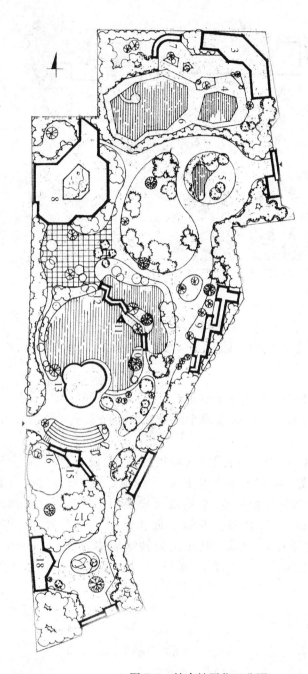

1. 主入口
2. 门房
3. 少年宫
4. 儿童池
5. 喷水池
6. 游泳池
7. 休息廊
8. 文化厅
9. 万寿廊
10. 拱桥
11. 三角亭
12. 曲桥
13. 文化娱乐厅
14. 公共厕所
15. 放映室
16. 休息廊
17. 儿童乐园
18. 宝宝乐
19. 次入口

图 7.3 综合性居住区公园

　　小游园在小区中心时,其服务半径以不超过 500 m 为宜。在规模较小的小区中,小游园可在小区的一侧沿街布置或在道路的转弯处两侧沿街布置。当小游园沿街布置时,可以形成绿化隔离带,用于减弱干道的噪声对临街建筑的影响,还可以美化街景,便于居民使用。有的道路转弯处,往往将建筑物后退,可以利用空出的地段建设小游园,这样,路口处局部加宽后,使建筑取得前后错落的艺术效果。在较大规模的小区中,也可布置成几个绿地贯穿整个小区。

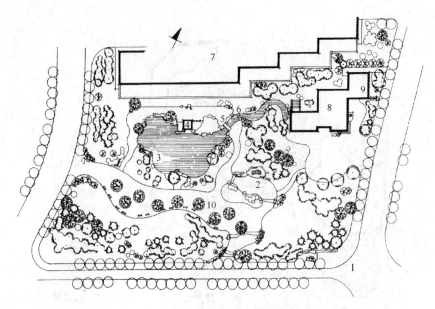

1. 入口标志　2. 雕塑　3. 涌泉　4. 方亭　5. 平桥　6. 叠水
7. 住宅楼　8. 管委会　9. 公厕　10. 广场

图 7.4　某居住小区游园平面图

2. 规模

小游园的用地规模是根据其功能要求来确定的,功能要求又和居民生活水平有关,这些在国家确定的定额指标上已有规定。目前新建小区公共绿地面积采用平均每人 $1\sim2$ m² 的指标。

小游园主要是供居民休息、观赏、游憩的活动场所,一般设有老人、青少年、儿童的游憩和活动等设施。只有形成一定规模的集中的整块绿地,才能安排这些内容,但如果将小区绿地全部集中,不设分散的小块绿地,会造成居民使用不便。因此,最好采取集中与分散相结合,使小游园面积占小区全部公共绿地面积的一半左右为宜。如小区为 1 万人,小区公共绿地面积平均每人 $1\sim2$ m²,则小区公共绿地约为 $0.5\sim1$ hm² 左右。小游园用地分配比例可按建筑用地约占 3% 以下,道路、广场,用地约占 10%～25%,绿化用地约占 60% 以上来考虑。

3. 类型

小游园的类型主要有:

(1) 广场式　小游园布置成供休息、活动为主的广场形式(图 7.5)。

(2) 开敞草坪式　布置成简单的草坪形式,供游息、观赏。

(3) 组景式　小游园布置成有主题的景点或景点组合形式。

(4) 混合式　小游园组成兼有以上几种形式(图 7.6)。

4. 设计要点

小游园的服务对象以老人和少年儿童为主,主要活动方式有观赏、休息、游玩、体育活动、社交和课外阅读等。应根据不同年龄居民的特点,划分活动场地和确定活动内容,场地之间要有分隔,布局既要紧凑,又要避免相互干扰。

小游园的规划设计要符合功能要求,充分利用自然地形,尽量保留原有绿化和利用不宜建

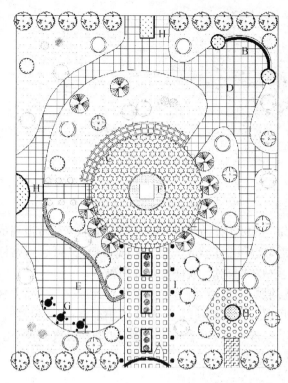

植物名录表

图例	树　种	数　　量
	桧柏球	12株
	榆叶梅	7株
	黄刺梅	10株
	连　翘	11株
	丁　香	6株
	龙爪槐	9株
	紫叶小檗	3株
	国　槐	19株
	水腊球	6株
	红瑞木	3株
	紫叶小檗篱	20延长米
A	拱　门	41个
B	花坛坐凳	1组
C	装饰花架	1组
H	花　坛	3组
D	儿童活动区	
E	健身活动区	
I	装饰灯柱	11个
G	石桌石凳	3套
F	雕　塑	3组

图 7.5　某小区广场式游园平面图

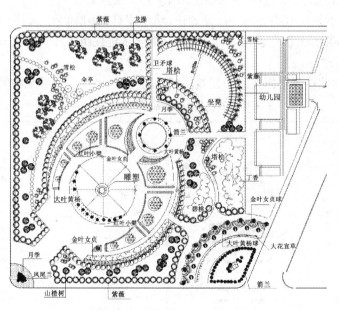

图 7.6　某小区混合式游园平面图

筑的地段进行规划设计。平面布置形式有规则式、自然式和混合式。

　　小游园的绿化的配置,要做到四季都有较好的景观,配置乔灌木、花卉和地被植物。在满足小游园功能要求的前提下,尽可能运用植物的姿态、高度、花期、花色以及四季叶色的变化等因素,提高绿地的艺术效果(图 7.7)。植物配置得好,可以创造出许多优美的景观,吸引居民前往。

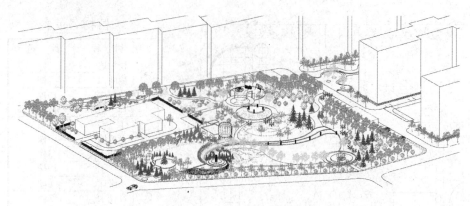

图 7.7　某居住小区游园绿化配置效果示意

小游园在配置树木时,应采用多样统一的原则。如园路两侧的树,不能采用行道树的栽植方式,可以和孤植树、树丛结合起来布置,这样既可形成一定的景观特色,又可起到路标的作用。在高层住宅下的绿地阴影部分,应栽植耐阴花木,或摆盆花等布置。

配置树木还要注意"重叠和透视"的问题。"重叠"就是游人视线看到近树与远树重叠在一起;"透视"就是游人透过近树还能看到远树。布置树丛时,一般要防止重叠;布置树群时,必然重叠,才能表现出树群丰富多彩的效果。一般中景、近景树可透视,显得有层次、有变化;远景树可以是树群,也可开辟几条透视线,显得景色深远。

7.3.1.3　居住组团绿地

居住组团绿地是结合居民组团建筑的不同组合而形成的公共绿地,面积不大,靠近住宅,居民使用方便,特点是用地小、投资少、见效快、易于建设;服务半径小、使用率高;通过利用植物材料,既能改善组团住宅的通风、光照条件,又能丰富居住组团建筑的艺术面貌。

1. 布置的位置

居住组团绿地的位置根据在组团建筑内的相对位置,可以有以下几种类型(见表 7.2)。

表 7.2　居住组团绿地布置类型及基本形式

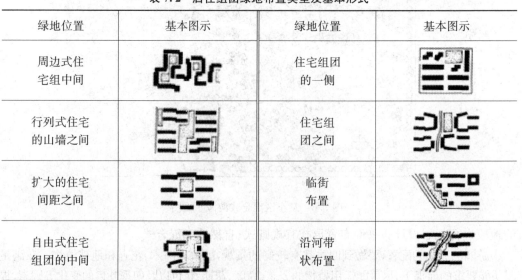

绿地位置	基本图示	绿地位置	基本图示
周边式住宅组中间		住宅组团的一侧	
行列式住宅的山墙之间		住宅组团之间	
扩大的住宅间距之间		临街布置	
自由式住宅组团的中间		沿河带状布置	

① 周边式住宅中间布置。

园林规划设计

174

② 行列式住宅的山墙间布置。

③ 扩大住宅的间距布置。

④ 穿插于住宅间自由式布置。

⑤ 住宅组团的一角布置。

⑥ 结合公共建筑布置。

2. 布置方式

（1）开敞式　即居民可以进入绿地内休息活动,不以绿篱或栏杆与周围隔离。

（2）半封闭式　以绿篱或栏杆与周围隔离,但留有若干出入口。

（3）封闭式　一般只供观赏,而不能入内活动,以绿篱或栏杆隔离。这种布置方式管理方便,但无活动场地,使用效果差。

3. 设计要点

居住组团绿地的内容设置可有绿化种植、安静休息、游戏活动等,还可附有一些小品建筑或活动设施。具体内容要根据居民活动的需要来安排,是以休息为主,还是以游戏为主;休息活动场地在居住区内如何分布等,均要按居住地区的规划设计统一考虑(图7.8)。居住组团绿地内应尽量选用抗性强、病虫害少的植物种类。

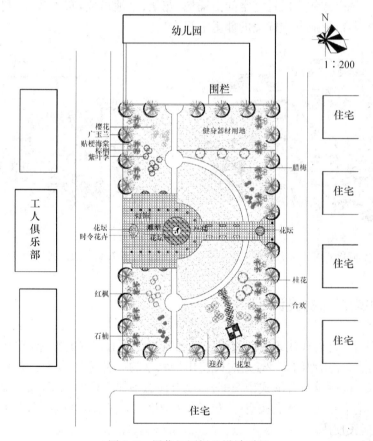

图 7.8　居住组团绿地设计平面

（1）绿化种植部分　常设在周边及场地间的分隔地带,其内可种植乔木、灌木和花卉,铺设草坪,还可设置花坛,亦可设棚架种植藤本植物、置水池种植水生植物。植物配置要考虑造景及使用上的需要,形成有特色的不同季相的景观变化及满足植物生长的生态要求。如铺装场地上及其周边可适当种植落叶乔木以遮阳;入口、道路、休息设施的对景处可丛植开花灌木或常绿植物、花卉;周边需障景或创造相对安静空间地段则可密植乔、灌木,或设置中高绿篱。

(2)安静休息部分　一般也作老人闲谈、阅读、下棋、打牌及锻炼等场地。该部分应设在绿地中远离周围道路的地方,内可设桌、椅、坐凳及棚架、亭、廊等建筑作为休息设施,亦可设小型雕塑及布置大型盆景等供人静赏。

(3)游戏活动部分　应设在远离住宅的地段,在组团绿地中可分别设幼儿和少年儿童的活动场地,供少年儿童进行游戏性活动和体育性活动。其内可选设沙坑、滑梯、攀爬等游戏、乒乓球球台等设施。

图7.9为院落式组团绿地,作混合式布局。这种绿地分前庭和后庭两部分,入口前庭部分设有健身草坪、儿童游戏等,主景为阶梯交往平台,是组团人流出入交汇处,可为邻里交往提供场所,属于静空间。后庭成片树林成为主景的衬托,林中螺旋楼梯为主园底景,整个后庭气氛安宁,属于静空间。前后庭一动一静,以连廊相隔。

图7.10为散点式住宅群,作规则式布局。这种绿地空间松散,是一坡地独立组团,由五块矩形台地组成,台地间由阶梯连系,分成三部分。中部为主体,以中央点式住宅底层架空,内外庭渗透形成中心,并以台阶与左右两侧的台地相联接形成一个整体,台地上设有沙坑、铺地、草坪、桌椅等。每一栋点式住宅的近宅空间由铺地、花架、草地组成,布置各异,利于识别。组团四周以绿篱树墙围合,形成安宁优美的邻里空间。

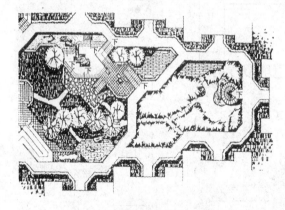

图7.9　院落式居住组团绿地

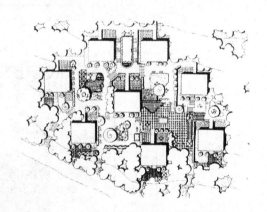

图7.10　散点式住宅群居住组团绿地

7.3.2　宅旁绿地规划设计

宅旁绿地多指在行列式建筑前后两排住宅之间的空地上布置的绿地,它在居住区绿地内总面积最大,约占绿化用地的50%,是居民使用最频繁的一种绿地形式。宅旁绿地布置应与住宅的类型、层数、间距及组合形式密切配合,既要注意整体风格的协调,又要保持各幢住宅之间的绿化特色。宅旁绿化的重点在宅前,包括住户小院、宅间活动场地、住宅建筑本身的绿化等,它只供本幢居民使用。

1. 底层住户小院的绿化

低层或多层住宅一般结合单位平面,在宅前自墙面至道路留出3 m距离的空地,给底层每户安排一专用小院,可用绿篱或花墙、栏栅围合起来。小院外围绿化作统一规划;内部则由住户栽花种草,布置方式和植物品种随住户喜好,但由于面积较小,宜采取简洁的布置方式,植物

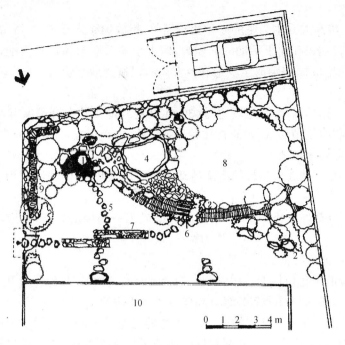

1. 雕塑　2. 风景石　3. 灯　4. 水池　5. 步石　6. 台阶　7. 铺条石
8. 草坪　9. 绿篱　10. 住宅

图 7.11　自然气息浓厚的庭院绿化平面图

以盆栽为主。

独户庭院主要是别墅庭院。院内应根据住户的喜好进行绿化、美化。由于庭院面积相对较大,可在院内设小水池、草坪、花坛、山石,搭花架缠绕藤萝,种植观赏花木或果树,形成较为完整的绿地格局(图7.11)。

2. 宅间活动场地的绿化

宅间活动场地属半公共空间,主要为幼儿活动和老人休息之用(图7.12)。宅间活动场地的绿化类型主要有以下几种:

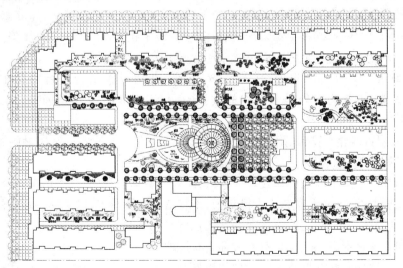

图 7.12　宅间活动场地的绿化平面示例

（1）树林型　以高大乔木为主的一种比较简单、粗放的绿化形式，对调节小气候的作用较大，大多为开放式。居民在树下活动的面积大，但由于缺乏灌木和花草搭配，因而显得较为单调。高大乔木与住宅墙面的距离至少应在 5～8 m，以避开地下管线，便于采光和通风和防止病虫害侵入室内。

（2）游园型　当宅间活动场地较宽时（30 m 以上），可在其中开辟园林小径，设置小型游戏和休息园地，并组合配植层次、色彩都比较丰富的乔木和花灌木，是一种宅间活动场地绿化的理想类型，但所需资金较大。

（3）棚架型　是一种效果独特的宅间活动场地绿化类型，以棚架绿化为主，选用观赏价值高的攀缘植物。

（4）草坪型　以草坪绿化为主，在草坪的边缘或某一处种植乔灌木，形成疏朗、通透的景观效果。

3. 住宅建筑本身的绿化

住宅建筑本身的绿化包括架空层、屋基、窗台、阳台、墙面、屋顶绿化等几个方面，是宅旁绿化的重要组成部分，必须与整个宅旁绿化和建筑风格相协调。

（1）架空层绿化　在近年新建的居住区中，常将部分住宅的首层架空形成架空层，并通过绿化向架空层的渗透，形成半开放的绿化休闲活动区。这种半开放的空间与周围较开放的室外绿化空间形成鲜明对比，增加了园林空间的多重性和可变性。架空层的绿化设计与一般游憩活动绿地的设计方法类似，但由于环境较为阴暗且受层高所限，因此在植物品种的选择方面应以耐阴的小乔木、灌木和地被植物为主，不布置园林建筑、假山等，可适当布置一些与绿化环境协调的景石、小品等。

（2）屋基绿化　屋基绿化是指墙基、墙角、窗前和入口等围绕住宅周围的基础栽植。

① 墙基绿化。可以打破建筑物与地面之间形成的直角，一般多选用灌木作规则式配植，亦可种植爬山虎、络石等攀缘植物对墙面进行垂直绿化。

② 墙角绿化。墙角种小乔木、竹或灌木丛，形成墙角的"绿柱"、"绿球"，可减弱建筑线条的生硬感觉。

③ 窗前绿化。窗前绿化对于室内采光、通风，防止噪音、视线干扰等方面起着相当重要的作用。其配植方法也是多种多样的，如在距窗前 1～2 m 处种一排花灌木，高度遮挡窗户的一小半，形成一条窄的绿带，既不影响采光，又可防止视线干扰，开花时节景观优美；再如在窗前设花坛、花池，使路上行人不致临窗而过。

④ 入口绿化。在住宅入口处，多与台阶、花台、花架等相结合进行绿化配植，形成各住宅入口的标志，也作为室外进入室内的过渡，有利于消除眼睛的光感差，或兼作"门厅"之用。

（3）窗台、阳台绿化　窗台、阳台绿化是人们在楼层室外与外界自然接触的媒介，不仅能使室内获得良好景观，也丰富了建筑立面，美化了城市景观。

阳台有凸、凹、半凸半凹三种形式，日照及通风条件不同，应根据具体情况选择不同习性的植物。阳台拦板上部，可摆设盆花或设槽栽植，不宜植太高的花卉，以免影响室内的通风，也会因放置的不牢固发生安全问题。或在上一层板拦下悬吊植物成"空中"绿化，这种绿化能形成点、线，甚至面的绿化形态，从室内、室外看都富有情趣。

窗台绿化一般用盆栽的形式以便管理和更换。应根据窗台大小布置，要考虑置盆的安全性。窗台日照多，热量大，应选择喜阳耐旱的植物。

园林规划设计

阳台和窗台绿化都要选择叶片茂盛、花美色艳的植物,才能使其在空中引人注目。还要使花卉与墙面及窗户的颜色、质感形成对比,相互衬托。

(4)墙面绿化和屋顶绿化　墙面和屋顶的绿化,即垂直绿化,是增加城市绿量的有效途径,不仅能美化环境、净化空气、改善局部小气候,还能丰富城市的俯视景观和立面景观,应在居住区内推广。

7.3.3　道路绿地规划设计

居住区的道路绿化在居住小区占有很大比重,它连接着居住区公共绿地、宅旁绿地,通向各个角落,直至每幢住宅门前,与居民生活关系十分密切,是组织联系区内绿地的纽带。居住区道路绿化与城市街道绿化有共同之处,但是居住区道路交通量、人流量不大,所以宽度较小,类型也少。居住区内干道较宽,可分车行道与人行道,一般道路的人行道、车行道合在一起。由于道路较窄,行道树可选中小乔木,分枝点在 2 m 以上即可,如女贞、棕榈、柿、银杏、元宝枫、合欢、杏、等(图 7.13)。根据功能要求和居住区规模的大小,可把居住区道路分为三类,绿化布置因道路情况不同不同。

图 7.13　居住区道路乔灌木搭配列植

1. 居住区主干道

是联系居住区内外的主要通道,除了人行外,有的还通行公共汽车。在道路交叉口及转弯处的绿化时不要影响行驶车辆的视线,行道树要考虑行人的遮阳及不妨碍车辆的运行。道路与居住建筑之间可考虑利用绿化防尘和阻挡噪声,可形成多层次复合结构的带状绿地。

2. 居住区次干道

居住区次干道是联系住宅组团之间的道路。行驶的车辆虽较主干道为少，以人行为主，绿化布置时，仍要考虑交通的要求。当道路与居住建筑距离较近时，要注意防尘隔声。次干道还应满足救护、消防、运货、清除垃圾等车辆的通行要求。当车道为尽端式道路时，绿化还需与回车场地结合。居民散步之地，树木栽植要活泼多样；树种选择多选小乔木及开花和变叶灌木，每条路应各有特色，选择不同树种及种植形式，使活动空间自然优美。

3. 住宅小路

居住区住宅小路是联系各住户或各居住单元门前的小路，主要供人行。绿化布置时，道路两侧的种植宜适当后退，以便急救车和搬运车等可驶入住宅。有的步行道路及交叉口可适当放宽，与休息场地结合，形成小景。路旁植树不必都按行道树的方式排列种植，可以断续、成丛地灵活配置，与宅旁绿地、公共绿地布置配合起来，形成一个相互关联的整体。从树种选择到配置应方式采取多样化，以增加识别性。

由于现代建筑业的快速发展，居住区的布置方式和布局手法多种多样，使得居住绿地的规划设计的内容形式也在不断变化，因此规划设计应视具体情况进行。如在建筑间距较小、建筑用地比较紧张的情况下，甚至不设置居住组团绿地，只是加强宅旁绿地和道路绿地，以增加绿化覆盖面积。在需要一定规模的绿化空间而又不能集中设置较大面积的整块公共绿地时，可采用将低层公共建筑，如幼儿园、青少年活动室、老年人活动室等附属绿地集中布置，利用这些附属绿地与宅旁绿地、道路绿地连成一片，形成较大的绿化空间。

7.4 居住区绿地的植物选择和配置

7.4.1 居住区绿地的植物选择

居住区绿地植物的选择与配置直接影响到居住区的环境质量和景观效果。在进行植物品种的选择时必须结合居住区的具体情况，做到适地适树，并充分考虑植物的习性，尽可能地发挥不同植物在生态、景观和使用三方面的综合效应，满足人们生活、休息、观赏的需要。

1. 选择本身无污染，无伤害性的植物

植物的选择与配置应该对人体健康无害，有助于生态环境的改善并对动植物生存和繁殖有利。居住区应选择无飞絮、无毒、无刺激性和无污染物的树种，尤其在儿童游戏场周围，忌用带刺和有毒的树种。

2. 选用抗污染性较强的树种

即选用能防风、降噪、抗污染、吸收有毒物质等具有多种效益的树种。如防火的树木有女贞、广玉兰、栾树、苏铁、龙柏、黄杨、木槿、侧柏、合欢、紫薇等。还可选用易于管理的果树。

3. 选用耐阴树种和攀缘植物

由于居住区建筑往往占据光照条件好的位置，很大一部分绿地受阻挡而处于阴影之中，应选用能耐阴的树种,如金银木、枸骨、八角金盘等。

攀援植物是居住区环境中很有发展前途的一类植物,北方常用的品种有爬山虎、紫藤等,南方有蔷薇、常春藤、络石等。

4. 少常绿,多落叶

居住区由于建筑的相互遮挡,采光往往不足,特别是冬季,光照强度减弱,光照时间短,采光问题更加突出,因此要多选落叶树,适当选用常绿乔灌木。

5. 以阔叶树木为主

居住小区是人们生活、休息和游憩的场所,应该给人一种舒适、愉快的感觉,而针叶树容易产生是庄严、肃穆感。所以小区内应以种植阔叶树为主,在道路和宅旁更为重要。

6. 植物种类丰富

一个居住区绿地就是一个生态系统,要保证该系统的稳定,植物选择要丰富多样,乔、灌、藤、草、花合理搭配,植物群落稳定,高低错落,疏密有致,季相变化明显,达到春华、夏荫、秋实、冬青,四季有景可观,形成"鸟语花香"的意境,使居住区生态环境更为自然协调。可以选用具有不同香型的植物给人独特的嗅觉感受,如腊梅、桂花、栀子花等。还可多选用有小果和种子的植物,招引鸟类,如李类、金银木、苹果类、菊类、向日葵等。

7. 选用传统植物

选用梅、兰、竹、菊等传统植物以突出居住区的个性与象征意义。

8. 选用与地形相结合的植物种类

如坡地上选用地被植物,水景中的荷花、浮萍,池塘边的垂柳,小径旁的桃树等,创造一种极富感染力的自然美景。

7.4.2 居住区绿地的植物配置

居住区的绿地结构比较复杂,在植物配置上也应灵活多变,不可单调呆板。

1. 确定基调树种

主要用作行道树和庇荫树的乔木树种要基调统一,在统一的基础上,树种力求有变化,创造出优美的林冠线和林缘线,打破建筑群体的单调和呆板感,以适合不同绿地的需求。例如,在道路绿化时,主干道以落叶乔木为主,选用花灌木、常绿树为陪衬,在交叉口、道路边配置花坛。

2. 点、线、面结合

点是指居住小区的公共绿地,面积较大,利用率高。平面布置形式以规则为主的混合式为好,植物配置突出"草铺底、乔遮荫、花藤灌木巧点缀"的公园式绿化特点。

线是指居住区的道路、围墙绿化,可栽植树冠宽阔、遮荫效果好的中小乔木、开花灌木或藤本等。

面是指宅旁绿化,包括住宅前后及两栋住宅之间的用地,约占小区绿地的50%以上,是住宅区绿化的最基本单元。

3. 生态优先

植物配置形式应以生物群落为主,乔木、灌木和草坪地被植物相结合的多层次植物配置形式,构建稳定的生态系统,充分发挥居住区绿地的生态效益。

4. 根据使用功能配置植物

植物的选择与配置应为居民提供休息、遮荫和地面活动等多方面的条件。行道树及高大的落叶乔木可以遮阳和遮挡住宅西晒。利用不同的植物配置可以创造丰富的空间层次。如高而直的植物构成开敞向上的空间，低矮的灌木和地被植物形成开敞的空间；绿篱与铺地围合形成中心空间等。植物配置还要满足建筑及各类设施的使用要求，要考虑种植的位置与建筑、地下管线等设施的距离，避免影响植物的生长和管线的使用及维修。

5. 加强立体绿化

居住区由于建筑密度大，地面绿地相对少，限制了绿量的扩大，但同时又创造了更多的立体绿化空间。居住区绿化应加强立体绿化，开辟更多的绿化空间。对低层建筑可实行屋顶绿化；山墙、围墙可采用垂直绿化；小路和活动场所可采用棚架绿化；阳台窗台可以摆放花木等，以增加绿化面积，提高生态效益和景观质量。

6. 尽量保存原有树木和古树名木

古树名木是珍贵的绿化资源，可以增添小区的人文景观，使居住环境更富有特色，需要加强保护。将原有树木保存还可使居住区较快达到绿化效果，并节省绿化费用。

7. 植物配置位置

居住环境植物配置要考虑种植的位置与建筑、地下管线等设施的距离，避免妨碍植物的生长和管线的使用与维修(见表7.3)。

表7.3　种植树木与建筑、地下管线等设施的水平距离

建筑物名称	最小间距(m)		管线名称	最小间距(m)	
	至乔木中心	至灌木中心		至乔木中心	至灌木中心
有窗建筑物外墙	3.0	1.5	给水管、闸井	1.5	不限
无窗建筑物外墙	2.0	1.5	污水管、雨水管	1.0	不限
挡土墙顶内和墙脚外	2.0	0.5	煤气管	1.5	1.5
围墙	2.0	1.0	电力电缆	1.5	1.0
道路路面边缘	0.75	0.5	电信电缆、管道	1.5	1.0
排水沟边缘	1.0	0.5	热力管(沟)	1.5	1.5
体育用场地	3.0	3.0	地上杆柱(中心)	2.0	不限
测量水准点	2.0	1.0	消防龙头	2.0	1.2

8. 植物栽植间距规定

为了满足植物生长的需要，根据居住区规划设计的相关规范要求，居住环境植物配置时要考虑种植的绿化带最小宽度与植物栽植间距(见表7.4)。

表7.4　绿化带最小宽度与植物栽植间距

名　　称	最小宽度(m)	名　　称	不宜小于	不宜大于
一行乔木	2.00	一行行道树	4.00	6.00
两行乔木(并列栽植)	6.00	两行行道树(棋盘式栽植)	3.00	5.00

名　称	最小宽度（m）	名　称	不宜小于	不宜大于
两行乔木（棋盘式栽植）	5.00	乔木群栽	2.00	不限
一行灌木带（小灌木）	1.50	乔木与灌木	0.50	不限
一行灌木带（大灌木）	2.50	灌木群栽（大灌木）	1.00	3.00
一行乔木与一行绿篱	2.50	灌木群栽（中灌木）	0.75	1.50
一行乔木与两行绿篱	3.00	灌木群栽（小灌木）	0.30	0.80

▶▶ 思考题

1. 居住区由哪些用地组成？居住区公共绿地由哪些绿地组成？
2. 怎样确定居住区绿地的指标？
3. 居住区绿地的设计应遵循哪些基本原则？
4. 居住区小游园的形式有哪几种？各自的特点是什么？
5. 根据建筑组合的不同，组团绿地的位置选择有哪几种方式？
6. 宅旁绿地规划设计应注意什么？
7. 居住区道路绿化应该注意什么问题？
8. 居住区树种选择时要注意什么？

▶▶ 实训项目

一、居住区小游园设计

（一）目的

掌握居住区小游园设计的步骤、要求、方法。

（二）材料及用具

测量用具、绘图工具、现有的图面材料。

（三）方法与步骤

1. 相关资料收集与调查　主要包括土壤条件、环境条件、社会经济条件、人口密度，知识层次分析，现有植物状况等。

2. 实地考查测量　通过考查与测量，绘制现状图、树木分布图。

3. 规划与设计　主要是图面的规划与设计，完成下列内容：

① 功能分区规划图。

② 植物种植设计图。

③ 植物种植设计放大图。

④ 种苗需要量统计表。

⑤ 编制设计说明书。

（四）任务

以人为单位，每人完成一份设计图及设计说明书。

二、宅间绿地设计

（一）目的

掌握不同住宅建筑形式及其布局的宅间绿化方法，熟悉不同类型宅间绿地设计的要求。

（二）内容

1. 低层行列宅间的绿化。
2. 周边式居住建筑群中部空间的绿化。
3. 多单元式住宅的四周绿化。
4. 庭院绿化。
5. 散点式建筑的宅间绿化。
6. 住宅建筑旁的绿化。

（三）材料与工具

测量仪器，绘图工具等。

（四）方法与步骤

1. 依据实训内容，调查、搜集不同居住区建筑布置形式的情况。
2. 实地考查与调查居住区居民的绿化要求。
3. 对设计对象考查与测量，绘制绿化现状图。
4. 总体设计并形成种植设计图，设计效果图。
5. 编制种苗需要量统计表。
6. 编制设计说明书。

（五）任务

每人完成不少于 3 种居住区建筑布置形式的宅间绿化植物种植设计，图文材料完整。

8 单位附属绿地规划设计

单位附属绿地是指在某单位内,由该单位投资、建设、管理、使用的绿地,包括机关、学校、医院、工矿企业、部队、公共建筑庭院绿地等单位绿地。单位附属绿地是城市园林绿地系统的重要组成部分,这类绿地在城市中分布广泛,占地比重大,是城市普遍绿化的基础。单位附属绿地在城市园林绿地系统规划中,一般不单独进行用地选择,它们的位置取决了这些单位机构的用地要求,一般不对外开放。

8.1 学校绿地规划设计

8.1.1 学校绿化的作用与特点

8.1.1.1 校园绿化的作用

优美的校园绿化为师生创造了优美、安静、清洁的学习和工作环境,为广大师生提供休息、文化娱乐和体育活动的场所。通过绿化和美化,可以陶冶学生情操,激发学习热情,通过在校园内建造有纪念意义的雕塑、小品,种植纪念树,可对学生进行爱国爱校教育。校园内大量的植物材料,可以丰富学生的科学知识,提高学生认识自然的能力,使校园成为生物学知识的学习园地。

8.1.1.2 学校绿化的特点

校园林绿化要根据学校自身的特点,因地制宜地进行规划设计,才能形成特色,取得良好的效果。学校绿化要符合以下特点:

1. 绿化与学校性质相适应

学校绿化除遵循一般的园林绿化原则之外,还要与学校性质、级别、类型相结合,与学校教学、学生年龄、科研及试验生产相结合。如大专院校,要与专业设施建设结合;中小学校园的绿化则要内容丰富,形式灵活,以体现少年学生活泼向上的特点。

2. 满足学校建筑功能的多样性

校园内建筑功能多样,建筑环境差异较大,或以教学楼为主,或以实验楼为主,或以办公楼为主,或以体育场馆为主,也有集教学楼、实验楼和办公楼为一体的;新建学校建筑比较一致,老学校往往规划不合理,建筑形式多样,校园环境较差;一些高等院校中还有现代建筑环境与传统建筑环境并存的情况。学校园林绿化要符合各种建筑功能,通过绿化,使功能、风格不同的建筑统一,使建筑景观与绿化景观协调,达到艺术性、功能性与科学性相协调一致的整体美,创造优美的校园环境。

3. 满足师生员工集散要求

在校学生活动频繁集中，需要有适合大量人员集散的场地。校园绿化要适应这种特点，有一定的集散活动空间，避免因为不适应学生活动需要而遭到破坏。学校绿化建设应以绿化植物造景为主，树种选择无毒无刺、无污染或无刺激性异味，对人体健康无损害的树木花草为宜，创造彩化、香化、季相变化丰富的景观，陶冶学生情操，促进学生身心健康的发展。

4. 符合学校地理位置、自然条件、历史条件的要求

各地学校所的地理位置、气候条件、历史年代各不相同，学校绿化应根据各自的特点，因地制宜地进行规划、设计和植物种类的选择。如南方的学校选用亚热带喜温植物，北方学校选择适合于温带生长环境的植物；在干旱气候条件下应选择抗旱、耐旱的树种，在低洼地区则要选择耐湿、抗涝的植物，积水之处应就地挖池，种植水生植物；具有纪念性、历史性的校园环境，应设立纪念性景观，如雕塑、种植纪念树，或维持原貌，使其成为教育园地。

5. 绿地指标高

国家确定的校园绿地指标较高，需要合理分配绿化用地指标，统一规划，新建和扩建的学校都要努力达标。新建院校的绿化规划，应与全校各功能分区规划及建筑规划同步进行，并且可把扩建预留地临时用来绿化；对扩建或改建的院校，也应保证绿化指标，创建优良的校园环境。如果校园绿化结合学校教学、实习园地，绿地率可以达到30%～50%的指标。

8.1.2 学校绿地的规划设计

8.1.2.1 幼儿园绿地的规划设计

幼儿园及托儿所一般布置在住宅小区中的独立地段，或设在住宅的低层，周围环境要安静。托幼用地周围除了有墙垣、篱栅作隔离外，在园地周围必须种植成行的乔灌木和植篱，形成一个浓密的防尘土、噪声、风沙的防护带。幼儿园用地应该包括室内活动用地及室外活动用地两部分（图8.1）。

根据幼儿园的活动要求，室外活动场地安置有公共活动场地、自然科学基地及生活杂务用地等。整个室外活动场地，应尽量铺设草坪，在周围种植成行的乔灌木，形成浓密的防护带，起防风、防尘和隔离噪音作用，有条件的还可设棚架，供夏日庇荫。

公共活动场地是全体儿童活动游戏场，是幼儿园的重点绿化区，场地上应布置有各种活动器械、沙坑等，并可适当地布置一些小亭、花架、涉水池等；在活动器械的附近，以种植庇荫的落叶乔木为主，在场地的角隅适当地点缀开花灌木，其余场地应开阔通畅，不宜过多种植，以免影响儿童的活动。

自然科学基地包括菜园、果园及小动物饲养地，是培养儿童热爱劳动、热爱科学的基地。有条件的幼儿园可将其设置在全园一角，用绿篱隔离，里面种植少量果树、油料、药用等经济植物，或饲养少量小动物。

幼儿园绿化植物的选择，要考虑儿童的心理特点和身心健康，选择形态优美、色彩鲜艳、适应性强、便于管理的植物，禁用有飞絮、毒、刺、异味及引起过敏的植物，如花椒、黄刺梅、漆树、凌霄、凤尾兰等。植物选择宜多样化，不仅可使环境丰富多彩，气氛活泼，还可以成为儿童认识自然的直观教材。

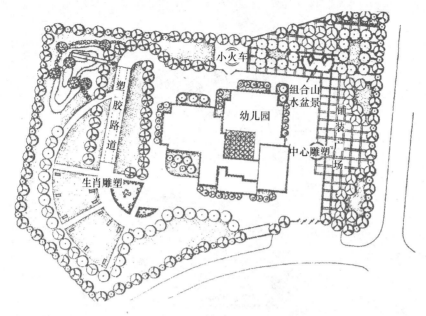

图 8.1 某幼儿园绿化平面图

8.1.2.2 中小学校绿地的规划设计

中小学用地分为建筑用地(包括建筑、广场道路及生活杂务场地)、体育场地和自然科学实验用地等。

学校建筑用地的绿化,是为了在学校建筑周围形成一个安静、清洁、卫生的环境,其布置形式应与建筑相协调,并方便人流通行(图 8.2)。

建筑物四周的绿化应服从建筑使用需要。建筑物的出入口、门厅前及庭院,可作为绿化重点,结合建筑、广场及主要道路进行绿化布置,注意色彩、层次的对比变化,设置花坛,铺设草坪,配置四季花木,衬托大门及建筑物入口空间和正立面景观,丰富校园景色。建筑的南面,应考虑到室内通风、采光的需要,植物高度不应超过底层窗户,在离建筑 5 m 之外,才允许种大乔木;建筑东西两侧,离建筑物 3~4 m 处,可种高大乔木,以防日晒。

学校出入口可以作为校园绿化布置的重点,在主要通道两侧种植绿篱或花灌木。校园道路绿化,以遮阳为主,种植乔灌木,沿道路两侧呈条带状分布。学校杂务院一般都在建筑物的背面或一侧,可用粗放的绿篱相隔。

体育场地主要供学生开展各种体育活动。一般小学操场较小,只要有一块空旷平坦的场地即可。若运动场地较大,可划分为标准运动跑道、足球场、篮球场及其他体育活动用地。为了避免噪声干扰,运动场地与教学用房之间不能少于 15 m 的隔离带。运动场地要求地面干燥,阳光充沛,最好选择在建筑物的南面,冬天可利用建筑物挡风。运动场地周围可以种植高大庇荫的落叶乔木,尽量少种灌木,以便留出较多空地以供活动用,空间要通视良好,保证学生安全和体育比赛的进行。

自然科学试验用地,应选择阳光充足、土地平坦、接近水源、易于排水的位置。可以根据自然条件、栽培管理要求及教学大纲决定,分别规划出种植、饲养与气象的内容,使学生增加自然科学及生产劳动的知识。在实验园地周围,应设矮小的围栅或用小灌木作绿篱以便于管理。

学校用地的周围应种植绿篱或乔灌木林带,与外界环境有所隔离,既可以减少学校场地的

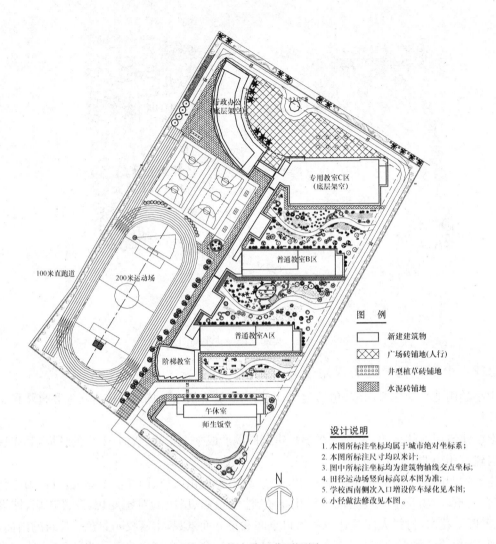

图中文字：

行政办公
（底层架空）

专用教室C区
（底层架空）

普通教室B区

100米直跑道　200米运动场

普通教室A区

阶梯教室

午休室
师生饭堂

图 例

新建建筑物
广场砖铺地(人行)
井型植草砖铺地
水泥砖铺地

设计说明
1. 本图所标注坐标均属于城市绝对坐标系；
2. 本图所标注尺寸均以米计；
3. 图中所标注坐标均为建筑物轴线交点坐标；
4. 田径运动场竖向标高以本图为准；
5. 学校西南侧次入口增设停车绿化见本图；
6. 小径做法修改见本图。

N

图 8.2　某小学绿化平面图

尘土飞场，又可以减少学校的噪声对附近居民的干扰。

中小学校绿化在植物材料选择上，应尽可能做到多样化，其中应该有不同种类与品种、不同生态习性的乔灌木、攀援植物与花卉等，并力求有不同的种植方式，以便于扩大学生在植物方面的知识，并使校园生动活泼、丰富多彩。中小学校种植的树木，应该选择适应性强、容易管理的树种，也不宜选用有刺、有异味、有毒或易引起过敏的树种。

8.1.2.3　高等院校绿地的规划设计

高等院校校园面积较大，校园内一般分为行政办公区、教学区和生活区。由于每个部分的功能不同，因此对环境的要求也不同，绿地的形式也相应有所变化。

1. 学校入口及行政办公区的绿化

学校入口区是学校的门户和标志，在布局上往往与行政办公楼共同组成。该区绿化应以装饰性为主，布局多采用规则而开朗的手法，以突出校园宁静、美丽、庄重、大方的气氛。

如果学校入口区比较宽敞，可以在入口主要的轴线位置上设置大花坛、喷水池、有主题的雕像和雕像群。主楼前的绿地设计要服从主体建筑，只起陪衬作用。主楼前主路两侧的绿地可以草坪作底色,主路两侧可各植一排行道树为道路遮荫,其边角或适当位置点缀观赏性强的常绿植物及开花灌木、色叶植物或花卉,周围可用矮绿篱或矮栏杆镶边,起一定的围护作用。主楼两侧的绿化地段,可以作为休息绿地,内设一些休息性设施及活动的小场地。

办公楼前的绿地设计应注意对建筑的衬托,建筑入口两边用常绿或观赏性好的落叶树木对植,其余可在墙面所对之处间植常绿及开花树木,楼的转角处可种植自然树丛,以软化建筑的硬线条,更好地衬托建筑。办公楼入口处的广场空间面积应较大,以满足临时停车及使用上的需要。

2. 教学区的绿化

(1) 教学楼周围　教学楼周围应以保证教学环境的安静为主。因此在不妨碍楼内采光和通风的情况下,要多种植落叶大乔木和花灌木,以隔绝外界的噪声。为了满足学生课间休息的需要,教学楼附近可留出一定数量、面积的小型活动场地(图8.3、图8.4)。

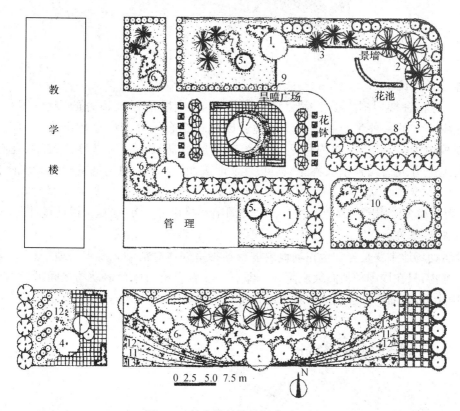

图 8.3　某大学教学楼绿化平面图

(2) 实验楼周围　实验楼周围的环境应根据不同性质的实验室对于绿化的特殊要求进行,重点注意在防火、防尘、减噪、采光、通风等方面的要求,选择适合的树种,合理地进行绿化配置。如在有防火要求的实验室外不种植含油质高及冬季有宿存果、叶的树种;在精密仪器实验室周围不种有飞絮及花粉多的树种;在产生强烈噪声的实验室周围,多种枝叶粗糙、枝多叶茂的树种等。

(3) 礼堂周围　礼堂周围的环境应以装饰性为主,并应有利于人流集散,可用绿篱、常绿植物、色叶植物、开花灌木、花卉、草坪等进行合理配置,以衬托礼堂的建筑形象。

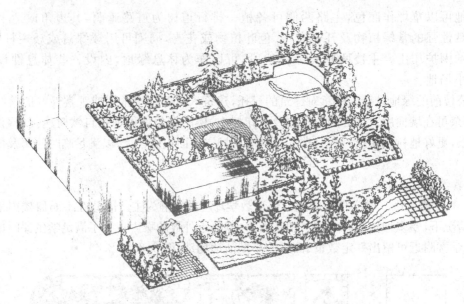

图 8.4　某大学教学楼绿化鸟瞰图

3. 生活区的绿化

（1）学生宿舍楼周围　学生宿舍楼周围的环境,应既能保证宿舍的安静、卫生,又能为学生提供一定的室外学习和休息的场地。因此在宿舍楼周围的基础绿带内,应以封闭式的规则种植为主,其余绿地内可适当设置铺装场地,安放桌椅、坐凳或棚架、花台及树池。在场地上方或边缘种植大乔木,既可为场地遮荫,又不影响场地的使用,保证了绿化的效果。

（2）教工宿舍楼周围的绿化　教工宿舍楼周围的绿化可参考"居住区绿地设计"。

4. 体育活动场地的绿化

体育运动场地主要是为学生在场地内进行各种室外体育活动。要求场地平整,一般不在其内种植植物,只在周围种植高大庇荫乔木即可。在教学楼与体育运动场之间可多留些绿化地,用大中小乔木、灌木结合组成密集型绿化带以阻隔噪声,保证教学、生活区的安静。

8.2　工厂绿地规划设计

8.2.1　工厂绿化的作用与特点

工厂绿化有利于环境保护。工业生产给社会创造了财富的同时也给环境带来了污染,是城市环境的大污染源。工厂绿化不仅能美化工厂环境,而且对环境的生态平衡起着巨大的作用。工厂绿化可以促进文明建设,反映出一个工厂的精神面貌,优美的环境给工厂职工带来了愉快和舒适,振奋人们的精神。工厂绿化可结合生产,种植果树、油料作物及药用植物,创造一定的经济效益;绿化布局合理,树种选择配置得当,有利于产品质量的提高,从而增加工厂的经济效益,提高工厂的投资信誉。

工厂绿化由于工业生产而有着与其他用地上绿化不同的特点,不同性质、类型的工厂,对环境的影响及要求也不相同。工厂绿化概括起来有以下特点。

① 环境恶劣,立地条件复杂。工厂在生产过程中常常会排放、逸出各种对人体健康、植物生长有害的气体、粉尘、烟尘及其他物质,使空气、水、土壤受到不同程度的污染。土壤条件差,有大量的上、下管道,频繁的交通运输、特殊的生态环境(高温、有毒气体、大量尘埃等),以及较为严重的人为破坏(堆料、搬运、维修管道等),都给绿化造成许多困难。

② 绿地的使用对象固定,持续时间较短,加上面积小、受环境条件限制,是工厂绿化中特有的问题。这就要求工厂绿地必须在有限的绿化面积内,发挥最大的使用效率,以调剂精神、减少疲劳。

③ 工厂绿化设计是工厂总体规划的有机组成部分,在决定总体设计时应给予综合的考虑和合理的安排,以充分发挥园林绿化在改善环境卫生、防护、保障生产、创造舒适优美的休息环境等方面的综合功能。

④ 工厂绿化设计必须从实际出发,不要强求平面构图的完整性,本着对工人健康有利、对生产有利的原则,进行树种选择,植物种类不宜过多过杂,要根据企业的特点、环境条件、植物的生态要求、工人的喜好等各方面因素,做到因地制宜、适地适树。

⑤ 工厂绿化中最突出的问题就是处理好地上构筑物、地下管线与树木之间的关系,因此在设计前应详细调查工厂各种构筑物和地下管线的性质、走向、位置、断面尺寸以及管线上部土层厚度等,作为设计的依据。

8.2.2 工厂绿地的规划设计

工厂绿地主要有厂前区绿地、车间周围绿地、厂内游息绿地、道路绿地、工厂防护林带等。

8.2.2.1 厂前区的绿化

厂前区一般面临主要交通干道,是职工上下班的必经之地,工厂行政、技术管理部门也多在厂前区。厂前区的外貌是人们对厂区的第一印象,因此对绿化美化的要求较高,除应符合功能要求并注意节约用地外,还必须满足人们的审美要求(图8.5)。厂前区大多位于企业的上风方向,受污染程度较轻,地上地下管网也比生产区少,所有这些都为重点进行绿化美化提供了较好的条件。

厂前区的绿化方式应与周围建筑相协调,注重建筑群、道路、广场、总出入口绿化美化的整体效果,以形成一个清洁、优美的环境。规划设计内容则可根据企业的特点、要求以及职工的喜好来安排。在核心位置往往设一观赏中心,以表现工厂企业精神或代表工厂企业形象为主题,突出工厂企业的特色。如厂前区距出入口较近,可布置成以道路与广场为中心的厂前区;如厂前区距出入口较远,可布置成林荫道式厂前区。

厂前区的绿化往往与停车场结合起来,在停车场旁边是绿地,绿地中可用花坛、喷水池、雕像、草地等与建筑的造型艺术配合,形成完整统一的小园林空间;消防队和汽车库的绿化宜简洁,并且以种植乔木为主,栽植位置不要妨碍行车。其他还要注意建筑前栽植的植物不要影响室内的采光、通风;植物与各种管道、构筑物要保证各有关规范所定的最小距离。为丰富冬季景色,体现雄伟壮观的效果,厂前区绿化常绿树种应有较大的比例,一般为30%～50%。

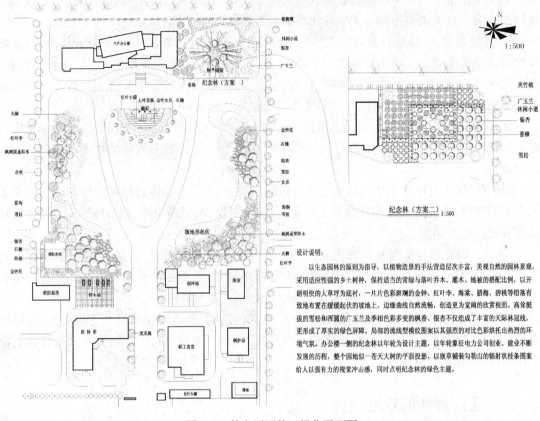

設計说明：

以生态园林的原则为指导，以植物造景的手法营造层次丰富、美观自然的园林景观，采用适应性强的乡土树种，保持适当的常绿与落叶乔木、灌木、地被的搭配比例，以开朗明快的人草坪为底衬，一片片色彩斑斓的金钟、红叶李、海棠、腊梅、碧桃等错落有致地布置在缓缓起伏的坡地上，边缘曲线自然流畅，创造更为宽阔的欣赏视面。高耸挺拔的雪松和浑圆的广玉兰及季相色彩多变的枫香、银杏不仅组成了丰富的天际林冠线，更形成了厚实的绿色屏障。局部的流线型模纹图案以其强烈的对比色彩烘托出热烈的环境气氛。办公楼一侧的纪念林以年轮为设计主题，以年轮象征电力公司创业、建业不断发展的历程，整个园地似一苍天大树的平面投影，以嵌草铺装勾勒出的辐射状枝条图案给人以强有力的视觉冲击感，同时点明纪念林的绿色主题。

图 8.5　某电厂厂前区绿化平面图

8.2.2.2　生产车间周围的绿化

生产车间周围的绿化，一方面是为了给车间创造生产所需要的环境条件；另一方面是为了防止和减轻车间污染物对周围环境的危害与影响。还可作为工人在车间工余短暂休息用地，担负着改造环境、防治污染、利于职工工作和休息的多种用途。车间因生产性质不同、种类繁多、各具特点，对绿化的功能要求也各有不同，必须针对车间的具体情况因地制宜地进行。

车间周围的绿化设计，要了解可供绿化面积的大小和车间的生产特点及对绿化的要求，如遮荫、降温、隔尘、隔噪声、防火、防爆等。一般宜在南向布置大型落叶乔木，以利夏季遮荫，冬季有充足的阳光，北面布置常绿和落叶乔木，以阻挡冬季寒风、尘土，东西向宜种大乔木，以防止夏季烈日照射。

一般情况下，车间出入口处是车间附近重点美化的部分，车间附近休息室旁边及窗口附近也是引人注目的地方，可根据情况布置花坛，设置休息坐凳，供工人们工间观赏和使用。其他地方的绿化方式宜简，主要注重卫生防护的实效，不因绿化而妨碍生产的正常进行。凡不宜种植乔灌木的地方，应尽量栽花种草或种植地被植物，做到黄土不见天，充分发挥绿化效益。车间附近种植各种乔灌木时必须严格遵照绿化规范中所规定的乔灌木与建筑及各种管线的最小距离，同时要注意不能因树荫过浓而妨碍车间的通风透光。

园林规划设计

8.2.2.3 厂内游息绿地

游息绿地是工厂绿化的重要组成部分,为职工提供游息场以丰富职工的生活内容。地址宜设在远离污染源并与运输车道有一定间隔的地方,为使职工感到方便,还应考虑职工易于到达或人员比较集中的地区。如很多工厂把游息园地与厂前绿地结合在一起。中小型工厂可设1~2个游息园,大型工厂应多设几个。

游息绿地的设计形式,可根据面积的大小和条件确定。绿地内可种植多种花木,布置园路场地,点缀花坛、水池、喷泉、山石,安置坐椅,规模较大的绿地还可适当挖池筑山、设休息性建筑等设施。

游息绿地的绿化美化形式可以对人们的精神产生直接的影响。由于工人的劳动性质和工作环境不同,所造成的精神疲劳程度也就不同,绿地布置也应不同。在强光照射和嘈杂的机器声中工作的人们希望进入安静的环境休息,因此绿地内的布置就要采取形体较为简洁、不过于繁琐的形式,选择色彩淡雅的植物材料为好。而长时间连续单调的工作,或在光线暗淡的条件下作业的人们,则希望有一个光亮、令人兴奋的环境加以调剂,绿地的布置就应采取变化较为丰富的构图,以花色艳丽、丰富多彩的植物材料些更为合适。

8.2.2.4 厂内道路绿地

厂内道路是联结内外交通运输的纽带,车辆来往频繁,地上地下管线交错,给绿化造成很大困难。因此在绿化前必须充分了解路旁的建筑和各类设施、交通量、有害物质的排放情况和自然条件等等,采用较灵活的绿化方式,保证交通运输的畅通。

道路绿化应满足庇荫、防尘、降低噪音、交通运输安全及美观等要求,结合道路的等级、横断面形式以及路边建筑的形体、色彩等进行布置。主干道两边行道树多采用行列式布置,创造林荫道的效果。有些大型工厂的主干道较宽,中间也可设立分车绿带,以保证行车安全。在人流集中、车流频繁的主道两边,可设置1~2 m宽的绿带,把快慢车与人行道分开,以利安全和防尘。路面较窄的可在一旁栽植行道树,东西向的道路可在南侧种植落叶乔木,以利夏季遮荫。主道的交叉口、转弯处,所种树木不应高于0.7 m,以免影响驾驶员的视野。应选择生长健壮、适应能力强、分枝点高、树冠整齐、耐修剪、遮荫好、无污染、抗性强的落叶乔木为行道树。

厂内次道、人行小道两旁,宜种植观花或色彩富于变化的灌木。道路与建筑物之间的绿化要有利于室内采光和防止噪声及灰尘的污染等,利用道路与建筑物之间的空地布置小游园,创造景观良好的休息绿地。

8.2.2.5 工厂防护林带

工厂防护林带在工厂绿化设计中占有重要地位。在《工厂企业设计卫生标准》中规定:凡产生有害因素的工业企业与生活区之间应设置一定的卫生防护距离,并在此距离内进行绿化。因此在工厂内部及外围还应结合道路绿化,围墙绿化,游园绿化等,用不同形式的防护林带进行隔离,以防风、防火或减少有害气体污染,净化空气。

防护林带的宽度要根据污染危害程度、当地实际情况和绿化条件来综合考虑。按国家卫生规范防护林带的宽度定为5级:1 000 m、500 m、300 m、100 m、50 m。在工厂的上风方向通常设置两至数条防护林带,防止风沙吹袭以及邻近企业所产生的有害排出物的污染。在下风方向设置防护林带,必须根据有害排出物排放、降落和扩散的特点,选择适当的位置和种植类型,并定出宽度。在一般情况下,污物从工厂烟囱排出时并不立即降落,所以在靠近厂房的地段不必设置林带,林带设置在污物开始密集降落的范围内和受影响的地段内。卫生防护林带的范围内不宜布置可供散步休息的小道、坐凳和广场。在工厂周围营造防护林带,还要考虑到企业保卫工作的需要,通常在围墙以外须留出6～10 m左右的空地,在围墙内留3～6 m空地,以便巡逻。

防护林带应选择根系发达、枝叶茂密、生长强健、具有抗烟尘和抗有害气体的乔灌木树种为好。林带的结构以采取乔灌木混交的紧密结构和半透风结构为主,外轮廓保持梯形或屋脊形,防风防尘效果较好。

8.2.3 工厂绿化树种的选择

粉尘、二氧化硫、氟化氢、氮气、氯气等有害物质是城市的主要污染物,其中二氧化硫数量多、分布最广、危害最大。要使工厂绿地创造较好的绿化效果和生态效益,必须认真地选择适应本厂生长的树种。

8.2.3.1 工厂绿化树种选择的一般原则

工厂绿化树种选择的一般原则有:

① 应选择观赏和经济价值高、有利环境卫生的树种。

② 生产过程中若排放有害气体、废水、废渣等,要选择适应当地气候、土壤、水分等自然条件的乡土树种,特别重视选择对有害物质抗性强,或净化能力较强的树种。

③ 沿海工厂选择的绿化树种要兼有抗盐、耐潮、抗风、抗飞沙等特性。

④ 土壤瘠薄的地方,要选择能耐瘠薄又能为改良土壤创造良好条件的树种。

⑤ 树种选择要注意速生和慢生相结合、常绿和落叶树相结合,以满足近、远期绿化效果的需要,及冬、夏景观和防护效果的需要。

⑥ 因工厂土地利用颇多变化,还应选择容易移植的树种。

8.2.3.2 工厂绿化常用树种

1. 抗二氧化硫树种

抗性强的树种有:大叶黄杨、雀舌黄杨、瓜子黄杨、海桐、蚊母、山茶、女贞、小叶女贞、凤尾兰、夹竹桃、枸骨、枇杷、金橘、构树、无花果、白腊、木麻黄、十大功劳、侧柏、银杏、广玉兰、柽柳、梧桐、重阳木、合欢、刺槐、槐树、紫穗槐、黄杨等。

抗性较强的树种有:华山松、白皮松、云杉、杜松、罗汉松、龙柏、桧柏、侧柏、石榴、月桂、冬青、珊瑚树、柳杉、栀子花、臭椿、桑树、楝树、白榆、朴树、腊梅、毛白杨、丝棉木、木槿、丝兰、桃树、枫杨、含笑、杜仲、七叶树、八角金盘、花柏、粗榧、丁香、卫矛、板栗、无患子、地锦、泡桐、槐树、银杏、刺槐、连翘、金银木、紫荆、柿树、垂柳、枫香、加杨、旱柳、紫薇、乌桕、杏树、小叶朴等。

反应敏感的树种有:苹果、梨、郁李、悬铃木、雪松、马尾松、云南松、白桦、毛樱桃、贴梗海棠、梅花、玫瑰、月季等。

2. 抗氯气树种

抗性强的树种有:龙柏、侧柏、大叶黄杨、海桐、蚊母、山茶、女贞、夹竹桃、凤尾兰、棕榈、构树、木槿、紫藤、无花果、樱花、枸骨、臭椿、榕树、小叶女贞、丝兰、广玉兰、柽柳、合欢、皂荚、槐树、黄杨、白榆、红棉木、沙枣、椿树、白腊、杜仲、桑树、柳树、枸杞等。

抗性较强的树种有:桧柏、珊瑚树、樟树、栀子花、青桐、楝树、朴树、板栗、无花果、罗汉松、桂花、石榴、紫荆、紫穗槐、乌桕、悬铃木、水杉、银杏、柽柳、丁香、白榆、细叶榕、枇杷、瓜子黄杨、山桃、刺槐、铅笔柏、毛白杨、石楠、榉树、泡桐、云杉、柳杉、太平花、梧桐、重阳木、小叶榕、木麻黄、杜松、旱柳、小叶女贞、卫矛、接骨木、地锦、君迁子、月桂等。

反应敏感的有:池杉、薄壳山核桃、枫杨、木棉、樟子松、赤杨等。

3. 抗氟化氢树种

抗性强的树种有:大叶黄杨、海桐、蚊母、山茶、凤尾兰、瓜子黄杨、龙柏、构树、朴树、石榴、桑树、丝棉木、青冈栎、侧柏、皂荚、槐树、柽柳、黄杨、木麻黄、白榆、夹竹桃、棕榈、杜仲、厚皮香等。

抗性较强的树种有:桧柏、女贞、白玉兰、珊瑚树、无花果、垂柳、桂花、樟树、青桐、木槿、楝树、榆、枳橙、臭椿、刺槐、合欢、杜松、白皮松、柳、山楂、胡颓子、楠木、紫茉莉、白腊、云杉、广玉兰、榕树、柳杉、丝兰、太平花、银桦、梧桐、乌桕、小叶朴、泡桐、小叶女贞、油茶、含笑、紫薇、地锦、柿、月季、丁香、樱花、凹叶厚朴、银杏、天目琼花、金银花等。

反应敏感的树种有:葡萄、杏、梅、山桃、榆叶梅、金丝桃、池杉等。

4. 抗乙烯树种

抗性强的树种有:夹竹桃、棕榈、悬铃木、凤尾兰等。

抗性较强的树种有:黑松、女贞、榆树、枫杨、重阳木、乌桕、红叶李、柳、樟树、罗汉松、白腊等。

反应敏感的树种有:月季、十姐妹、大叶黄杨、刺槐、臭椿、合欢、玉兰等。

5. 抗氨气树种

抗性强的树种有:女贞、樟树、丝棉木、腊梅、柳杉、银杏、紫荆、杉木、石楠、石榴、朴树、无花果、皂荚、木槿、紫薇、玉兰、广玉兰等。

反应敏感的树种有:紫藤、小叶女贞、杨树、悬铃木、薄壳山核桃、杜仲、珊瑚树、枫杨、木芙蓉、栎树、刺槐等。

6. 抗二氧化氮树种

龙柏、黑松、夹竹桃、大叶黄杨、棕榈、女贞、樟树、构树、广玉兰、臭椿、无花果、桑树、栎树、合欢、枫杨、刺槐、丝棉木、乌桕、石榴、酸枣、旱柳、糙叶树、垂柳、泡桐等。

7. 抗臭氧树种

枇杷、悬铃木、枫杨、刺槐、银杏、柳杉、日本扁柏、黑松、樟树、青冈栎、日本女贞、夹竹桃、海州常山、冬青、连翘、八仙花等。

8. 抗烟尘树种

香榧、粗榧、樟树、黄杨、女贞、青冈栎、楠木、冬青、珊瑚树、桃叶珊瑚、广玉兰、石楠、枸骨、桂花、大叶黄杨、夹竹桃、栀子花、槐树、厚皮香、银杏、刺楸、榆、朴、木槿、重阳木、刺槐、苦栎、臭椿、构树、三角枫、桑、紫薇、悬铃木、泡桐、五角枫、乌桕、皂荚、榉树、青桐、麻栎、樱花、腊梅、木绣球等。

9. 滞尘能力强的树种

臭椿、槐树、栎树、刺槐、白榆、麻栎、白杨、柳树、悬铃木、樟树、榕树、凤凰木、海桐、黄杨、青冈栎、女贞、冬青、广玉兰、珊瑚树、石楠、夹竹桃、枸骨、榉、朴、银杏等。

10. 防火树种

山茶、油茶、海桐、冬青、蚊母、八角金盘、女贞、杨梅、厚皮香、交让木、白榄、珊瑚树、枸骨、罗汉松、银杏、槲栎、栓皮栎、榉等。

8.3 医疗机构绿地规划设计

8.3.1 医疗机构绿化的作用与基本原则

医疗机构的园林绿地，一方面通过创造优美安静的休养和治疗环境，为病人创造良好的户外环境，对病人心理产生良好的作用，有利于患者康复和医务工作人员的身体健康，在医疗卫生保健方面具有积极的意义；另一方面，对改善医院、疗养院的小气候条件，发挥隔离和卫生防护功能，保护和美化环境，丰富市容景观，具有十分重要的作用。因此，医疗机构绿地的功能包括了物理作用和心理作用。物理作用是指通过绿化使环境处于良性的、宜人的状态；心理作用则是指病人处在绿地环境中及其对感官的刺激所产生的宁静、安逸、愉悦等良好的心理反应和效果。在现代医院设计中，园林绿地作为医院环境的组成部分，以上功能不容忽视，将医院建筑与园林绿化有机结合，使医院功能更加完善，有深远的社会意义。

8.3.2 医疗机构绿地的规划设计

医院园林绿化的布局，根据医院各组成部分功能要求的不同应有不同形式(图 8.6)。

8.3.2.1 综合性医院的绿化

1. 大门区绿化

大门绿化应与街景协调一致，也要防止来自街道和周围的尘土、烟尘和噪声污染，所以最好能在医院用地的周围密植 10～15 m 宽的乔灌木防护林带。

2. 门诊区绿化

为了便于病人候诊，医院的门诊部一般都安排在主要出入口附近，人流比较集中，一般均临街，是城市街道和医院的结合部，需要有较大面积的缓冲场地。场地及周边作适当的绿化布置，以美化装饰为主，布置花坛、花台，有条件的可设喷泉、主题性雕塑，形成开朗、明快的格调。广场周围种植整形绿篱、开阔的草坪和花灌木，但花木的色彩对比不宜强烈，应以常绿素雅为宜。在节日期间还可用一二年生花卉作重点装饰。广场周围还应种植高大乔木以遮荫。可在树荫下、花丛间设置座椅，供病人候诊和休息使用。

门诊楼建筑前的绿化布置应以草坪为主，丛植乔灌木，乔木应离建筑 5 m 以外栽植，以免影响室内通风、采光及日照。在门诊楼与总务性建筑之间应保持 20 m 的间距，并以乔灌木隔离。医院临街的围墙以通透式的为好，使医院庭园内碧绿草坪与街道上绿荫如盖的树木交相辉映。

植物选择应选用一些能分泌杀菌素的树种，如雪松、白皮松、悬铃木等乔木作为遮荫树；还可种植一些具有药用价值的乔灌木和花卉，如银杏、杜仲、七叶树、连翘、金银花、木槿、玉簪、紫茉莉、蜀葵等。

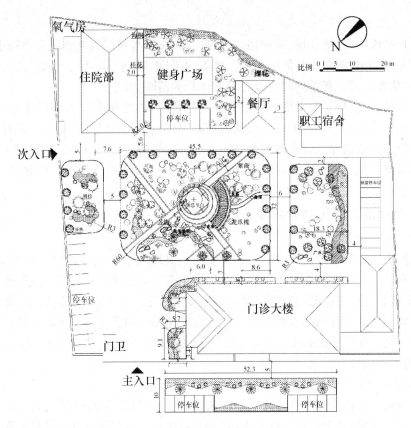

图 8.6 某医院绿化平面图

3. 住院区绿化

住院区常位于医院比较安静的地段。在住院楼的周围,庭园应精心布置,以供病员室外活动和辅助医疗之用。根据用地的大小来决定园林绿地采用的形式。在中心部分可有较整形的广场,设花坛、喷泉,放置座椅、棚架作休息之用。这种广场也可兼作日光浴场,也是亲属探望病人的室外接待处。面积较大时可采用自然式布置,有少量园林建筑、装饰性小品、水池、雕塑等,形成优美的自然式庭园。有条件的还可利用原地形挖堆山,配置植物,形成优美的自然景观。

植物布置要有明显的季节性,使长期住院的病员能感到自然界季节的变换,使之在情绪上比较兴奋,可提高疗效。常绿树与开花灌木应保持一定的比例,一般为1∶3左右,树种也应丰富多彩,还可多栽些药用植物,使植物布置与药物治病联系起来,增加药用植物知识,减弱病人对疾病的精神负担,有利病员的心理,是精神治疗的一个方面。

根据医疗的需要,在绿地中布置室外辅助医疗地段,如日光浴场、空气浴场、体育医疗场等,各以树木作隔离,形成相对独立的空间。在场地上以铺草坪为主,以保持空气清洁卫生,还可以设有棚架遮荫及休息之用。一般病房与传染病房应有 30 m 以上的绿化隔离地段,传染病人与非传染病人不能使用同一花园。

4. 辅助区绿化

辅助区主要由手术部、供应部、药房、X 光室、理疗室和化验室等部分组成。大型医院中可按门诊部和住院部各设一套辅助医疗用房,中小型医院则合用。这部分应单独设立,周围密植常绿乔灌木,形成完整的隔离带。特别是手术室、化验室、放射科等,四周的绿化必须注意不种有绒毛和飞絮的植物,防止东西日晒,保证通风和采光。

8

单位附属绿地规划设计

5. 服务区绿化

服务区包括洗衣房、晒衣场、锅炉房、商店等。晒衣场与厨房等杂务院可单独设立,周围密植常绿乔灌木作隔离,形成完整的隔离带。医院太平间、解剖室应有单独出入口,并在病员视野以外,有绿化作隔离。有条件时可以有一定面积的苗圃、温室。

医疗机构的绿化,除了要考虑其各部分的使用要求外,绿化应起到隔离作用,保证各分区不相干扰。在植物种类的选择上应尽可能选择有净化空气、杀菌作用、医疗效果好的种类。在隔离带中可以选用杀菌能力较强的树种,如松、柏、樟、桉树等,有条件还可选种些经济树种、果树、药用植物,如核桃、山楂、海棠、柿、梨、杜仲、槐、白芍药、牡丹、抗白菊、垂盆草、麦冬、枸杞、长春花等,使绿化同医疗结合起来,成为医院绿化的特色。

8.3.2.2 专科医院绿化的特殊要求

1. 儿童医院的绿化

儿童医院主要接受年龄在 14 周岁以下的病儿,其绿地功能除了有综合性医院的作用外,要考虑到儿童的一些特点。在绿化布置中要安排儿童活动场地及儿童活动的设施,其外形、色彩、尺度都要符合儿童的心理与需要。绿篱的高度最好不超过 80 cm,以免挡住儿童视线。还可布置些图案式样的装饰物及园林小品。良好的绿化环境和优美的布置,可减弱儿童对医院、疾病的心理压力。在树种选择上,要避免有种子飞扬、有异味、有毒、有刺以及引起过敏的植物,如杨柳树的雌株等。

2. 传染病医院的绿化

传染病医院主要接受有急性传染病的病人,因此绿地防护隔离的作用应突出。其防护林带应比一般医院放宽,最少要种三行乔木(15 m),林带应由乔灌木组成,同时要有一定比例的常绿树,使冬季亦起防护作用。在不同病区之间,也要考虑适当的隔离,利用绿地把不同病人组织到不同空间中去活动和休息,以防交叉感染。由于病人的活动能力不大,其活动内容以散步、下棋、谈天等为主,所以规划时不必留出过多的场地,休息场地要距病房近些,以方便利用。在非传染区,则要考虑职工活动的需要,为他们创造一定的休息和活动环境。

 **思考题**

1. 校园绿化有哪些特点?
2. 大学校园绿地由哪几部分组成?设计时应分别注意什么问题?
3. 工厂企业绿化有哪些特点?
4. 工厂绿化树种选择的一般原则是什么?
5. 简述工厂绿地的组成及各组成部分设计应注意的问题。
6. 在进行住院部的绿化设计时应注意哪些问题?
7. 儿童医院、传染病医院在进行绿化设计时应分别注意哪些问题?

▶▶ **实训项目**

一、某大学校园绿地设计

(一)目的要求

掌握大专院校绿化设计的原则,熟悉大专院校绿地的组成以及各组成部分设计的方法,够进行大专院校绿地规划设计。

（二）材料用具

测量仪器、绘图工具等。

（三）方法步骤

1. 调查当地的地形、地质、地貌、气候等自然条件，了解适宜树种的选择范围。

2. 了解学校的位置、特点，搜集学校的历史、文化方面的信息。

3. 整理资料并构思总体方案，完成初步设计（草图）。

4. 正式设计。绘制设计图纸，包括平面图、主要景观的立面图、局部效果图、设计说明。

（四）作业

设计图纸一套，设计说明书一份。

二、某工厂绿地设计

（一）目的要求

了解工厂绿地设计的内容、原则、基本要求，以及树种选择的方法，能够进行工厂绿地的设计。

（二）材料用具

测量仪器、绘图工具等。

（三）方法步骤

1. 了解当地的地形、地质、地貌、气候等自然条件。

2. 了解工厂的性质、规模、位置、生产情况、污染情况以及甲方的设计要求。

3. 根据工厂的生产、污染情况进行树种的选择。

4. 整理收集到的资料，构思总体方案，完成初步设计（草图）。

5. 正式设计，绘制设计图纸，包括总平面图、厂前区的效果图、设计说明。

（四）作业

总平面设计图一份，厂前区效果图一份，设计说明书一份。

三、某儿童医院绿地设计

（一）目的要求

掌握医院设计的方法，并熟悉儿童医院设计的特殊要求，能够独立进行儿童医院的绿化设计。

（二）材料用具

测量仪器、绘图工具等。

（三）方法步骤

1. 了解当地的地形、地质、地貌、水文等自然条件。

2. 了解医院的位置，进行外业调查，了解甲方的设计要求。

3. 整理收集到的资料，构思总体方案，完成初步设计（草图）。

4. 正式设计，绘制设计图纸，包括总平面图、重点景观的立面图、设计说明。

（四）作业

平面设计图（包括重点景观的立面图）一份，设计说明书一份。

9 公园规划设计

公园绿地是城市中向公众开放的、以游憩为主要功能,有一定的游憩设施和服务设施,同时兼有健全生态、美化景观、防灾减灾等综合作用的绿化用地,也是反映城市园林绿化水平的重要窗口,在城市公共绿地中居首要地位。

9.1 公园的概念及特点

18 世纪 60 年代,英国工业革命开始后,工业迅猛发展的同时破坏了自然生态,城市用地不断扩大,人口急剧增加,人们越来越远离自然,生活环境更为恶化。资产阶级为了改善城市环境,把若干私人或专用的园林绿地规划作公共使用,或新辟一些公共绿地,称之为公共花园和公园。

公园是供人民群众游览、休息、观赏、开展文化娱乐和社交活动、体育活动的优美场所,它是城市建设用地、城市绿地系统和城市市政公用设施的重要组成部分,是表示城市整体环境水平和居民生活质量的一项重要指标。

公园中环境优美,有郁郁葱葱的树丛,赏心悦目的花果,如茵如毡的草地,还有形形色色的小品设施,不仅在式样、色彩上富有变化,而且环境宜人,空气清新,鸟语花香,风景如画。它使游人平添耳目之娱,尽情享受大自然的诱人魅力,从而振奋精神,消除疲劳,忘却烦恼,促进身心健康。公园中的游乐、体育等各种设施,也是居民联欢、交往的媒介,特别是青少年和老年人锻炼身体的好地方,通过共同的游乐、运动、竞赛、艺术交流等活动不断地增进市民间的友谊。公园中的科普、文化教育设施和各类动植物、文化古迹等,可使游人在游乐、观赏中增长知识,了解历史,热爱伟大的祖国。所以公园是社会主义精神文明建设的重要课堂。公园中设有开阔的绿地、水面和大片树林,也是市民们防灾避难的有效场所。随着我国城市的发展,工业交通的繁忙,人口的集中和密度的增大,城市人民对公园的需要越来越迫切,对公园规划设计的要求也越来越高。

9.2 综合性公园的规划设计

9.2.1 概述

综合性公园是城市绿地系统的重要组成部分,它有大面积的绿地,有优美的风景可供休息和观赏,还具有丰富的户外游憩内容,适合各种年龄和职业的居民进行一日或半日以上游赏活动。为确保综合性公园有良好的自然环境,公园规模不宜小于 10 hm²。

公园绿地有游憩功能,是直接为城镇居民生活服务的,是不可缺少的社会公益事业,即有社会效益;同时公园具有改善和减少环境污染的环境效益;另外,综合性公园、专类公园等又有门票和服务性商业,能取得直接经济效益。因此,综合与理顺三种效益间的关系是促进公园良性循环的关键。

综合性公园按其服务范围可分为全市性公园和区级公园两类。全市性公园是为全市居民服务,是城市公共绿地中面积较大、活动内容和设施较完善的绿地。其用地面积依市民总人数而定,服务半径约为 2~3 km,步行约 30~50 分钟可达。区级公园是在较大的城市中,为一个行政区的居民服务的公园。区级公园的面积依照本区居民的人数而定,其服务半径约为 1~1.5 km,步行约 15~25 分钟可达。

9.2.2 综合性公园的功能分区与规划

根据公园的活动和景色内容,应进行功能分区布置,一般可分为:出入口、文化娱乐区、观赏游览区、体育运动区、儿童游戏区、安静休息区、经营管理区等。公园的分区只是就公园的主要任务来分的,一定要因地制宜,全面考虑,根据公园的面积、性质、自然环境、功能要求和现状特点进行,必要时亦可穿插安排,切不可绝对化,生搬硬套地机械地划分。

1. 出入口

公园的出入口一方面要满足人流进出公园的需求,另一方面要求具有良好的外观和独特的个性,以美化城市环境。出入口的位置确定主要取决于公园与城市环境的关系、园内功能分区的要求,以及地形特点等全面综合考虑。

公园出入口一般分为主要出入口、次要出入口和专门出入口三种。主要入口的位置应设在城市主要道路和有公共交通的地方,但要避免受到外界交通的影响。次要出入口是辅助性的,为附近局部地区市民服务,位置设于人流来往的次要方向,还可设在公园内有大量集中人流集散的设施附近,如园内的表演厅、露天剧场等附近。专用出入口是根据公园管理工作的需要而设置的,由园务服务管理区、动物区、花圃、苗圃、餐厅等直接通向街道,专为杂务管理的需要而使用的出入口,不供游人使用。

出入口的设计内容主要考虑的是公园内、外集散广场,大门的形式,停车场面积大小及位置,公园售票处,同时也可考虑设置商业零售、导游广告牌、园林小品等内容。集散广场要有足够的人流集散用地,与园内道路联系方便,符合游览路线。出入口也是公园游览开始的部分,给人以观赏的第一印象,在造景方面也应重点考虑。

2. 文化娱乐区

文化娱乐区一般为园内最热闹的区域,由于人量大,为了节省投资、便于管理,以及游人的集散,常设置在主要入口的附近。

本区建筑设施较多,如音乐厅、展览馆、露天剧场、各类游戏场等。在设计时比较容易造成在这一区堆积过多的建筑设施,而忽略一定绿地的比例。公园建筑除外观要求比较美观外,周围也应有条件较好的绿地,以区别于城市一般的剧场、展览馆等。应该尽量利用自然条件,使建筑设施融合在自然风景中。一般采用露天活动的形式为宜,为了遮蔽风雨,可以有辅助游廊、亭榭、花架等建筑形式。

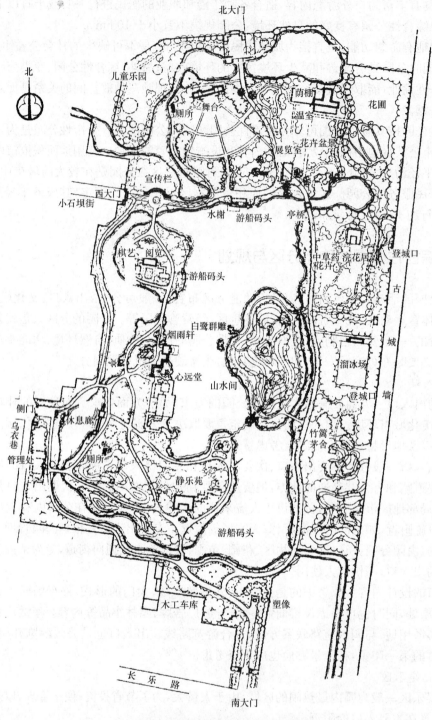

北

北大门

儿童乐园

厕所　舞台

荫棚
温室　花圃

展览室

花卉盆景

宣传栏

西大门

小石坝街

水榭　游船码头　亭桥

中草药　浣花居
花卉　　　登城口

棋艺　阅览

游船码头

白鹭群雕

烟雨轩

溜冰场

心远堂

山水间

登城口

古
城
墙

侧门

乌衣巷

管理处

休息廊

厕所

竹篱茅舍

静乐苑

木工车库

塑像

长乐路

南大门

图 9.1　南京白鹭洲公园总平面图

　　本区的建筑在艺术风格上与城市面貌也比较接近,可以成为规则的城市面貌与自然的安静休息区的过渡。因此这一区结合入口的处理多采用规则式,展览馆或剧院等可作整个公园或局部的构图中心,附近分布各类活动场地,游戏场、杂技场等也应该相对集中,但也不宜过分集中,以至失去公园的感觉。

3. 体育活动区

根据公园的自然条件和规模大小,可以考虑布置不同内容的体育活动场地。比较完整的体育活动区可以设体育场、体育馆、游泳池、划船活动、球类活动和生活服务设施等。但由于有些有噪声的干扰性以及破坏性强(如球类易损坏树木)的体育项目,只适宜在大型公园布置,一般公园只在局部设置简易的体育器械或场地,如羽毛球、乒乓球场地等;有的可利用水面开展划船、游泳等体育活动。

为了便于管理和集散方便,应将体育活动区安置在次要出入口附近,也可以单设一专用出入口。

4. 安静休息区

安静休息区在公园中占地面积最大,游人密度较小,供人们安静地休息、散步和欣赏自然风景,与喧闹的城市干道和文化娱乐区、体育活动区及儿童活动区等隔离。区内公共建筑和服务设施较少,可设置在距主要入口较远处,但必须与其他各区联系方便,使游人易于到达。

安静休息区绿地面积大,植物种类和配置类型最丰富,是风景最优美的地方。应选择原有树木较多、绿地基础较好的地方,以具有起伏的地形、天然或人工的水面如湖泊,水池,河流甚至泉水瀑布等为最佳,充分利用地形和植物形成不同的风景效果。也可结合自然风景布置少量的建筑、服务设施,如亭、榭、茶室、阅览室、垂钓活动场地等,布置园椅、座凳。面积较大的安静区中还可配置简单的文娱体育设施,如棋室等,或利用水面开展水上运动,一般以静态活动为主,宜少不宜多。

5. 儿童活动区

儿童约占全园游人总数的 15%～30%。公园应为儿童提供充分的活动条件。儿童活动设施应与园内自然风景密切结合,使其有利于儿童身心健康。活动区规模大小按公园用地面积的大小、公园位置、儿童游人量、公园地形条件与现状来确定。内容设置可按用地面积的多少来确定,主要有少年之家、阅览室、儿童游戏场、运动场、游泳池、涉水池、划船码头、自然科学园地及各种游戏机等。

儿童活动区在布置手法上应适应儿童的心理和活动特点。根据儿童的不同年龄段划分不同的活动区域;建筑与小品的形式要能引起儿童的兴趣,符合儿童的比例尺度;道路的布置要简捷明确,容易辨认;植物选择要丰富多彩,颜色鲜艳,引起儿童对大自然的兴趣,不种容易对儿童产生伤害的植物种类;不宜用铁丝网作隔离,地面不宜用凹凸不平或尖锐的材料,多铺草地或海绵软性铺装;区内需设置饮水器、厕所、小卖部等服务设施。儿童区一般设在出入口附近,应用绿篱或栏杆与其他各区隔离,有规定的出入口,防止游人随便穿行,使之便于管理并保证安全。低龄儿童的活动要受到成年人的保护和监视,因此也要为成年人设置休息区。

6. 园务管理区

园务管理区是为公园经营管理需要而设置的内部专用地区,区内可分为管理办公部分、仓库工场部分、花圃苗木部分、生活服务部分等。这些内容根据用地情况及管理使用的方便,可以集中布置,也可分成数处。园务管理区要设置在既便于执行管理工作,又便于与城市联系的地方。本区四周与游人要有隔离,对园内园外均有专用出入口,便于运输和消防。

除上述分区外,有的公园还布置有老年活动区,方便附近老人们开展各种活动,如赏鸟、门球、唱戏、棋艺、谈心等。老年活动区一般布置在公园内比较清静的地方,有的布置在安静休息区内。区内还应多设置一些桌、椅等休息设施,便于老年人休息。

9.2.3 公园用地比例

公园用地比例应根据公园类型和陆地面积确定。制定公园用地比例,目的在于确定公园的绿地性质,以免公园内建筑及构筑物面积过大,破坏环境、破坏景观,从而造成城市绿地减少或被损坏。可参见《公园设计规范》CJJ48规定。

9.2.4 公园游人容量计算

在《城市公园规划设计规范》中城市公园游人容量计算公式如下:

$$C = A/Am$$

式中:C——公园游人容量(人);

A——公园总面积(m^2);

Am——公园游人人均占有面积(m^2/人)。

根据《公园设计规范》CJJ48:市、区级公园游人人均占有公园面积以 60 m^2 为宜,居住区公园、带状公园和居住小区游园以 30 m^2 为宜;近期公园绿地人均指标低的城市,游人人均占有公园面积可酌情降低,但人均占有陆地面积不得低于 15 m^2;风景名胜公园游人人均占有公园面积宜大于 100 m^2。另外,水面和坡度大于 50°的陡坡山地面积之和超过总面积的 50% 的公园,游人人均占有公园面积应适当增加。

9.2.5 公园地形设计

无论规则式、自然式或混合式园林,都存在着地形设计问题。地形设计牵涉到公园的艺术形象、山水骨架、种植设计的合理性、土方工程等问题。从公园的总体规划角度,地形设计最主要的是要解决公园为造景需要所要进行的地形处理(图 9.2)。

1. 不同的设计风格应采用不同的手法

规则式园林的地形设计,主要是应用直线和折线,创造不同高程平面的布局。园林中的水体,主要以长方形、正方形、圆形或椭圆形为主要造型的水渠、水池。一般渠底、池底也为平面,在满足排水的要求下,标高基本相等。

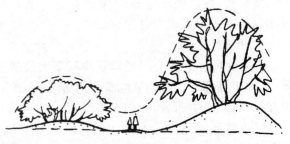

植物与土丘结合可以隐藏停车场及服务设施　　　　种植与地形改造结合来创造景观趣味

图 9.2　利用地形创造不同的空间

自然式园林的地形设计，首先要根据公园用地的地形特点，一般有以下几种情况：原有水面或低洼沼泽地；城市中的河网地；地形多变、起伏不平的山林地；平坦的农田、菜地等。无论上述哪种地形，基本的手法是要因地制宜，巧妙利用原有地形，利用为主，改造为辅，即《园冶》中所说的"高方欲就亭台，低凹可开池沼"（图9.3）。

图9.3　某公园地形设计景观剖面图

2. 应结合各分区规划的要求

安静休息区、老人活动区等要求一定山林地、溪流蜿蜒的小水面或利用山水组合空间造成局部幽静环境。而文娱活动区域，地形变化不宜过于强烈，以便开展大量游人短期集散的活动。儿童活动区不宜选择过于陡峭、险峻地形，以保证儿童活动的安全。

3. 应与全园的植物种植规划紧密结合

公园中的块状绿地、密林和草坪，应在地形设计中结合山地、缓坡考虑；水面应考虑水生植物、湿生、沼生植物等不同的生物学特性改造地形。山林地坡度应小于33％；草坪坡度不应大于25％。

4. 竖向控制的内容

竖向控制的内容有：山顶标高，最高水位、常水位、最低水位标高，水底标高，驳岸顶部标高，园路主要转折点、交叉点、变坡点，主要建筑的底层、室外地坪，各出入口内、外地面，地下工程管线及地下构筑物的埋深等。

为保证公园内游园安全，水体深度一般控制在1.5～1.8 m之间。硬底人工水体近岸2 m范围内的水深不得大于0.7 m，超过者应设护栏。无护栏的园桥、汀步附近2 m范围以内，水深不得大于0.5 m等。

9.2.6　公园道路及广场设计

9.2.6.1　公园道路

公园中的园路常分为三种：即主要道路、次要道路和游步道。

1. 主要道路

主要道路是通过主次入口把входящий入园后的游人引导到公园各区，因此是园中最宽的道路，常处理成道路系统中的主环，联系公园各区景点，游人可以避免走回头路。在以水面为中心的公园，主干道环绕水面联系各区，是较理想的处理方法。当主路临水布置时，应根据地形起伏和周围景色及功能上的要求，使主路与水面若即若离，有远有近，使园景增加变化。

主要道路的宽度，大型公园一般在 4～6 m，小型公园一般在 3～4 m。道路不宜有过大的地形起伏，如起伏超过 10%的坡度，则应改变道路纵坡，主要道路不宜设置台阶，保证车辆通行。

2. 次要道路

次要道路一般是各区内的道路，既联系全园的主要道路，往往又形成一些局部的小环境，使游人能深入公园的各部分。次要道路的布置可以比较朴素，而沿路风景的变化应该比较丰富。宽度一般在 2～3 m，可以多利用地形的起伏展开丰富的风景画面。

3. 游步道

游步道应该分布全园各处，供游人漫步游赏的路，它引导游人深入到园内各个偏僻宁静的角落，以提高公园面积的使用效率，也是卫生条件最好、最接近大自然的地方。游步道旁可布置小型轻巧的园林建筑，开辟较小的闭锁空间，配置乔灌木，使得风景的变化丰富细腻。游步道宽度一般为 1.2～2 m。

还有一种专为公园运输杂物用的道路，这种道路往往由专用入口通向仓库、杂物院、管理处等地，并与园中主干道相通，但不应破坏公园风景效果。

无论是主要、次要或游步道，都应有各自的系统而又相互联系（图 9.4）。主要、次要道路

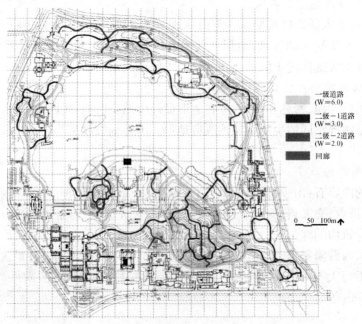

一级道路
(W=6.0)

二级—1道路
(W=3.0)

二级—2道路
(W=2.0)

回廊

0　50　100m

图 9.4　某公园道路结构图

应着重考虑游人的方便,不应设置过分弯曲的道路。而安静休息区内或通向一些装饰性强的休息用的亭榭等,可以较多地运用中国古典园林中常用的抑景、隔景等手法,以曲折迂回的道路增加空间感,造成曲径通幽的气氛,加强风景艺术效果。

道路的设计还包括路面的铺装设计。路的铺装设计应根据不同性质的道路而异。在公园中主、次道路除用宽度来区分以外,还可用不同材料来表示,这样可以引导游人沿着一定方向前进。一般主、次道路采取比较平整、耐压力较强的铺装面,如混凝土、沥青等。小路则可采用较美观自然的路面,如冰纹石块镶草皮,水泥砖镶草皮等。

9.2.6.2 公园广场设计

综合性公园中要提供人集中活动的场所,如出入口处的内置或外置的集散广场、文娱活动区域、体育活动区,往往要设置露天的广场或者提供一定的场地。广场便成了园内必不可少的一部分。近些年来国内外下沉式广场应用普遍,起到良好的景观和使用效果。下沉式广场大小面积随意,形式多变,可供游人聚会、议论、交谈或独坐,同时也是提供小型或大型广场演出、聚集的好形式。广场设计的要点可参考"城市广场设计"。

9.2.7 公园种植设计

公园的种植规划应在公园的总体规划过程中和功能分区、道路系统、地貌改造以及建筑布置等同时进行,确定适宜的种植类型,保证各部分互相配合,全园形成一个有机的整体。

公园的种植规划要注意以下三个方面的问题:

1. 公园活动的特点

公园应有良好的卫生环境,四周要设置卫生防护林带,起防风沙、隔噪声的作用。公园中可种植的土地,除树木外,应尽可能种植草坪和地被植物,做到黄土不露天。

公园的绿化种植要满足不同分区的功能要求,全园应有基调树种,各区可根据不同的活动内容,选择相应的植物种类。如文化娱乐区要求绿化能达到遮荫、美化、季相变化明显等效果,植物应选体型整齐大方的乔木和常绿树为主,主要建筑附近可设花坛、花境等;在体育活动区则要求大树遮荫、健壮整洁、无飞絮落果、色彩单纯的大面积草地;儿童活动区要求选择形态奇特、色彩鲜艳、无毒无刺的植物;而安静休息区的植物种植和林相变化要求多种多样,有不同的景观,好似置身于大自然中。

2. 树种选择

公园绿地面积较大,立地条件和生态环境复杂多样,公园的功能也多样化,既要容纳大量游人开展文娱科普活动,又须创造安静的游览休息环境,因此树种选择,除符合一般规律外,还应结合公园的特殊要求。公园中游人密度大,植物的养护管理常是个大问题,树种选择除考虑园林特点,要丰富多彩外,应当多选择能适应公园环境的乡土树种。

3. 园林植物的季相交替和色彩配合

植物由于四季变化而呈现出不同的外貌,植物的季相交替形成了景观的季节变化。因此在进行绿化种植规划时,要充分掌握园林植物的季相变化,通过合理的安排,组成富有四季特色的园林艺术构图。

依据植物多样性原则,种植设计时可模拟当地的自然群落形式,可以形成相对稳定的良性循环的人工群落,构成层次丰富、生态效应良好的复合生态空间。

9.3　专类公园规划设计

综合性公园中设施布置内容较为齐全，如果只以其中某项内容为主，则成为专类公园，如以纪念某件事或人物为主，为纪念性公园；以儿童活动内容为主，为儿童公园；以展览植物为主，为植物园；以开展体育活动为主，为体育公园等。

9.3.1　植物园规划设计

植物园是从事植物物种资源的收集、培育、保存等科学研究的机构。植物园最主要的任务是进行植物科学研究工作，其次是结合植物科学的丰富内容，以公园的形式，创造最优美的环境，让植物世界形形色色的植物组成千姿百态的自然景观供人们游览观光；再次是进行植物科学的普及教育工作。植物园通过露地展览区、温室、陈列室、博物馆等室内、外植物素材的展览，并结合园林艺术的布局，让广大群众在休息、游览中，通过植物进化系统以及植物分类系统的参观学习，寓教于游，得到完美的植物科学的教育。

9.3.1.1　植物园的类型

植物园按其性质可分为综合性植物园和专业性植物园两种。

1. 综合性植物园

综合性植物园指兼备多种职能，即科研、游览、科普及生产的规模较大的植物园。目前，我国这类植物园有属于中国科学院系统，以科研为主结合其他功能的，如北京植物园（南园）、南京中山植物园、庐山植物园、武汉植物园、华南植物园、贵州植物园、昆明植物园、西双版纳植物园等；有归园林系统，以观光游览为主，结合科研、科普和生产的，如北京植物园（北园）、上海植物园、青岛植物园、杭州植物园、厦门植物园、深圳仙湖植物园等。

2. 专业性植物园

专业性植物园指根据一定的学科、专业内容布置的植物标本园、树木园、药圃等。如广州中山大学标本园、武汉大学树木园等。这类植物园大多数属于某大专院校、科研单位，所以又可称之为专类植物园。

9.3.1.2　植物园的功能分区

一般综合性植物园（图9.5）由三个部分组成：展览区、科研区、生活管理区。

1. 展览区

展览区的目的在于把植物生长的自然规律，以及人类利用植物、改造植物的知识陈列和展览出来，供人们参观游赏、学习，主要有以下分区：

① 植物进化系统展览区。

② 经济植物展览区。

③ 抗性植物展览区。

④ 水生植物区。

⑤ 岩石植物区。

⑥ 树木区。

园林规划设计

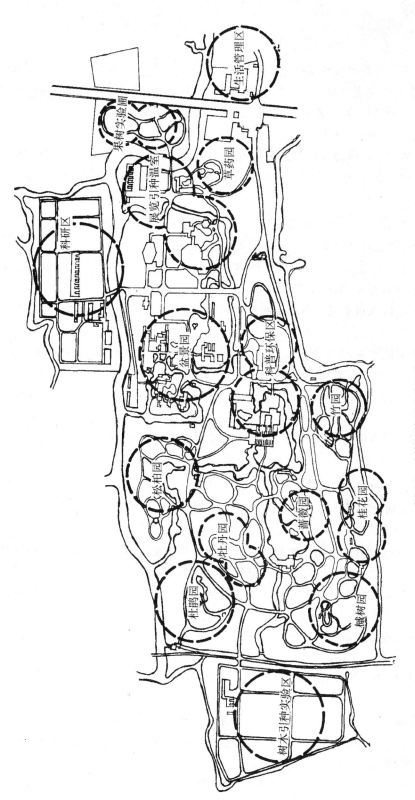

图 9.5 上海植物园的功能分区

⑦ 专类区。

⑧ 温室区。

2. 科研区

科研区是专供科学研究和结合生产的用地,为了避免干扰,减少人为破坏,一般不对群众开放,仅供专业人员参观学习。如自然群落、植物生态、种质资源及珍稀濒危植物的保护等研究,由实验地、引种驯化地、苗圃地、示范地、检疫地等组成。

3. 职工生活区

植物园多数位于郊区,路途较远,为了方便职工上下班,减少城市交通压力,园内修建职工生活区,包括宿舍、食堂、托儿所、理发室、浴室、锅炉房、综合服务商店、车库等。职工生活区布置同一般生活区。

9.3.1.3 植物园的位置选择要求

植物园的位置选择要求有:

① 要有方便的交通,离市区不能太远,使游人易于到达,这样才有利于科普工作。但是应该远离工厂区,或水源污染区,以免植物遭到污染引起大量死亡。

② 为了满足植物对不同生态环境的要求,园址应该具有较为复杂的地貌和不同的小气候条件。

③ 要有充足的水源,最好具有高低不同的地下水位,既方便灌溉,又能解决引种驯化栽培的需要。对丰富园内景观来说,水体也是不可缺少的因素。

④ 要有不同的土壤条件、不同的土壤结构和不同的酸碱度,同时要求土层深厚,含腐殖质高,排水良好。

⑤ 园址最好具有丰富的天然植被,供建园时利用,这对加速实现植物园的建设是个有利条件。

9.3.1.4 植物园的规划要求

植物园的规划要求有:

① 首先明确建园目的、性质与任务。

② 确定植物园的分区与用地面积。一般展览区用地面积较大,可占全园总面积的40%~60%,苗圃及实验区用地占25%~35%,其他用地约占25%~35%。

③ 展览区是面向公众开放,宜选用地形富于变化、交通方便、游人易于到达的地方,对于偏重科研或游人量较少的展览区,宜布置在稍远的地点。

④ 科研区是进行科研和生产的场所,不向公众开放,应与展览区隔离,但是要与城市交通线有方便联系,并设有专用出入口。

⑤ 确定建筑数量及位置。植物园建筑有展览建筑、科学研究用建筑及服务性建筑三类。

⑥ 道路系统。道路系统不仅起着联系、分隔、引导作用,同时也是园林构图中一个不可忽视的因素。道路的布局与公园相似,分为主干道、次干道、游步道三级。我国几个大型综合性植物园的道路设计,除入园主干道采用林荫大道,形成浓荫夹道的气氛外,多数采用自然式布置。主干道对坡度应有一定的控制,而其他两级道路都应充分利用原有地形,形成路随势转又一景的错综多变的格局。道路的铺装、图案花纹的设计应与周围环境相互协调配合。纵横坡度一般要求不严,但应该保证平整不积水。

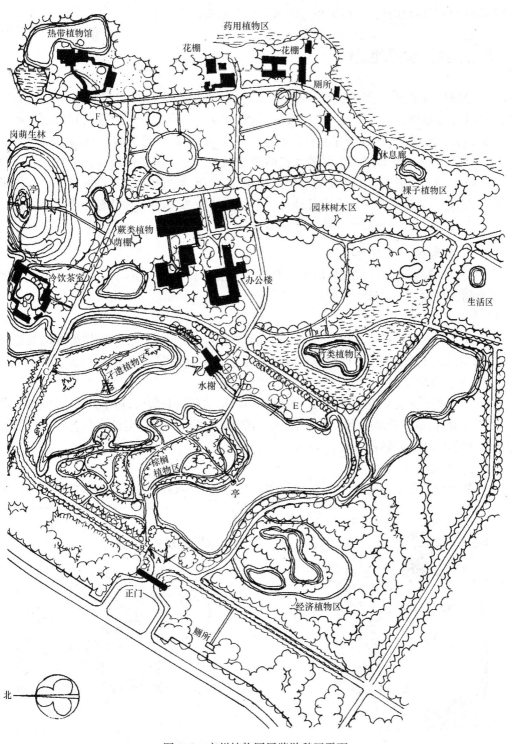

热带植物馆

药用植物区

花棚

花棚

厕所

F

岗萌生林

休息廊

裸子植物区

园林树木区

蕨类植物
荫棚

冷饮茶室

办公楼

生活区

子遗植物区

D

水榭

E

禾类植物区

棕榈
植物区

亭

B

A

正门

厕所

经济植物区

北

图 9.6 广州植物园展览游憩区平面

⑦ 排灌工程。植物园内的植物品种丰富,养护条件要求较高,因此总体规划中,必须有排灌系统的规划,保证植物生长良好。一般利用地势起伏的自然坡度或暗沟,将雨水排入附近的水体中。在距离水体较远或排水不顺的地段,必须铺设雨水管,辅助排出。灌溉系统(除利用自然水体外)均以埋设暗管为宜,避免明沟破坏园林景观。

9.3.2 儿童公园规划设计

儿童公园一般坐落在居住区或学校附近,是供儿童游戏、娱乐、体育以及进行文化活动,为幼儿和学龄儿童创造以户外活动为主的良好环境,并从中得到文化科学普及知识的城市专类公园。建设儿童公园的目的,是让儿童在活动中接触大自然、熟悉大自然、接触科学、热爱科学,从而锻炼了身体,增长了知识,培养优良的道德风尚。如美国纽约的埃弗里特儿童探险公园在约 4 hm² 的土地里安排了丰富的节目,以"花"为主题,通过植物模型向儿童展示自然世界的生长过程,通过景观点的手法在室外环境中来教授植物知识,并且也将整个公园布置成一个好玩的地方,满足从幼儿园到六年级学生的需求。

9.3.2.1 儿童公园的设施

儿童公园的服务对象一般按年龄可大致分为学龄前和学龄儿童,有时也要考虑到为照顾陪伴儿童的父母或者祖父母这些成年人。

1. 学龄前儿童的设施

学龄前儿童的设施有供游戏的室外场地,如草地、沙地、假山、硬地等;供游戏用的设备玩具,如学步用的栏杆、攀援用的梯架、跷跷板、木马、沙地和小喷泉涉水池等(图 9.7)。

2. 学龄儿童的设施

是供 7～12 岁学龄儿童活动用的。供屋外活动用的可以有滑梯、转伞、秋千、攀登架、游戏障碍活动区等;供室内活动的有少年之家、电子游戏等;还可设置一定的小植物园、小动物园、农艺园地供植物动物爱好者活动。

3. 成人的设施

主要是为看护儿童的成年人服务,可设置一些休息的亭廊、座椅等服务设施。

平面图

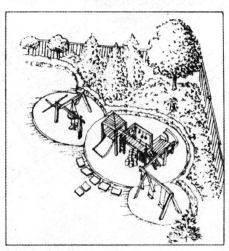
效果图

图 9.7 幼儿活动设施

9.3.2.2　儿童公园的功能分区及规划要点

儿童公园的功能分区主要根据不同儿童的生理、心理特点和活动要求,一般可分为以下几个区域:

（1）学龄前儿童区　主要供学龄前儿童活动。

（2）学龄儿童区　为学龄儿童游戏活动的地方。

（3）体育活动区　是进行体育活动的场地,可设置障碍活动等。

（4）娱乐和少年科学活动区　可以进行各类娱乐活动及设置一些少年科普项目。

（5）办公管理区　提供服务设施的一些管理处设置。

儿童公园在规划时应按照不用年龄儿童的使用比例划分用地;道路系统应简单明确以便于儿童辨别方向,到达活动场地;建筑小品、服务设施造型要生动活泼,色彩鲜明丰富;各类活动场地应在附近设有供休息用的坐凳、休息亭廊,供陪同儿童的成人及老人使用;儿童游戏用的器具及玩具是儿童公园活动的重要内容,必须组合和布置好。

9.3.2.3　儿童公园的绿化配置

儿童公园的规划要为儿童创造良好的活动、休息自然环境,绿化覆盖率占全园的70%以上。绿化植物选择应注意不用有毒、有刺、有刺激性、有奇臭、会

图9.8　各种形式的儿童活动

引起儿童过敏反应的品种如夹竹桃、蔷薇、漆树等。在园的周围应种植浓密的乔灌木与外界隔离,园内可种植四时花木,使园景丰富多彩。在儿童活动场地要适当种植庇荫树,为儿童创造适宜的活动条件。还可结合绿化种植开辟小植物园和农艺园,或饲养展出容易饲养又为儿童喜爱的鸟类、猴类、鱼类等小动物。

9.3.3　体育公园规划设计

9.3.3.1　体育公园的功能和类型

体育公园是市民开展体育活动、锻炼身体和游览休息的专类公园,除设有供练习和比赛用的体育场地和建筑物外,还设有文化教育以及服务性建筑,并有相当大的绿化面积,供居民休息散步,是公园和运动场地的综合体。体育公园的中心任务就是为群众的体育活动创造必要的条件。

体育公园按照规模及设施的完备性不同,可分为两类。一是具有完善体育场馆等设施,占地面积较大,可以开运动会的场所,如德国慕尼黑奥林匹克体育公园,北京亚运村中心、上海闵行体育公园等。另一类是在城市中开辟一块绿地,安排一些体育活动设施,如各种球类运动场地及一些群众锻炼身体的设施,例如北京方庄小区的体育公园属于此种类型。

9.3.3.2 体育公园规划设计的原则

体育公园总体布局应以体育活动场所和设施为中心,其他方面的布局均应服从于这个中心,在布局上应该有相对的集中性,为不同年龄的人进行各种体育活动创造条件(图9.9)。在地形设计上,因地制宜,充分利用现状及自然地形,有机地与体育活动组合起来。在绿化形式上,应与园内的设施及活动内容相协调一致,在不影响进行体育活动的前提下,增加绿地面积。在树种选择上,应以污染少、观赏价值高的树种为主。

9.3.3.3 体育公园的功能分区与规划要点

1. 室内体育活动场馆区

室内体育活动场馆区一般占地面积较大,一些主要建筑如体育馆、室内游泳馆及附属建筑均在此区内。另外,为方便群众的活动,应在建筑前方或大门附近安排一个面积比较大的停车场,停车场应该采用草坪砖铺地,安排一些花坛、喷泉等设施,起到调节小气候的作用。

2. 室外体育活动区

室外体育活动区一般是以运动场的形式出现,在场内可以开展一些球类等体育活动。大面积、标准化的运动场应在四周或某一边缘设置一观看台,以方便群众观看体育比赛。

3. 儿童活动区

儿童活动区一般位于公园的出入口附近或比较醒目的地方,主要是为儿童的体育活动创造条件,设施布置上应能满足不同年龄阶段儿童活动的需要,以活泼、欢快的色彩为主,同时应以儿童喜爱的造型为主。

4. 园林区

园林区的面积在不同规模、不同设施的体育公园内有很大差别。在不影响体育活动的前提下,应尽可能增加绿地面积,以达到改善小气候条件、创造优美环境的目的。在此区内,一般可安排一些小型体育锻炼的设施,诸如单杠、双杠等。同时老年人一般多集中在此区活动,因此,要从老年人活动的需要出发,安排一些小场地,布置一些桌椅,以满足老年人在此进行一些安静活动(如打牌、下棋等)的需求。

9.3.3.4 体育公园的绿化设计

出入口附近的绿化应简洁、明快,可以结合具体场地情况,设置一些花坛和平坦的草坪,如果与停车场结合,可以用草坪砖铺设。花坛花卉的色彩配置,应以具有强烈运动感的色彩配置为主,特别是采用互补色的搭配,创造一种欢快、活泼、轻松的气氛,如选用橙色系花卉与大红、大绿色调相配。

体育馆的出入口处应该留有足够的空间,以便游人出入。在出入口前布置一个空旷的草坪广场,可以疏散人流,但是注意草种应选择耐践踏的品种。结合出入口的道路布置,可以采用道路—草坪砖草坪—草坪逐渐过渡的形式。在体育馆周围,应种植一些乔木树种和花灌木来衬托建筑本身的雄伟。道路两侧,可以用绿篱来布置,以达到组织导游路线的目的。

体育场面积较大,一般在场地内布置耐踩性较好的草坪。体育场的周围,可以适当种植一些落叶乔木和常绿树种,夏季可以为游人提供乘凉的场所,但是要注意不宜选择带刺的或对人体皮肤有过敏反应的树种。

园林区是绿化设计的重点,要求在功能上既要有助于一些体育锻炼的特殊需要,又能对整个公园的环境起到美化和改善小气候的作用。因此,在树种选择及种植方式上均有特色。在树种选择上,应选择具有良好的观赏价值和较强适应性的树种,一般以落叶乔木为主,北方地区常绿树种应少些,南方地区常绿树种可适当多些。为提高整个区的美化效果,还应该增加一些花灌木。

儿童活动区的位置,可以结合园林区来选址,一般在公园出入口附近。此区在绿化上应该以美化为主,小面积的草坪可供儿童活动使用,少量的落叶乔木可为儿童在夏季活动时遮阳庇荫,而冬季又不影响儿童活动时对阳光的需要。另外,还可以结合树木整形修剪,安排一些动物、建筑等造型,以提高儿童的兴趣。

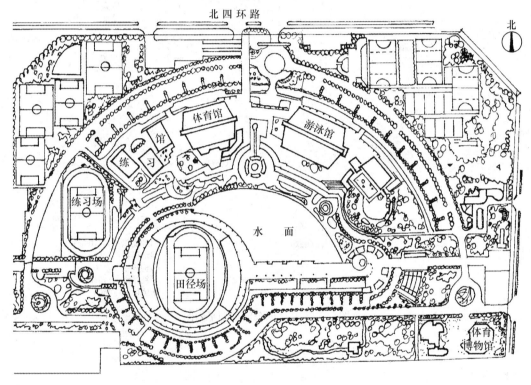

图 9.9　北京奥林匹克体育中心平面

9.3.4　风景名胜公园规划设计

9.3.4.1　概述

风景名胜公园(也有称为郊野公园的)指城市建设用地范围内,以文物古迹、风景名胜点为主形成的城市公园绿地。这是因为随着城镇用地的发展,把近郊风景区划入市区,它们同样起着城市公园的作用。

风景名胜公园有别于位于城市远郊区或远离城市以外、景区范围较大、且主要为旅游点的各级风景名胜区,它是以游览、休憩为主,兼为旅游点的公园绿地,其内可以开展一系列观光游览活动,可以设置一定量的住宿床位,但必须基于保护好自然和人文景观的基础上,设置适量游览路、休憩、服务和公用等设施(图9.10)。

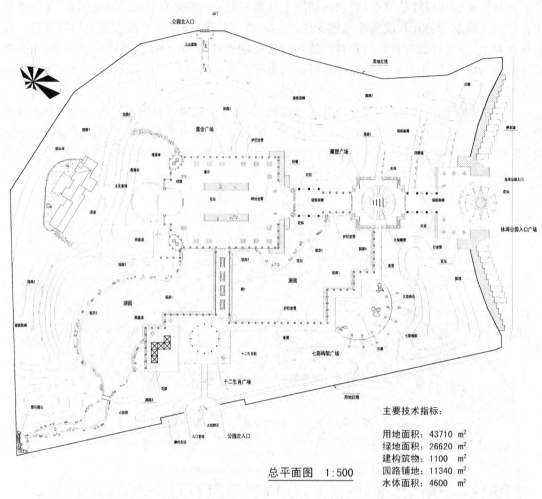

总平面图 1:500

主要技术指标:

用地面积 43710 m²
绿地面积 26620 m²
建构筑物 1100 m²
园路铺地 11340 m²
水体面积 4600 m²

图 9.10 某休闲公园规划平面图

9.3.4.2 实例——上海方塔园

1. 概况

方塔园位于上海松江县城,公园面积 11.5 hm²,园中有建自北宋的兴圣教寺塔——方塔、宋代石板桥、明代砖雕照壁及建园时迁入的清代大殿,为文物古迹公园(图 9.11)。

2. 分区和组景

根据原有古迹与山体水系的整理,把全园划分为以下几个景区,形成不同的内向的空间组合与景色。

(1)方塔景区 是全园的主景区,有高低错落的平台与较宽阔的广场,将宋塔、明壁、清殿及古树组成大小、起伏相间的空间。塔的周围用矮墙和土山围成封闭的院落。

(2)竹林区 在公园东部。在保持原有的大片竹林及河塘的基础上,设置了东北端的餐厅,东南端的诗会、棋社及茶室,南端的水榭,以及林中休息亭等游憩点。

(3)鹿苑草地 在公园西南部。在水面南岸,设置大片缓坡草地,放养鹿群,增加园林的生趣,取意于古时松江有"茸城"之称。

(4)园中园 在公园西部。布置有接待室、楠木厅和长廊、水榭,自成一园,作陈列展览

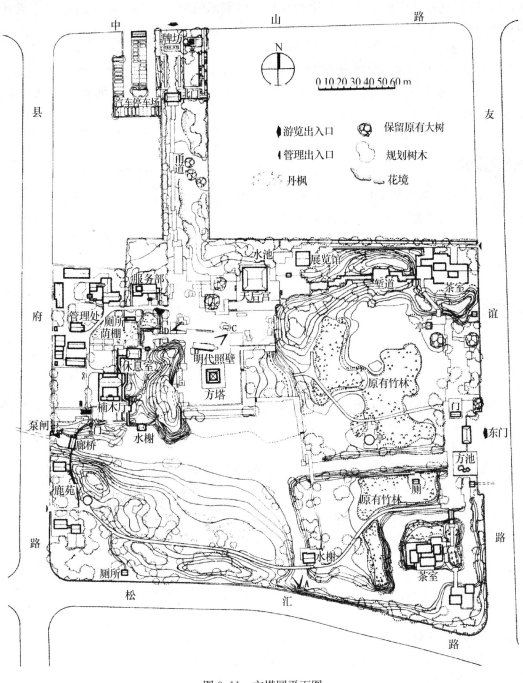

图 9.11　方塔园平面图

之用。

（5）服务管理区　此外,公园西部还设有小卖部、摄影部等服务设施及管理区。

3. 布局特点

公园以安静的观赏内容为主,不设置喧闹的娱乐活动设施。公园保持了中国古典园林的特色,又运用新的造园手法,探索体现时代的新风格。例如中心区运用标高不同、大小不等的平台和广场,组织以方塔为主体的不同空间。东北部的园路以高低、曲折、宽窄不同的堑道,创造几经曲折渐入佳境的气氛。西南部的大片草地与较宽的水面构成开敞的自然风景。

4. 绿化配置

结合原有古木、大树、竹林进行配置,以草皮和香樟、乌桕、竹等为主题树种,在建筑附近点缀山茶、玉兰、海棠、杜鹃等花木,以丰富四时景色;北入口园路东侧布置花境,天妃宫大殿东、北两面配植松柏丛林,鹿苑草坪点缀以丹枫、乌桕等。

▶▶ 思考题

1. 综合性公园一般分为哪几个功能区,各区的特点如何?
2. 植物园、体育公园、儿童公园是按什么要素来分区的?
3. 风景名胜公园的绿化设计有何特色?公园的树种选择有何特殊要求?
4. 综合性公园与专类公园有什么区别?

▶▶ 实训项目

综合性公园分区规划及设计

(一)目的

掌握综合性公园的分区规划,能熟练绘图,掌握各分区的特点,使各分区分布合理、功能齐全。

(二)材料用具

图纸、针管笔、橡皮、图板、三角板、丁字尺、圆规等绘图工具。

(三)方法步骤

1. 有关原始资料的收集:包括园林的地质条件,环境条件,污染物种类、方向、程度,自然条件(地形、土壤、水体、植被)等。

2. 实地考察测量,绘制现状图。

3. 正式设计,绘制分区规划设计图。

① 科学普及文化娱乐区。

② 体育活动区。

③ 游览区(安静休息区)。

④ 公园管理区。

4. 列出各分区名称、用地比例、主要活动项目等内容。

5. 绘制综合性公园设计平面图。

6. 写出设计说明书。

(四)作业

根据要求,每人完成一份设计图。

附录一　国家园林城市标准

一、组织管理（10分）

1. 认真执行国务院《城市绿化条例》；
2. 市政府领导重视城市绿化美化工作，创建活动动员有力，组织保障、政策资金落实；
3. 创建工作指导思想明确，实施措施有力；
4. 结合城市园林绿化工作实际，创造出丰富经验，对全国有示范、推动作用；
5. 城市园林绿化行政主管部门的机构完善，职能明确，行业管理到位；
6. 管理法规和制度健全、配套；
7. 执法管理落实、有效，无非法侵占绿地、破坏绿化成果的严重事件；
8. 园林绿化科研队伍和资金落实，科研成效显著。

二、规划设计（10分）

1. 城市绿地系统规划编制完成，获批准并纳入城市总体规划，严格实施规划，取得良好的生态、环境效益；
2. 城市公共绿地、居住区绿地、单位附属绿地、防护绿地、生产绿地、风景林地及道路绿化布局合理、功能健全，形成有机的完整系统；
3. 编制完成城市规划区范围内植物物种多样性保护规划；
4. 认真执行《公园设计规范》，城市园林的设计、建设、养护管理达到先进水平，景观效果好。

三、景观保护（8分）

1. 突出城市文化和民族特色，保护历史文化措施有力，效果明显，文物古迹及其所处环境得到保护；
2. 城市布局合理，建筑和谐，容貌美观；
3. 城市古树名木保护管理法规健全，古树名木保护建档立卡，责任落实，措施有力；
4. 户外广告管理规范，制度健全完善，效果明显。

四、绿化建设(30分)

(一) 指标管理

1. 城市园林绿化工作成果达到全国先进水平,各项园林绿化指标最近五年逐年增长;

2. 经遥感技术鉴定核实,城市绿化覆盖率、建成区绿地率、人均公共绿地面积指标,达到基本指标;

3. 各城区间的绿化指标差距逐年缩小,城市绿化覆盖率、绿地率相差在5个百分点、人均绿地面积差距在2平方米内。

(二) 道路绿化

1. 城市街道绿化按道路长度普及率、达标率分别在95%和80%以上;

2. 市区干道绿化带面积不少于道路总用地面积的25%;

3. 全市形成林荫路系统,道路绿化、美化具有本地区特点。江、河、湖、海等水体沿岸绿化良好,具有特色,形成城市特有的风光带。

(三) 居住区绿化

1. 新建居住小区绿化面积占总用地面积的30%以上,辟有休息活动园地,改造旧居住区绿化面积也不少于总用地面积的25%;

2. 全市园林式居住区占60%以上;

3. 居住区园林绿化养护管理资金落实,措施得当,绿化种植维护落实,设施保持完整。

(四) 单位绿化

1. 市内各单位重视庭院绿化美化,开展"园林式单位"评选活动,标准科学合理,制度严格,成效显著;

2. 达标单位占70%以上,先进单位占20%以上;

3. 各单位和居民个人积极开展庭院、阳台、屋顶、墙面、室内绿化及认养绿地等绿化美化活动,取得良好的效果。

(五) 苗圃建设

1. 全市生产绿地总面积占城市建成区面积的2%以上;

2. 城市各项绿化美化工程所用苗木自给率达80%以上,并且规格、质量符合城市绿化栽植工程需要;

3. 园林植物引种、育种工作成绩显著,培育出一批适应当地条件的具有特性、抗性优良品种。

(六) 城市全民义务植树城市全民义务植树每年完成,植树成活率和保存率均不低于85%以上,尽责率在80%以上。

(七) 立体绿化垂直绿化普遍开展,积极推广屋顶绿化,景观效果好。

五、园林建设(12分)

1. 城市建设精品多,标志性设施有特色,水平高;

2. 城市公园绿地布局合理,分布均匀,设施齐全,维护良好,特色鲜明;

3. 公园设计突出植物景观,绿化面积应占陆地总面积的70%以上,绿化种植植物群落富有特色,维护管理良好;

4. 推行按绿地生物量考核绿地质量,园林绿化水平不断提高,绿地维护管理良好;

5. 城市广场建设要突出以植物造景为主,植物配置要乔灌草相结合,建筑小品、城市雕塑要突出城市特色,与周围环境协调美观,充分展示城市历史文化风貌。

六、生态建设(15分)

1. 城市大环境绿化扎实开展,效果明显,形成城乡一体的优良环境,形成城市独有的独特自然、文化风貌;

2. 按照城市卫生、安全、防灾、环保等要求建设防护绿地,维护管理措施落实,城市热岛效应缓解,环境效益良好;

3. 城市环境综合治理工作扎实开展,效果明显;

4. 生活垃圾无害化处理率达60%以上;

5. 污水处理率35%以上;

6. 城市大气污染指数达到二级标准,地表水环境质量标准达到三类以上;

7. 城市规划区内的河、湖、渠全面整治改造,形成城市园林景观,效果显著。

七、市政建设(15分)

1. 燃气普及率80%以上;

2. 万人拥有公共交运车辆达10辆(标台)以上;

3. 实施城市亮化工程,效果明显,城市主次干道灯光亮灯率97%以上;

4. 人均拥有道路面积9平方米以上;

5. 用水普及率98%以上;

6. 水质综合合格率100%。

八、特别条款

1. 经遥感技术鉴定核实,达不到基本指标,不予验收;

2. 城市绿地系统规划未编制,或未按规定获批准纳入城市总体规划的,暂缓验收;

3. 连续发生重大破坏绿化成果的行为,暂缓验收;

4. 城市园林绿化单项工作在全国处于领先水平的,加1分;

5. 城市绿化覆盖率、建成区绿地率每高出2个百分点或人均公共绿地面积每高于1平方米,加1分;最高加5分;

6. 城市园林绿化基本指标最近五年逐年增加低于0.5%或0.5平方米,倒扣1分;

7. 城市生产绿地总面积低于城市建成区面积的1.5%的,倒扣1分;

8. 城市园林绿化行政主管部门的机构不完善,行业管理职能不到位以及管理体制未理顺的,倒扣2分;

9. 有严重破坏绿化成果的行为,视情况倒扣分。

园林城市基本指标表

		大城市	中等城市	小城市
人均公共绿地	秦岭淮河以南	6.5	7	8
	秦岭淮河以北	6	6.5	7.5
绿地率(%)	秦岭淮河以南	30	32	34
	秦岭淮河以北	28	30	32
绿化覆盖率(%)	秦岭淮河以南	35	37	39
	秦岭淮河以北	33	35	37

直辖市园林城区验收基本指标按中等城市执行。以下项目不列入验收范围：

1. 城市绿地系统规划编制完成，获批准并纳入城市总体规划，规划得到实施和严格管理，取得良好的生态、环境效益；

2. 城市公共绿地、居住区绿地、单位附属绿地、防护绿地、生产绿地、风景林地及道路绿化布局合理、功能健全，形成有机的完整的系统；

3. 编制完成城市规划区范围内植物物种多样性规划；

4. 城市大环境绿化扎实开展，效果明显，形成城乡一体的优良环境，形成城市独有的独特自然、文化风貌；

5. 按照城市卫生、安全、防灾、环保等要求建设防护绿地，维护管理措施落实，城市热岛效应缓解，环境效益良好。

附录二 城市道路绿化规划与设计规范

1 总 则

1.0.1 为发挥道路绿化在改善城市生态环境和丰富城市景观中的作用,避免绿化影响交通安全,保证绿化植物的生存环境,使道路绿化规划设计规范化,提高道路绿化规划设计水平,制定本规范。

1.0.2 本规范适用于城市的主干路、次干路、支路、广场和社会停车场的绿地规划与设计。

1.0.3 道路绿化规划与设计应遵循下列基本原则:

1.0.3.1 道路绿化应以乔木为主,乔木、灌木、地被植物相结合,不得裸露土壤;

1.0.3.2 道路绿化应符合行车视线和行车净空要求;

1.0.3.3 绿化树木与市政公用设施的相互位置应统筹安排,并应保证树木有需要的立地条件与生长空间;

1.0.3.4 植物种植应适地适树,并符合植物间伴生的生态习性;不适宜绿化的土质,应改善土壤进行绿化;

1.0.3.5 修建道路时,宜保留有价值的原有树木,对古树名木应予以保护;

1.0.3.6 道路绿地应根据需要配备灌溉设施;道路绿地的坡向、坡度应符合排水要求并与城市排水系统结合,防止绿地内积水和水土流失;

1.0.3.7 道路绿化应远近期结合。

1.0.4 道路绿化规划与设计除应执行本规范外,尚应符合国家现行有关标准的规定。

2 术 语

2.0.1 道路绿地 道路及广场用地范围内的可进行绿化的用地。道路绿地分为道路绿带、交通岛绿地、广场绿地和停车场绿地。

2.0.2 道路绿带 道路红线范围内的带状绿地。道路绿带分为分车绿带、行道树绿带和路侧绿带。

2.0.3 分车绿带 车行道之间可以绿化的分隔带,其位于上下行机动车道之间的为中间分车绿带;位于机动车道与非机动车道之间或同方向机动车道之间的为两侧分车绿带。

2.0.4 行道树绿带 布设在人行道与车行道之间,以种植行道树为主的绿带。

2.0.5　路侧绿带　在道路侧方,布设在人行道边缘至道路红线之间的绿带。

2.0.6　交通岛绿地　可绿化的交通岛用地。交通岛绿地分为中心岛绿地、导向岛绿地和立体交叉绿岛。

2.0.7　中心岛绿地　位于交叉路口上可绿化的中心岛用地。

2.0.8　导向岛绿地　位于交叉路口上可绿化的导向岛用地。

2.0.9　立体交叉绿岛　互通式立体交叉干道与匝道围合的绿化用地。

2.0.10　广场、停车场绿地　广场、停车场用地范围内的绿化用地。

2.0.11　道路绿地率　道路红线范围内各种绿带宽度之和占总宽度的百分比。

2.0.12　园林景观路　在城市重点路段,强调沿线绿化景观,体现城市风貌、绿化特色的道路。

2.0.13　装饰绿地　以装点、美化街景为主,不让行人进入的绿地。

2.0.14　开放式绿地　绿地中铺设游步道,设置坐凳等,供行人进入游览休息的绿地。

2.0.15　通透式配置　绿地上配植的树木,在距相邻机动车道路面高度 0.9 m 至 3.0 m 之间的范围内,其树冠不遮挡驾驶员视线的配置方式。

3　道路绿化规划

3.1　道路绿地率指标

3.1.1　在规划道路红线宽度时,应同时确定道路绿地率。

3.1.2　道路绿地率应符合下列规定:

3.1.2.1　园林景观路绿地率不得小于 40%;

3.1.2.2　红线宽度大于 50 m 的道路绿地率不得小于 30%;

3.1.2.3　红线宽度在 40～50 m 的道路绿地率不得小于 25%;

3.1.2.4　红线宽度小于 40 m 的道路绿地率不得小于 20%。

3.2　道路绿地布局与景观规划

3.2.1　道路绿地布局应符合下列规定:

3.2.1.1　种植乔木的分车绿带宽度不得小于 1.5 m;主干路上的分车绿带宽度不宜小于 2.5 m;行道树绿带宽度不得小于 1.5 m;

3.2.1.2　主、次干路中间分车绿带和交通岛绿地不得布置成开放式绿地;

3.2.1.3　路侧绿带宜与相邻的道路红线外侧其他绿地相结合;

3.2.1.4　人行道毗邻商业建筑的路段,路侧绿带可与行道树绿带合并;

3.2.1.5　道路两侧环境条件差异较大时,宜将路侧绿带集中布置在条件较好的一侧。

3.2.2　道路绿化景观规划应符合下列规定:

3.2.2.1　在城市绿地系统规划中,应确定园林景观路与主干路的绿化景观特色。园林景观路应配置观赏价值高、有地方特色的植物,并与街景结合;主干路应体现城市道路绿化景观风貌;

3.2.2.2　同一道路的绿化宜有统一的景观风格,不同路段的绿化形式可有所变化;

3.2.2.3　同一路段上的各类绿带,在植物配置上应相互配合,并应协调空间层次、树形组合、色彩搭配和季相变化的关系;

园林规划设计

3.2.2.4 毗邻山、河、湖、海的道路,其绿化应结合自然环境,突出自然景观特色。

3.3 树种和地被植物选择

3.3.1 道路绿化应选择适应道路环境条件、生长稳定、观赏价值高和环境效益好的植物种类。

3.3.2 寒冷积雪地区的城市,分车绿带、行道树绿带种植的乔木,应选择落叶树种。

3.3.3 行道树应选择深根性、分枝点高、冠大荫浓、生长健壮、适应城市道路环境条件,且落果对行人不会造成危害的树种。

3.3.4 花灌木应选择枝繁叶茂、花期长、生长健壮和便于管理的树种。

3.3.5 绿篱植物和观叶灌木应选用萌芽力强、枝繁叶密、耐修剪的树种。

3.3.6 地被植物应选择茎叶茂密、生长势强、病虫害少和易管理的木本或草本观叶、观花植物。其中草坪地被植物尚应选择萌蘖力强、覆盖率高、耐修剪和绿色期长的种类。

4 道路绿带设计

4.1 分车绿带设计

4.1.1 分车绿带的植物配置应形式简洁,树形整齐,排列一致。乔木树干中心至机动车道路缘石外侧距离不宜小于0.75 m。

4.1.2 中间分车绿带应阻挡相向行驶车辆的眩光,在距相邻机动车道路面高度0.6 m至1.5 m之间的范围内,配置植物的树冠应常年枝叶茂密,其株距不得大于冠幅的5倍。

4.1.3 两侧分车绿带宽度大于或等于1.5 m的,应以种植乔木为主,并宜乔木、灌木、地被植物相结合。其两侧乔木树冠不宜在机动车道上方搭接。分车绿带宽度小于1.5 m的,应以种植灌木为主,并应灌木、地被植物相结合。

4.1.4 被人行横道或道路出入口断开的分车绿带,其端部应采取通透式配置。

4.2 行道树绿带设计

4.2.1 行道树绿带种植应以行道树为主,并宜乔木、灌木、地被植物相结合,形成连续的绿带。在行人多的路段,行道树绿带不能连续种植时,行道树之间宜采用透气性路面铺装。树池上宜覆盖池箅子。

4.2.2 行道树定植株距,应以其树种壮年期冠幅为准,最小种植株距应为4 m。行道树树干中心至路缘石外侧最小距离宜为0.75 m。

4.2.3 种植行道树其苗木的胸径:快长树不得小于5 cm,慢长树不宜小于8 cm。

4.2.4 在道路交叉口视距三角形范围内,行道树绿带应采用通透式配置。

4.3 路侧绿带设计

4.3.1 路侧绿带应根据相邻用地性质、防护和景观要求进行设计,并应保持在路段内的连续与完整的景观效果。

4.3.2 路侧绿带宽度大于8 m时,可设计成开放式绿地。开放式绿地中,绿化用地面积不得小于该段绿带总面积的70%。路侧绿带与毗邻的其他绿地一起辟为街旁游园时,其设计应符合现行行业标准《公园设计规范》(CJJ48)的规定。

4.3.3 濒临江、河、湖、海等水体的路侧绿地,应结合水面与岸线地形设计成滨水绿带。滨水绿带的绿化应在道路和水面之间留出透景线。

4.3.4 道路护坡绿化应结合工程措施栽植地被植物或攀缘植物。

5 交通岛、广场和停车场绿地设计

5.1 交通岛绿地设计

5.1.1 交通岛周边的植物配置宜增强导向作用,在行车视距范围内应采用通透式配置。

5.1.2 中心岛绿地应保持各路口之间的行车视线通透,布置成装饰绿地。

5.1.3 立体交叉绿岛应种植草坪等地被植物。草坪上可点缀树丛、孤植树和花灌木,以形成疏朗开阔的绿化效果。桥下宜种植耐阴地被植物。墙面宜进行垂直绿化。

5.1.4 导向岛绿地应配置地被植物。

5.2 广场绿化设计

5.2.1 广场绿化应根据各类广场的功能、规模和周边环境进行设计。广场绿化应利于人流、车流集散。

5.2.2 公共活动广场周边宜种植高大乔木。集中成片绿地不应小于广场总面积的25%,并宜设计成开放式绿地,植物配置宜疏朗通透。

5.2.3 车站、码头、机场的集散广场绿化应选择具有地方特色的树种。集中成片绿地不应小于广场总面积的10%。

5.2.4 纪念性广场应用绿化衬托主体纪念物,创造与纪念主题相应的环境气氛。

5.3 停车场绿化设计

5.3.1 停车场周边应种植高大庇荫乔木,并宜种植隔离防护绿带;在停车场内宜结合停车间隔带种植高大庇荫乔木。

5.3.2 停车场种植的庇荫乔木可选择行道树种。其树木枝下高度应符合停车位净高度的规定:小型汽车为 2.5 m;中型汽车为 3.5 m;载货汽车为 4.5 m。

6 道路绿化与有关设施

6.1 道路绿化与架空线

6.1.1 在分车绿带和行道树绿带上方不宜设置架空线。必须设置时,应保证架空线下有不小于 9 m 的树木生长空间。架空线下配置的乔木应选择开放形树冠或耐修剪的树种。

6.1.2 树木与架空电力线路导线的最小垂直距离应符合表 6.1.2 的规定。

表 6.1.2 树木与架空电力线路导线的最小垂直距离

电压(KV)	1~10	35~1 110	154~120	330
最小垂直距离(m)	1.5	3.0	3.5	4.5

6.2 道路绿化与地下管线

6.2.1 新建道路或经改建后达到规划红线宽度的道路,其绿化树木与地下管线外缘的最小水平距离宜符合表 6.2.1 的规定;行道树绿带下方不得敷设管线。

表6.2.1 树木与地下管线外缘最小水平距离

管 线 名 称	距乔木中心距离（m）	距灌木中心距离（m）
电力电缆	1.0	1.0
电信电缆（直埋）	1.0	1.0
电信电缆（管道）	1.5	1.0
给水管道	1.5	/
雨水管道	1.5	/
污水管道	1.5	/
燃气管道	1.2	1.2
热力管道	1.5	1.5
排水盲沟	1.0	/

6.2.2 当遇到特殊情况不能达到表6.2.1中规定的标准时，其绿化树木根颈中心至地下管线外缘的最小距离可采用表6.2.2的规定。

表6.2.2 树木根颈中心至地下管线外缘的最小距离

管 线 名 称	距乔木根颈中心距离（m）	距灌木根颈中心距离（m）
电力电缆	1.0	1.0
电信电缆（直埋）	1.0	1.0
电信电缆（管道）	1.5	1.0
给水管道	1.5	1.0
雨水管道	1.5	1.0
污水管道	1.5	1.0

6.3 道路绿化与其他设施

6.3.1 树木与其他设施的最小水平距离应符合表6.3.1的规定。

表6.3.1 树木与其他设施的最小水平距离

设 施 名 称	至乔木中心距离（m）	至灌木中心距离（m）
低于2m的围墙	1.0	/
挡土墙	1.0	/
路灯杆柱	2.0	/
电力、电信杆柱	1.5	/
消防龙头	1.5	2.0
测量水准点	2.0	2.0

附录三 公园设计规范

CJJ48—92

第一章 总 则

第 1.0.1 条 为全面地发挥公园的游憩功能和改善环境的作用,确保设计质量,制定本规范。

第 1.0.2 条 本规范适用于全国新建、扩建、改建和修复的各类公园设计。居住用地、公共设施用地和特殊用地中的附属绿地设计可参照执行。

第 1.0.3 条 公园设计应在批准的城市总体规划和绿地系统规划的基础上进行。应正确处理公园与城市建设之间,公园的社会效益、环境效益与经济效益之间以及近期建设与远期建设之间的关系。

第 1.0.4 条 公园内各种建筑物、构筑物和市政设施等设计除执行本规范外,尚应符合现行有关标准的规定。

第二章 一般规定

第一节 与城市规划的关系

第 2.1.1 条 公园的用地范围和性质,应以批准的城市总体规划和绿地系统规划为依据。

第 2.1.2 条 市、区级公园的范围线应与城市道路红线重合,条件不允许时,必须设通道使主要出入口与城市道路衔接。

第 2.1.3 条 公园沿城市道路部分的地面标高应与该道路路面标高相适应,并采取措施,避免地面径流冲刷、污染城市道路和公园绿地。

第 2.1.4 条 沿城市主、次干道的市、区级公园主要出入口的位置,必须与城市交通和游人走向、流量相适应,根据规划和交通的需要设置游人集散广场。

第 2.1.5 条 公园沿城市道路、水系部分的景观,应与该地段城市风貌相协调。

第 2.1.6 条 城市高压输配电架空线通道内的用地不应按公园设计。公园用地与高压输配电架空线通道相邻处,应有明显界限。

第 2.1.7 条 城市高压输配电架空线以外的其他架空线和市政管线不宜通过公园,特殊情况时过境应符合下列规定：

一、选线符合公园总体设计要求；

二、通过乔、灌木种植区的地下管线与树木的水平距离符合附录二的规定；

三、管线从乔、灌木设计位置下部通过，其埋深大于 1.5 m，从现状大树下部通过，地面不得开槽且埋深大于 3 m。根据上部荷载，对管线采取必要的保护措施；

四、通过乔木林的架空线，提出保证树木正常生长的措施。

第二节　内容和规模

第 2.2.1 条　公园设计必须以创造优美的绿色自然环境为基本任务，并根据公园类型确定其特有的内容。

第 2.2.2 条　综合性公园的内容应包括多种文化娱乐设施、儿童游戏场和安静休憩区，也可设游戏型体育设施。在已有动物园的城市，其综合性公园内不宜设大型或猛兽类动物展区。全园面积不宜小于 10 hm²。

第 2.2.3 条　儿童公园应有儿童科普教育内容和游戏设施，全园面积宜大于 2 hm²。

第 2.2.4 条　动物园应有适合动物生活的环境；游人参观、休息、科普的设施；安全、卫生隔离的设施和绿带；饲料加工场以及兽医院。检疫站、隔离场和饲料基地不宜设在园内。全园面积宜大于 20 hm²。专类动物园应以展出具有地区或类型特点的动物为主要内容。全园面积宜在 5～20 hm² 之间。

第 2.2.5 条　植物园应创造适于多种植物生长的立地环境，应有体现本园特点的科普展览区和相应的科研实验区。全园面积宜大于 40 hm²。专类植物园应以展出具有明显特征或重要意义的植物为主要内容，全园面积宜大于 20 hm²。盆景园应以展出各种盆景为主要内容。独立的盆景园面积宜大于 2 hm²。

第 2.2.6 条　风景名胜公园应在保护好自然和人文景观的基础上，设置适量游览路、休憩、服务和公用等设施。

第 2.2.7 条　历史名园修复设计必须符合《中华人民共和国文物保护法》的规定。为保护或参观使用而设置防火设施、值班室、厕所及水电等工程管线，也不得改变文物原状。

第 2.2.8 条　其他专类公园，应有名副其实的主题内容。全园面积宜大于 2 hm²。

第 2.2.9 条　居住区公园和居住小区游园，必须设置儿童游戏设施，同时应照顾老人的游憩需要。居住区公园陆地面积随居住区人口数量而定，宜在 5～10 hm² 之间。居住小区游园面积宜大于 0.5 hm²。

第 2.2.10 条　带状公园，应具有隔离、装饰街道和供短暂休憩的作用。园内应设置简单的休憩设施，植物配置应考虑与城市环境的关系及园外行人、乘车人对公园外貌的观赏效果。

第 2.2.11 条　街旁游园，应以配置精美的园林植物为主，讲究街景的艺术效果并应设有供短暂休憩的设施。

第三节　园内主要用地比例

第 2.3.1 条　公园内部用地比例应根据公园类型和陆地面积确定。其绿化、建筑、园路及铺装场地等用地的比例应符合表 2.3.1 的规定。

第2.3.2条 表2.3.1中Ⅰ、Ⅱ、Ⅲ三项上限与Ⅳ下限之和不足100%,剩余用地应供以下情况使用:

一、一般情况增加绿化用地的面积或设置各种活动用的铺装场地、院落、棚架、花架、假山等构筑物;

二、公园陆地形状或地貌出现特殊情况时园路及铺装场地的增值。

表2.3.1 公园内部用地比例(%)

陆地面积(hm²)	用地类型	公园类型 综合性公园	儿童公园	动物园	专类动物园	植物园	专类植物雷锋	盆景园	风景名胜公园	其他专类公园	居住区公园	居住小区游园	带状公园	街旁游园
<2	Ⅰ	—	15~25	—	—	—	15~25	15~25	—	—	—	10~20	15~30	15~30
	Ⅱ	—	<1.0	—	—	—	<1.0	<1.0	—	—	—	<0.5	<0.5	—
	Ⅲ	—	<4.0	—	—	—	<7.0	<8.0	—	—	—	<2.5	<2.5	<1.0
	Ⅳ	—	>65	—	—	—	>65	>65	—	—	—	>75	>65	>65
2~<5	Ⅰ	—	10~20	—	10~20	—	10~20	10~20	—	10~20	10~20	—	15~30	15~30
	Ⅱ	—	<1.0	—	<2.0	—	<1.0	<1.0	—	<1.0	<0.5	—	<0.5	—
	Ⅲ	—	<4.0	—	<12	—	<7.0	<8.0	—	<5.0	<2.5	—	<2.0	<1.0
	Ⅳ	—	>65	—	>65	—	>70	>65	—	>70	>75	—	>65	>65
5~<10	Ⅰ	8~18	8~18	—	8~18	—	8~18	8~18	—	8~18	8~18	—	10~25	10~25
	Ⅱ	<1.5	<2.0	—	<1.0	—	<1.0	<2.0	—	<1.0	<0.5	—	<0.5	<0.2
	Ⅲ	<5.5	<4.5	—	<14	—	<5.0	<8.0	—	<4.0	<2.0	—	<1.5	<1.3
	Ⅳ	>70	>65	—	>65	—	>70	>70	—	>75	>75	—	>70	>70
10~<20	Ⅰ	5~15	5~15	—	5~15	—	5~15	—	—	5~15	—	—	10~25	—
	Ⅱ	<1.5	<2.0	—	<1.0	—	<1.0	—	—	<0.5	—	—	<0.5	—
	Ⅲ	<4.5	<4.5	—	<14	—	<4.0	—	—	<3.5	—	—	<1.5	—
	Ⅳ	>75	>70	—	>65	—	>75	—	—	>80	—	—	>70	—
20~<50	Ⅰ	5~15	—	5~15	—	5~10	—	—	—	5~15	—	—	10~25	—
	Ⅱ	<1.0	—	<1.5	—	<0.5	—	—	—	<0.5	—	—	<0.5	—
	Ⅲ	<4.0	—	<12.5	—	<3.5	—	—	—	<2.5	—	—	<1.5	—
	Ⅳ	>75	—	>70	—	>85	—	—	—	>80	—	—	>70	—
≥50	Ⅰ	5~10	—	5~10	—	3~8	—	—	3~8	5~10	—	—	—	—
	Ⅱ	<1.0	—	<1.5	—	<0.5	—	—	<0.5	<0.5	—	—	—	—
	Ⅲ	<3.0	—	<11.5	—	<2.5	—	—	<2.5	<1.5	—	—	—	—
	Ⅳ	>80	—	>75	—	>85	—	—	>85	>85	—	—	—	—

注:Ⅰ—园路及铺装场地;Ⅱ—管理建筑;Ⅲ—游览、休憩、服务、公用建筑;Ⅳ—绿化园地。

园林规划设计

第 2.3.3 条 公园内园路及铺装场地用地,可在符合下列条件之一时按表 2.3.1 规定值适当增大,但增值不得超过公园总面积的 5%。

一、公园平面长宽比值大于 3；

二、公园面积一半以上的地形坡度超过 50%；

三、水体岸线总长度大于公园周边长度。

第四节 常规设施

第 2.4.1 条 常规设施项目的设置,应符合表 2.4.1 的规定。

表 2.4.1 公园常规设施

设施类型	设施项目	陆地规模(hm²)					
		<2	2～<5	5～<10	10～<20	20～<50	≥50
游憩设施	亭或廊	○	○	●	●	●	●
	厅、榭、码头	—	○	○	○	○	○
	棚架	○	○	○	○	○	○
	园椅、园凳	●	●	●	●	●	●
	成人活动场	○	●	●	●	●	●
服务设施	小卖店	○	○	●	●	●	●
	茶座、咖啡厅	—	○	○	○	●	●
	餐厅	—	—	○	○	●	●
	摄影部	—	—	○	○	○	○
	售票房	○	○	○	○	●	●
公用设施	厕所	○	●	●	●	●	●
	园灯	○	●	●	●	●	●
	公用电话	—	○	○	○	●	●
	果皮箱	●	●	●	●	●	●
	饮水站	○	○	○	○	○	○
	路标、导游牌	○	○	●	●	●	●
	停车场	—	○	○	○	○	●
	自行车存车处	○	○	●	●	●	●
管理设施	管理办公室	○	●	●	●	●	●
	治安机构	—	—	○	●	●	●
	垃圾站	—	—	○	●	●	●
	变电室、泵房	—	—	○	○	●	●
	生产温室荫棚	—	—	○	○	●	●

设施类型	设施项目	陆地规模（hm²）					
		<2	2～<5	5～<10	10～<20	20～<50	≥50
管理设施	电话交换站	—	—	—	○	○	●
	广播室	—	—	○	●	●	●
	仓库	—	○	●	●	●	●
	修理车间	—	—	—	○	●	●
	管理班（组）	—	○	○	○	●	●
	职工食堂	—	—	○	○	○	●
	淋浴室	—	—	—	○	○	●
	车库	—	—	—	○	○	●

注:"●"表示应设;"○"表示可设。

第 2.4.2 条 公园内不得修建与其性质无关的、单纯以营利为目的的餐厅、旅馆和舞厅等建筑。公园中方便游人使用的餐厅、小卖店等服务设施的规模应与游人容量相适应。

第 2.4.3 条 游人使用的厕所面积大于 10 hm² 的公园,应按游人容量的 2% 设置厕所蹲位(包括小便斗位数),小于 10 hm² 者按游人容量的 1.5% 设置;男女蹲位比例为 1～1.5∶1;厕所的服务半径不宜超过 250 m;各厕所内的蹲位数应与公园内的游人分布密度相适应;在儿童游戏场附近,应设置方便儿童使用的厕所;公园宜设方便残疾人使用的厕所。

第 2.4.4 条 公用的条凳、坐椅、美人靠(包括一切游览建筑和构筑物中的在内)等,其数量应按游人容量的 20%～30% 设置,但平均每 1 hm² 陆地面积上的座位数最低不得少于 20,最高不得超过 150。分布应合理。

第 2.4.5 条 停车场和自行车存车处的位置应设于各游人出入口附近,不得占用出入口内外广场,其用地面积应根据公园性质和游人使用的交通工具确定。

第 2.4.6 条 园路、园桥、铺装场地、出入口及游览服务建筑周围的照明标准,可参照有关标准执行。

第三章　总体设计

第一节　容量计算

第 3.1.1 条 公园设计必须确定公园的游人容量,作为计算各种设施的容量、个数、用地面积以及进行公园管理的依据。

第 3.1.2 条 公园游人容量应按下式计算:

$$C = A/Am$$

式中:C——公园游人容量(人);

园林规划设计

A——公园总面积(m^2)；

Am——公园游人人均占有面积(m^2/人)。

第 3.1.3 条　市、区级公园游人人均占有公园面积以 60 m^2 为宜，居住区公园、带状公园和居住小区游园以 30 m^2 为宜；近期公共绿地人均指标低的城市，游人人均占有公园面积可酌情降低，但最低游人人均占有公园的陆地面积不得低于 15 v。风景名胜公园游人人均占有公园面积宜大于 100 m^2。

第 3.1.4 条　水面和坡度大于 50％的陡坡山地面枳之和超过总面积的 50％的公园，游人人均占有公园面积应适当增加，其指标应符合表 3.1.4 的规定。

表 3.4.1　水面和陡坡面积较大的公园游人人均占有面积指标

水面和陡坡面积占总面积比例(％)	0~50	60	70	80
近期游人占有公园面积(m^2/人)	≥30	≥40	≥50	≥75
无期游人占有公园面积(m^2/人)	≥60	≥75	≥100	≥150

第二节　布局

第 3.2.1 条　公园的总体设计应根据批准的设计任务书，结合现状条件对功能或景区划分、景观构想、景点设置、出入口位置、竖向及地貌、园路系统、河湖水系、植物布局以及建筑物和构筑物的位置、规模、造型及各专业工程管线系统等作出综合设计。

第 3.2.2 条　功能或景区划分，应根据公园性质和现状条件，确定各分区的规模及特色。

第 3.2.3 条　出入口设计，应根据城市规划和公园内部布局要求，确定游人主、次和专用出入口的位置；需要设置出入口内外集散广场、停车场、自行车存车处者，应确定其规模要求。

第 3.2.4 条　园路系统设计，应根据公园的规模、各分区的活动内容、游人容量和管理需要，确定园路的路线、分类分级和园桥、铺装场地的位置和特色要求。

第 3.2.5 条　园路的路网密度，宜在 200~380 m/m^2 之间；动物园的路网密度宜在 160~300 m/m^2 之间。

第 3.2.6 条　主要园路应具有引导游览的作用，易于识别方向。游人大量集中地区的园路要做到明显、通畅、便于集散。通行养护管理机械的园路宽度应与机具、车辆相适应。通向建筑集中地区的园路应有环行路或回车场地。生产管理专用路不宜与主要游览路交叉。

第 3.2.7 条　河湖水系设计，应根据水源和现状地形等条件，确定园中河湖水系的水量、水位、流向；水闸或水井、泵房的位置；各类水体的形状和使用要求。游船水面应按船的类型提出水深要求和码头位置；游泳水面应划定不同水深的范围；观赏水面应确定各种水生植物的种植范围和不同的水深要求。

第 3.2.8 条　全园的植物组群类型及分布，应根据当地的气候状况、园外的环境特征、园内的立地条件，结合景观构想、防护功能要求和当地居民游赏习惯确定，应做到充分绿化和满足多种游憩及审美的要求。

第 3.2.9 条　建筑布局，应根据功能和景观要求及市政设施条件等，确定各类建筑物的位置、高度和空间关系，并提出平面形式和出入口位置。

第 3.2.10 条　公园管理设施及厕所等建筑物的位置，应隐蔽又方便使用。

第3.2.11条 需要采暖的各种建筑物或动物馆舍,宜采用集中供热。

第3.2.12条 公园内水、电、燃气等线路布置,不得破坏景观,同时应符合安全、卫生、节约和便于维修的要求。电气、上下水工程的配套设施、垃圾存放场及处理设施应设在隐蔽地带。

第3.2.13条 公园内不宜设置架空线路,必须设置时,应符合下列规定:

一、避开主要景点和游人密集活动区;

二、不得影响原有树木的生长,对计划新栽的树木,应提出解决树木和架空线路矛盾的措施。

第3.2.14条 公园内景观最佳地段,不得设置餐厅及集中的服务设施。

第三节 竖向控制

第3.3.1条 竖向控制应根据公园四周城市道路规划标高和园内主要内容,充分利用原有地形地貌,提出主要景物的高程及对其周围地形的要求,地形标高还必须适应拟保留的现状物和地表水的排放。

第3.3.2条 竖向控制应包括下列内容:山顶;最高水位、常水位、最低水位;水底;驳岸顶部;园路主要转折点、交叉点和变坡点;主要建筑的底层和室外地坪;各出入口内、外地面;地下工程管线及地下构筑物的埋深;园内外佳景的相互因借观赏点的地面高程。

第四节 现状处理

第3.4.1条 公园范围内的现状地形、水体、建筑物、构筑物、植物、地上或地下管线和工程设施,必须进行调查,作出评价,提出处理意见。

第3.4.2条 在保留的地下管线和工程设施附近进行各种工程或种植设计时,应提出对原有物的保护措施和施工要求。

第3.4.3条 园内古树名木严禁砍伐或移植,并应采取保护措施。

第3.4.4条 古树名木的保护必须符合下列规定:

一、古树名木保护范围的划定必须符合下列要求:

1. 成林地带外缘树树冠垂直投影以外5.0m所围合的范围;

2. 单株树同时满足树冠垂直投影及其外侧5.0m宽和距树干基部外缘水平距离为胸径20倍以内;

二、保护范围内,不得损坏表土层和改变地表高程,除保护及加固设施外,不得设置建筑物、构筑物及架(埋)设备种过境管线,不得栽植缠绕古树名木的藤本植物;

三、保护范围附近,不得设置造成古树名木处于阴影下的高大物体和排泄危及古树名木的有害水、气的设施;

四、采取有效的工程技术措施和创造良好的生态环境,维护其正常生长。

第3.4.5条 原有健壮的乔木、灌木、藤本和多年生草本植物应保留利用。在乔木附近设置建筑物、构筑物和工程管线,必须符合下列规定:

一、水平距离符合附录二、三的规定;

二、在上款规定的距离内不得改变地表高程;

园林规划设计

三、不得造成积水。

第3.4.6条 有文物价值和纪念意义的建筑物、构筑物,应保留并结合到园内景观之中。

第四章 地形设计

第一节 一般规定

第4.1.1条 地形设计应以总体设计所确定的各控制点的高程为依据。

第4.1.2条 土方调配设计应提出利用原表层栽植土的措施。

第4.1.3条 栽植地段的栽植土层厚度应符合附录四的规定。

第4.1.4条 人力剪草机修剪的草坪坡度不应大于25%。

第4.1.5条 大高差或大面积填方地段的设计标高,应计入当地土壤的自然沉降系数。

第4.1.6条 改造的地形坡度超过土壤的自然安息角时,应采取护坡、固土或防冲刷的工程措施。

第4.1.7条 在无法利用自然排水的低洼地段,应设计地下排水管沟。

第4.1.8条 地形改造后的原有各种管线的覆土深度,应符合有关标准的规定。

第二节 地表排水

第4.2.1条 创造地形应同时考虑园林景观和地表水的排放,各类地表的排水坡度宜符合表4.2.1的规定。

第4.2.2条 公园内的河、湖最高水位,必须保证重要的建筑物、构筑物和动物笼舍不被水淹。

表4.2.1 各类地表的排水坡度(%)

地 表 类 型		最大坡度	最小坡度	最适坡度
草地		33	10	1.5～10
运动草地		2	0.5	1
栽植地表		视地质而定	0.5	3～5
铺装场地	平原地区	1	0.3	—
	丘陵地区	3	0.3	—

第三节 水体外缘

第4.3.1条 水工建筑物、构筑物应符合下列规定:

一、水体的进水口、排水口和溢水口及闸门的标高,应保证适宜的水位和泄洪、清淤的需要;

二、下游标高较高至使排水不畅时，应提出解决的措施；

三、非观赏型水工设施应结合造景采取隐蔽措施。

第4.3.2条 硬底人工水体的近岸 2.0 m 范围内的水深,不得大于 0.7 m,达不到此要求的应设护栏。无护栏的园桥、汀步附近 2.0 m 范围以内的水深不得大于 0.5 m。

第4.3.3条 溢水口的口径应考虑常年降水资料中的一次性最高降水量。

第4.3.4条 护岸顶与常水位的高差,应兼顾景观、安全、游人近水心理和防止岸体冲刷。

第五章　园路及铺装场地设计

第一节　园路

第5.1.1条 各级园路应以总体设计为依据,确定路宽、平曲线和竖曲线的线形以及路面结构。

第5.1.2条 园路宽度宜符合表 5.1.2 的规定。

表 5.1.2　园路宽度(m)

园路级别	陆地面积(hm²)			
	<2	2～<10	10～<50	>50
主　路	2.0～3.5	2.5～4.5	3.5～5.0	5.0～7.0
支　路	1.2～2.0	2.0～3.5	2.0～3.5	3.5～5.0
小　路	0.9～1.2	0.9～2.0	1.2～2.0	1.2～3.0

第5.1.3条 园路线形设计应符合下列规定:

一、与地形、水体、植物、建筑物、铺装场地及其他设施结合,形成完整的风景构图;

二、创造连续展示园林景观的空间或欣赏前方景物的透视线;

三、路的转折、衔接通顺,符合游人的行为规律。

第5.1.4条 主路纵坡宜小于8%,横坡宜小于3%,粒料路面横坡宜小于4%,纵、横坡不得同时无坡度。山地公园的园路纵坡应小于12%,超过12%应作防滑处理。主园路不宜设梯道,必须设梯道时,纵坡宜小于36%。

第5.1.5条 支路和小路,纵坡宜小于18%。纵坡超过15%路段,路面应作防滑处理;纵坡超过18%,宜按台阶、梯道设计,台阶踏步数不得少于 2 级,坡度大于58%的梯道应作防滑处理,宜设置护栏设施。

第5.1.6条 经常通行机动车的园路宽度应大于 4 m,转弯半径不得小于 12 m。

第5.1.7条 园路在地形险要的地段应设置安全防护设施。

第5.1.8条 通往孤岛、山顶等卡口的路段,宜设通行复线;必须沿原路返回的,宜适当放宽路面。应根据路段行程及通行难易程度,适当设置供游人短暂休憩的场所及护栏设施。

第5.1.9条 园路及铺装场地应根据不同功能要求确定其结构和饰面。面层材料应与公园风格相协调,并宜与城市车行路有所区别。

第5.1.10条 公园出入口及主要园路宜便于通过残疾人使用的轮椅,其宽度及坡度的设

园林规划设计

计应符合《方便残疾人使用的城市道路和建筑物设计规范》(JGJ50)中的有关规定。

第5.1.11条 公园游人出入口宽度应符合下列规定：

一、总宽度符合表5.1.11的规定；

表5.1.11 公园游人出入口总宽度下限(m/万人)

游人人均在园停留时	售票公园	不售票公园
≥4	8.3	5.0
1～4 h	17.0	10.2
<1 h	25.0	15.0

注：单位"万人"指公园游人容量。

二、单个出入口最小宽度1.5 m；

三、举行大规模活动的公园，应另设安全门。

第二节 铺装场地

第5.2.1条 根据公园总体设计的布局要求，确定各种铺装场地的面积。铺装场地应根据集散、活动、演出、赏景、休憩等使用功能要求作出不同设计。

第5.2.2条 内容丰富的售票公园游人出入口外集散场地的面积下限指标以公园游人容量为依据，宜按500 m²/万人计算。

第5.2.3条 安静休憩场地应利用地形或植物与喧闹区隔离。

第5.2.4条 演出场地应有方便观赏的适宜坡度和观众席位。

第三节 园桥

第5.3.1条 园桥应根据公园总体设计确定通行、通航所需尺度并提出造景、观景等项具体要求。

第5.3.2条 通过管线的园桥，应同时考虑管道的隐蔽、安全、维修等问题。

第5.3.3条 通行车辆的园桥在正常情况下，汽车荷载等级可按汽车—10级计算。

第5.3.4条 非通行车辆的园桥应有阻止车辆通过的措施，桥面人群荷载按3.5 kN/m²计算。

第5.3.5条 作用在园桥栏杆扶手上的竖向力和栏杆顶部水平荷载均按1.0 kN/m计算。

第六章 种植设计

第一节 一般规定

第6.1.1条 公园的绿化用地应全部用绿色植物覆盖。建筑物的墙体、构筑物可布置垂直绿化。

第6.1.2条 种植设计应以公园总体设计对植物组群类型及分布的要求为根据。

第6.1.3条 植物种类的选择,应符合下列规定:

一、适应栽植地段立地条件的当地适生种类;

二、林下植物应具有耐阴性,其根系发展不得影响乔木根系的生长;

三、垂直绿化的攀缘植物依照墙体附着情况确定;

四、具有相应抗性的种类;

五、适应栽植地养护管理条件;

六、改善栽植地条件后可以正常生长的、具有特殊意义的种类。

第6.1.6条 绿化用地的栽植土壤应符合下列规定:

一、栽植土层厚度符合附录四的数值,且无大面积不透水层;

二、废弃物污染程度不致影响植物的正常生长;

三、酸碱度适宜;

四、物理性质符合表6.1.4的规定;

五、凡栽植土壤不符合以上各款规定者必须进行土壤改良。

第6.1.5条 铺装场地内的树木其成年期的根系伸展范围,应采用透气性铺装。

表6.1.4 土壤物理性质指标

指 标	土层深度范围(cm)	
	0～30	30～110
质量密度(g/cm³)	1.17～1.45	1.17～1.45
总孔隙度(%)	>45	45～52
非毛管孔隙度(%)	>10	10～20

第6.1.6条 公园的灌溉设施应根据气候特点、地形、土质、植物配置和管理条件设置。

第6.1.7条 乔木、灌木与各种建筑物、构筑物及各种地下管线的距离,应符合附录二、三的规定。

第6.1.8条 苗木控制应符合下列规定:

一、规定苗木的种名、规格和质量;

二、根据苗木生长速度提出近、远期不同的景观要求,重要地段应兼顾近、远期景观,并提出过渡的措施;

三、预测疏伐或间移的时期。

第6.1.9条 树木的景观控制应符合下列规定:

一、郁闭度

1. 风景林地应符合表6.1.9的规定;

表6.1.9 风景林郁闭度

类 型	开放当年标准	成年期标准
密 林	0.3～0.7	0.7～1.0
疏 林	0.1～0.4	0.4～0.6
疏林草地	0.07～0.20	0.1～0.3

2. 风景林中各观赏单元应另行计算,丛植、群植近期郁闭度应大于0.5;带植近期郁闭度宜大于0.6。

二、观赏特征

1. 孤植树、树丛:选择观赏特征突出的树种,并确定其规格、分枝点高度、姿态等要求;与周围环境或树木之间应留有明显的空间;提出有特殊要求的养护管理方法。

2. 树群:群内各层应能显露出其特征部分。

三、视距

1. 孤立树、树丛和树群至少有一处欣赏点,视距为观赏面宽度的1.5倍和高度的2倍;

2. 成片树林的观赏林缘线视距为林高的2倍以上。

第6.1.10条 单行整形绿篱的地上生长空间尺度应符合表6.1.10的规定。双行种植时,其宽度按表6.1.10规定的值增加0.3～0.5 m。

表6.1.10 各类单行绿篱空间尺度(m)

类　　型	地上空间高度	地上空间宽度
树　墙	>1.60	>1.50
高绿篱	1.20～1.60	1.20～2.00
中绿篱	0.50～1.20	0.80～1.50
矮绿篱	0.50	0.30～0.50

第二节　游人集中场所

第6.2.1条 游人集中场所的植物选用应符合下列规定:

一、在游人活动范围内宜选用大规格苗木;

二、严禁选用危及游人生命安全的有毒植物;

三、不应选用在游人正常活动范围内枝叶有硬刺或枝叶形状呈尖硬剑、刺状以及有浆果或分泌物坠地的种类;

四、不宜选用挥发物或花粉能引起明显过敏反应的种类。

第6.2.2条 集散场地种植设计的布置方式,应考虑交通安全视距和人流通行,场地内的树木枝下净空应大于2.2 m。

第6.2.3条 儿童游戏场的植物选用应符合下列规定:

一、乔木宜选用高大荫浓的种类,夏季庇荫面积应大于游戏活动范围的50%;

二、活动范围内灌木宜选用萌发力强、直立生长的中高型种类,树木枝下净空应大于1.8 m。

第6.2.4条 露天演出场观众席范围内不应布置阻碍视线的植物,观众席铺栽草坪应选用耐践踏的种类。

第6.2.5条 停车场的种植应符合下列规定:

一、树木间距应满足车位、通道、转弯、回车半径的要求;

二、庇荫乔木枝下净空的标准:

1. 大、中型汽车停车场:大于4.0m;

2. 小汽车停车场:大于2.5m;

3. 自行车停车场:大于2.2m。

三、场内种植池宽度应大于1.5m,并应设置保护设施。

第6.2.6条　成人活动场的种植应符合下列规定:

一、宜选用高大乔木,枝下净空不低于2.2m;

二、夏季乔木庇荫面积宜大于活动范围的50%。

第6.2.7条　园路两侧的植物种植

一、通行机动车辆的园路,车辆通行范围内不得有低于4.0m高度的枝条;

二、方便残疾人使用的园路边缘种植应符合下列规定:

1. 不宜选用硬质叶片的丛生型植物;

2. 路面范围内,乔、灌木枝下净空不得低于2.2m;

3. 乔木种植点距路缘应大于0.5m。

第三节　动物展览区

第6.3.1条　动物展览区的种植设计,应符合下列规定:

一、有利于创造动物的良好生活环境;

二、不致造成动物逃逸;

三、创造有特色植物景观和游人参观休憩的良好环境;

四、有利于卫生防护隔离。

第6.3.2条　动物展览区的植物种类选择应符合下列规定:

一、有利于模拟动物原产区的自然景观;

二、动物运动范围内应种植对动物无毒、无刺、萌发力强、病虫害少的中慢长种类。

第6.3.3条　在笼舍、动物运动场内种植植物,应同时提出保护植物的措施。

第四节　植物园展览区

第6.4.1条　植物园展览区的种植设计应将各类植物展览区的主题内容和植物引种驯化成果、科普教育、园林艺术相结合。

第6.4.2条　展览区展示植物的种类选择应符合下列规定:

一、对科普、科研具有重要价值;

二、在城市绿化、美化功能等方面有特殊意义。

第6.4.3条　展览区配合植物的种类选择应符合下列规定:

一、能为展示种类提供局部良好生态环境;

二、能衬托展示种类的观赏特征或弥补其不足;

三、具有满足游览需要的其他功能。

第6.4.4条　展览区引入植物的种类,应是本园繁育成功或在原始材料圃内生长时间较长、基本适应本地区环境条件者。

第七章 建筑物及其他设施设计

第一节 建筑物

第7.1.1条 建筑物的位置、朝向、高度、体量、空间组合、造型、材料、色彩及其使用功能，应符合公园总体设计的要求。

第7.1.2条 游览、休憩、服务性建筑物设计应符合下列规定：

一、与地形、地貌、山石、水体、植物等其他造园要素统一协调；

二、层数以一层为宜，起主题和点景作用的建筑高度和层数服从景观需要；

三、游人通行量较多的建筑室外台阶宽度不宜小于1.5 m；踏步宽度不宜小于30 cm，踏步高度不宜大于16 cm；台阶踏步数不少于2级；侧方高差大于1.0 m的台阶，设护栏设施；

四、建筑内部和外缘，凡游人正常活动范围边缘临空高差大于1.0 m处，均设护栏设施，其高度应大于1.05 m；高差较大处可适当提高，但不宜大于1.2 m；护栏设施必须坚固耐久且采用不易攀登的构造，其竖向力和水平荷载应符合本规范第5.3.5条的规定；

五、有吊顶的亭、廊、敞厅，吊顶采用防潮材料；

六、亭、廊、花架、敞厅等供游人坐憩之处，不采用粗糙饰面材料，也不采用易刮伤肌肤和衣物的构造。

第7.1.3条 游览、休憩建筑的室内净高不应小于2.0 m；亭、廊、花架、敞厅等的楣子高度应考虑游人通过或赏景的要求。

第7.1.4条 管理设施和服务建筑的附属设施，其体量和烟囱高度应按不破坏景观和环境的原则严格控制；管理建筑不宜超过2层。

第7.1.5条 "三废"处理必须与建筑同时设计，不得影响环境卫生和景观。

第7.1.6条 残疾人使用的建筑设施，应符合《方便残疾人使用的城市道路和建筑物设计规范》(JGJ50)的规定。

第二节 驳岸与山石

第7.2.1条 河湖水池必须建造驳岸并根据公园总体设计中规定的平面线形、竖向控制点、水位和流速进行设计。岸边的安全防护应符合本规范第7.1.2条第三款、第四款的规定。

第7.2.2条 素土驳岸

一、岸顶至水底坡度小于100%者应采用植被覆盖；坡度大于100%者应有固土和防冲刷的技术措施；

二、地表径流的排放及驳岸水下部分处理应符合有关标准的规定。

第7.2.3条 人工砌筑或混凝土浇注的驳岸应符合下列规定：

一、寒冷地区的驳岸基础应设置在冰冻线以下，并考虑水体及驳岸外侧土体结冻后产生的冻胀对驳岸的影响，需要采取的管理措施在设计文件中注明；

二、驳岸地基基础设计应符合《建筑地基基础设计规范》(GBJ7)的规定。

第 **7.2.4** 条　采取工程措施加固驳岸,其外形和所用材料的质地、色彩均应与环境协调。

第 **7.2.5** 条　堆叠假山和置石,体量、形式和高度必须与周围环境协调,假山的石料应提出色彩、质地、纹理等要求,置石的石料还应提出大小和形状。

第 **7.2.6** 条　叠山、置石和利用山石的各种造景,必须统一考虑安全、护坡、登高、隔离等各种功能要求。

第 **7.2.7** 条　叠山、置石以及山石梯道的基础设计应符合《建筑地基基础设计规定》(GBJ7)的规定。

第 **7.2.8** 条　游人进出的山洞,其结构必须稳固,应有采光、通风、排水的措施,并应保证通行安全。

第 **7.2.9** 条　叠石必须保持本身的整体性和稳定性。山石衔接以及悬挑、山洞部分的山石之间、叠石与其它建筑设施相接部分的结构必须牢固,确保安全。山石勾缝作法可在设计文件中注明。

第三节　电气与防雷

第 **7.3.1** 条　园内照明宜采用分线路、分区域控制。

第 **7.3.2** 条　电力线路及主园路的照明线路宜埋地敷设,架空线必须采用绝缘线,线路敷设应符合本规范第 3.2.13 条的规定。

第 **7.3.3** 条　动物园和晚间开展大型游园活动、装置电动游乐设施、有开放性地下岩洞或架空索道的公园,应按两路电源供电设计,并应设自投装置;有特殊需要的应设自备发电装置。

第 **7.3.4** 条　公共场所的配电箱应加锁,并宜设在非游览地段。园灯接线盒外罩应考虑防护措施。

第 **7.3.5** 条　园林建筑、配电设施的防雷装置应按有关标准执行。园内游乐设备、制高点的护栏等应装置防雷设备或提出相应的管理措施。

第四节　给水排水

第 **7.4.1** 条　根据植物灌溉、喷泉水景、人畜饮用、卫生和消防等需要进行供水管网布置和配套工程设计。

第 **7.4.2** 条　使用城市供水系统以外的水源作为人畜饮用水和天然游泳场用水,水质应符合国家相应的卫生标准。

第 **7.3.4** 条　人工水体应防止渗漏,瀑布、喷泉的水应重复利用;喷泉设计可参照《建筑给水排水设计规范》(GBJ15)的规定。

第 **7.4.4** 条　养护园林植物用的灌溉系统应与种植设计配合,喷灌或滴灌设施应分段控制。喷灌设计应符合《喷灌工程技术规范》(GBJ85)的规定。

第 **7.4.5** 条　公园排放的污水应接入城市污水系统,不得在地表排放,不得直接排入河湖水体或渗入地下。

第五节　护栏

第7.5.1条　公园内的示意性护栏高度不宜超过 0.4 m。

第7.5.2条　各种游人集中场所容易发生跌落、淹溺等人身事故的地段,应设置安全防护性护栏;设计要求可参照本规范第7.1.2条的规定。

第7.5.3条　各种装饰性、示意性和安全防护性护栏的构造作法,严禁采用锐角、利刺等形式。

第7.5.4条　电力设施、猛兽类动物展区以及其他专用防范性护栏,应根据实际需要另行设计和制作。

第六节　儿童游戏场

第7.6.1条　公园内的儿童游戏场与安静休憩区、游人密集区及城市干道之间,应用园林植物或自然地形等构成隔离地带。

第7.6.2条　幼儿和学龄儿童使用的器械,应分别设置。

第7.6.3条　游戏内容应保证安全、卫生和适合儿童特点,有利于开发智力,增强体质。不宜选用强刺激性、高能耗的器械。

第7.6.4条　游戏设施的设计应符合下列规定:

一、儿童游戏场内的建筑物、构筑物及设施的要求:

1. 室内外的各种使用设施、游戏器械和设备应结构坚固、耐用,并避免构造上的硬棱角;

2. 尺度应与儿童的人体尺度相适应;

3. 造型、色彩应符合儿童的心理特点;

4. 根据条件和需要设置游戏的管理监护设施。

二、机动游乐设施及游艺机,应符合《游艺机和游乐设施安全标准》(GB8408)的规定;

三、戏水池最深处的水深不得超过 0.35 m,池壁装饰材料应平整、光滑且不易脱落,池底应有防滑措施;

四、儿童游戏场内应设置坐凳及避雨、庇荫等休憩设施;

五、宜设置饮水器、洗手池。

第7.6.5条　游戏场地面

一、场内园路应平整,路缘不得采用锐利的边石;

二、地表高差应采用缓坡过渡,不宜采用山石和挡土墙;

三、游戏器械下的场地地面宜采用耐磨、有柔性、不扬尘的材料铺装。

附录三　公园设计规范

附一　本规范术语解释

序号	术语名称	曾用名称	解　释
1	公园		供公众游览、观赏、休憩、开展科学文化及锻炼身体等活动,有较完善的设施和良好的绿化环境的公共绿地。公园类型包括综合性公园、居住区公园、居住小区游园、带状公园、街旁游园和各种专类公园等。

序号	术语名称	曾用名称	解　　释
2	儿童公园	儿童乐园	单独设置供儿童游和接受科普教育的活动场所。有良好的绿化环境和较完善的设施,能满足不同年龄儿童需要。
3	儿童游戏场	儿童乐园	独立或附属于其他公园中,游戏器械较简单的儿童活动场所。
4	风景名胜公园	郊野公园	位于城市建成区或近郊区的名胜风景点、古迹点,以供城市居民游览、休憩为主,兼为旅游点的公共绿地。有别于大多位于城市远郊区或远离城市以外,景区范围较大,主要为旅游点的各级风景名胜区。
5	历史公园		具有悠久历史、知名度高的园林,往往属于全国、省、市县级的文物保护单位。
6	街旁游园	小游园、街头绿地	城市道路红线以外供行人短暂休息或装饰街景的小型公共绿地。
7	古树名木		古树指树龄在百年以上的树木,名木指珍贵、稀有的树木,或具有历史、科学、文化价值以及有重要纪念意义的树木。
8	主题建筑物或构筑物		指公园中代表公园主题的建筑物或铺装场地、陵墓、雕塑等构筑物。
9	风景林		公园或风景区中由乔、灌木及草本植物配置而成,具备有较高观赏价值的树丛、树群组合的树林类型。
10	公园游人容量		指游览旺季星期日高峰小时内同时在园游人数。

附二　公园树木与地下管线最小水平距离(m)

名　　称	新植乔木	现状乔木	灌木或绿篱外缘
电力电缆	1.50	3.5	0.50
通讯电缆	1.50	3.5	0.50
给水管	1.50	2.0	—
排水管	1.50	3.0	—
排水盲沟	1.00	3.0	—
消防笼头	1.20	2.0	1.20
煤气管道(低中压)	1.20	3.0	1.00
热力管	2.00	5.0	2.00

注:乔木与地下管线的距离是指乔木树干基部的外缘与管线外缘的净距离。灌木或绿篱与地下管线的距离是指地表处分蘖枝干中最外的枝干基部的外缘与管线外缘的净距。

园林规划设计

名　称	新植乔木	现状乔木	灌木或绿篱外缘
测量水准点	2.00	2.00	1.00
地上杆柱	2.00	2.00	—
挡土墙	1.00	3.00	1.50
楼房	5.00	5.00	1.50
平房	2.00	5.00	—
围墙(高度小于2 m)	1.00	2.00	0.75
排水明沟	1.00	1.00	0.50

注:同附二注。

附四　栽植土层厚度(cm)

植物类型	栽植土层厚度	必要时设置排水层的厚度
草坪植物	>30	20
小灌木	>45	30
大灌木	>60	40
浅根乔木	>90	40
深根乔木	>150	40

附五　本规范用词说明

一、为便于在执行本规范条文时区别对待,对于要求严格程度不同的用词说明如下:

1. 表示很严格,非这样做不可的:

正面词采用"必须";

反面词采用"严禁"。

2. 表示严格,在正常情况下均应这样做的:

正面词采用"应";

反面词采用"不应"或"不得"。

3. 表示允许稍有选择,在条件许可时,首先应这样做的:

正面词采用"宜"或"可";

反面词采用"不宜"。

二、条文中指明必须按其他有关标准执行的写法为,"应按……执行"或"应符合……要求(或规定)"。非必须按所指定的标准执行的写法为,"可参照……的要求(或规定)"。

附录三　公园设计规范

245

参 考 文 献

［1］同济大学. 城市园林绿地规划［M］. 北京：中国建筑工业出版社，1983.

［2］孙筱祥. 园林艺术及园林设计［M］. 北京：北京林业大学讲义，1986.

［3］计成原著，陈植注释. 园冶注释［M］. 北京：中国建筑工业出版社，1988.

［4］赵春林. 园林美学概论［M］. 北京：中国建筑工业出版社，1992.

［5］苏雪痕. 植物造景［M］. 北京：中国林业出版社，1994.

［6］冯采芹等. 中外园林绿地图集［M］. 北京：中国林业出版社，1992.

［7］胡长龙. 园林规划设计［M］. 北京：中国农业出版社，1995.

［8］辽宁省林业学校. 园林规划设计［M］. 北京：中国林业出版社，1995.

［9］唐学山. 园林设计［M］. 北京：中国林业出版社，1997.

［10］薛聪贤. 景观植物造园应用实例［M］. 杭州：浙江科学技术出版社，1998.

［11］张吉祥. 园林植物种植设计［M］. 中国建筑工业出版社，2002.

［12］周在春等. 上海园林景观设计精选［M］. 上海：同济大学出版社，1999.

［13］卢仁，金承藻. 园林建筑设计［M］. 北京：中国林业出版社，1991.

［14］黄晓鸾. 园林绿地与建筑小品［M］. 北京：中国建筑工业出版社，1996.

［15］陈有民. 中国园林［S］. 北京：中国园林期刊社.

［16］赵世伟等. 园林植物景观设计与营造［M］. 北京：中国城市出版社，2001.

［17］吴涤新. 花卉应用与设计［M］. 北京：中国农业出版社，1994.

［18］王庭熙等. 新编园林建筑设计图选［M］. 江苏科学技术出版社，2000.

［19］窦奕. 园林小品及园林小建筑［M］. 安徽科学技术出版社，2003.

［20］赵兰勇. 花卉栽培与园林规划设计［M］. 北京：中国农业出版社，2000.

［21］刘庭风. 日本小庭园［M］. 上海：同济大学出版社，2001.

［22］彭一刚. 中国古典园林分析［M］. 北京：中国建筑工业出版社，1986.

［23］金柏苓，张爱华. 园林景观设计详细图集［M］. 北京：中国建筑工业出版社，2001.

［24］王晓俊. 风景园林设计（增订本）［M］. 南京：江苏科学技术出版社，2000.

［25］朱繁，曹洪虎，夏冬明. 园艺工实训指导［M］. 北京：中国农业出版社，2001.

［26］赵建民. 园林规划设计［M］. 北京：中国农业出版社，2001.

［27］郑曙旸. 景观设计［M］. 北京：中国美术设计出版社，2002.

［28］李征. 园林景观设计［M］. 北京：气象出版社，2001.

［29］杨向青. 园林规划设计［M］. 南京：东南大学出版社，2003.

［30］王浩. 城市道路绿地景观设计［M］. 南京：东南大学出版社，2002.

［31］黄东兵，魏春海. 园林规划设计［M］. 北京：中国科学技术出版社，2003.

［32］石万方，张淑玲，曹洪虎. 花卉园艺工（中级）［M］. 北京：中国劳动社会保障出版社，2004.

［33］孟刚，李岚，李瑞冬等. 城市公园设计［M］. 上海：同济大学出版社，2005.

园林规划设计